全国科学技术名词审定委员会

公　　布

科学技术名词·自然科学卷（全藏版）

24

微 生 物 学 名 词

（第二版）

CHINESE TERMS IN MICROBIOLOGY

（Second Edition）

第二届微生物学名词审定委员会

国家自然科学基金资助项目

科 学 出 版 社

北　京

内 容 简 介

本书是全国科学技术名词审定委员会审定公布的第二版微生物学名词，包括总论、微生物系统学、微生物形态与结构、病毒学、微生物生理生化、微生物遗传学、微生物生态学、应用微生物学和微生物学技术 9 部分，共 2407 条。本书对 1998 年公布的《微生物学名词》作了少量修改，增加了一些新词，每条名词均给出了定义或注释。这些名词是科研、教学、生产、经营以及新闻出版等部门应遵照使用的微生物学规范名词。

图书在版编目（CIP）数据

科学技术名词. 自然科学卷：全藏版 / 全国科学技术名词审定委员会审定. —北京：科学出版社，2017.1

ISBN 978-7-03-051399-1

I. ①科… II. ①全… III. ①科学技术–名词术语 ②自然科学–名词术语 IV. ①N61

中国版本图书馆 CIP 数据核字（2016）第 314947 号

责任编辑：高素婷 夏 梁 / 责任校对：陈玉凤
责任印制：张 伟 / 封面设计：铭轩堂

科学出版社 出版
北京东黄城根北街 16 号
邮政编码：100717
http://www.sciencep.com
北京厚诚则铭印刷科技有限公司印刷
科学出版社发行 各地新华书店经销
*
2017 年 1 月第 一 版 开本：787×1092 1/16
2017 年 1 月第一次印刷 印张：13 3/4
字数：330 000

定价：5980.00 元（全 30 册）

全国科学技术名词审定委员会
第六届委员会委员名单

特邀顾问：宋　健　许嘉璐　韩启德
主　　任：路甬祥
副 主 任：刘成军　曹健林　孙寿山　武　寅　谢克昌　林蕙青
　　　　　王　杰　刘　青
常　　委（以姓名笔画为序）：
　　　　　王永炎　曲爱国　李宇明　李济生　沈爱民　张礼和　张先恩
　　　　　张晓林　张焕乔　陆汝钤　陈运泰　金德龙　柳建尧　贺　化
　　　　　韩　毅
委　　员（以姓名笔画为序）：
　　　　　卜宪群　王　正　王　巍　王　夔　王玉平　王克仁　王虹峥
　　　　　王振中　王铁琨　王德华　卞毓麟　文允镒　方开泰　尹伟伦
　　　　　尹韵公　石力开　叶培建　冯志伟　冯惠玲　母国光　师昌绪
　　　　　朱　星　朱士恩　朱建平　朱道本　仲增墉　刘　民　刘大响
　　　　　刘功臣　刘西拉　刘汝林　刘跃进　刘瑞玉　闫志坚　严加安
　　　　　苏国辉　李　林　李　巍　李传夔　李国玉　李承森　李保国
　　　　　李培林　李德仁　杨　鲁　杨星科　步　平　肖序常　吴　奇
　　　　　吴有生　吴志良　何大澄　何华武　汪文川　沈　恂　沈家煊
　　　　　宋　彤　宋天虎　张　侃　张　耀　张人禾　张玉森　陆延昌
　　　　　阿里木·哈沙尼　阿迪雅　陈　阜　陈有明　陈锁祥　卓新平
　　　　　罗　玲　罗桂环　金伯泉　周凤起　周远翔　周应祺　周明鑑
　　　　　周定国　周荣耀　郑　度　郑述谱　房　宁　封志明　郝时远
　　　　　宫辉力　费　麟　胥燕婴　姚伟彬　姚建新　贾弘禔　高英茂
　　　　　郭重庆　桑　旦　黄长著　黄玉山　董　鸣　董　琨　程恩富
　　　　　谢地坤　照日格图　鲍　强　窦以松　谭华荣　潘书祥

微生物学名词审定委员会委员名单

第一届委员(1985—1989)

主　任：王大耜

副主任：焦瑞身　秦含章

委　员（按姓氏笔画为序）：

龙振洲	庄增辉	朱关福	朱庆裴	孙鹤龄
杨苏声	杨贵贞	余永年	余广海	张礼璧
张树政	欧守杼	尚德秋	周德庆	庞其方
郑武飞	郑　明	居乃琥	胡正嘉	陶天申
黄谷良	董树林	辜清吾	程光胜	

秘　书：程光胜(兼)　郑　明(兼)

第二届委员(2006—2012)

顾　问：李季伦　郑儒永

主　任：程光胜

副主任：周德庆　谭华荣　赵国屏　邓子新

委　员（按姓氏笔画为序）：

方呈祥	曲音波	朱旭东	朱春宝	孙　明
李凤琴	杨瑞馥	杨蕴刘	陆承平	庞　义
胡又佳	胡福泉	姚一建	徐建国	陶天申
黄　力	黄为一	焦炳华		

秘　书：王　宇

路甬祥序

我国是一个人口众多、历史悠久的文明古国，自古以来就十分重视语言文字的统一，主张“书同文、车同轨”，把语言文字的统一作为民族团结、国家统一和强盛的重要基础和象征。我国古代科学技术十分发达，以四大发明为代表的古代文明，曾使我国居于世界之巅，成为世界科技发展史上的光辉篇章。而伴随科学技术产生、传播的科技名词，从古代起就已成为中华文化的重要组成部分，在促进国家科技进步、社会发展和维护国家统一方面发挥着重要作用。

我国的科技名词规范统一活动有着十分悠久的历史。古代科学著作记载的大量科技名词术语，标志着我国古代科技之发达及科技名词之活跃与丰富。然而，建立正式的名词审定组织机构则是在清朝末年。1909 年，我国成立了科学名词编订馆，专门从事科学名词的审定、规范工作。到了新中国成立之后，由于国家的高度重视，这项工作得以更加系统地、大规模地开展。1950 年政务院设立的学术名词统一工作委员会，以及 1985 年国务院批准成立的全国自然科学名词审定委员会（现更名为全国科学技术名词审定委员会，简称全国科技名词委），都是政府授权代表国家审定和公布规范科技名词的权威性机构和专业队伍。他们肩负着国家和民族赋予的光荣使命，秉承着振兴中华的神圣职责，为科技名词规范统一事业默默耕耘，为我国科学技术的发展做出了基础性的贡献。

规范和统一科技名词，不仅在消除社会上的名词混乱现象，保障民族语言的纯洁与健康发展等方面极为重要，而且在保障和促进科技进步，支撑学科发展方面也具有重要意义。一个学科的名词术语的准确定名及推广，对这个学科的建立与发展极为重要。任何一门科学（或学科），都必须有自己的一套系统完善的名词来支撑，否则这门学科就立不起来，就不能成为独立的学科。郭沫若先生曾将科技名词的规范与统一称为“乃是一个独立自主国家在学术工作上所必须具备的条件，也是实现学术中国化的最起码的条件”，精辟地指出了这项基础性、支撑性工作的本质。

在长期的社会实践中，人们认识到科技名词的规范和统一工作对于一个国家的科技发展和文化传承非常重要，是实现科技现代化的一项支撑性的系统工程。没有这样一个系统的规范化的支撑条件，不仅现代科技的协调发展将遇到极大困难，而且在科技日益渗透人们生活各方面、各环节的今天，还将给教育、传播、交流、经贸等多方面带来困难和损害。

全国科技名词委自成立以来，已走过近20年的历程，前两任主任钱三强院士和卢嘉锡院士为我国的科技名词统一事业倾注了大量的心血和精力，在他们的正确领导和广大专家的共同努力下，取得了卓著的成就。2002年，我接任此工作，时逢国家科技、经济飞速发展之际，因而倍感责任的重大；及至今日，全国科技名词委已组建了60个学科名词审定分委员会，公布了50多个学科的63种科技名词，在自然科学、工程技术与社会科学方面均取得了协调发展，科技名词蔚成体系。而且，海峡两岸科技名词对照统一工作也取得了可喜的成绩。对此，我实感欣慰。这些成就无不凝聚着专家学者们的心血与汗水，无不闪烁着专家学者们的集体智慧。历史将会永远铭刻着广大专家学者孜孜以求、精益求精的艰辛劳作和为祖国科技发展做出的奠基性贡献。宋健院士曾在1990年全国科技名词委的大会上说过："历史将表明，这个委员会的工作将对中华民族的进步起到奠基性的推动作用。"这个预见性的评价是毫不为过的。

科技名词的规范和统一工作不仅仅是科技发展的基础，也是现代社会信息交流、教育和科学普及的基础，因此，它是一项具有广泛社会意义的建设工作。当今，我国的科学技术已取得突飞猛进的发展，许多学科领域已接近或达到国际前沿水平。与此同时，自然科学、工程技术与社会科学之间交叉融合的趋势越来越显著，科学技术迅速普及到了社会各个层面，科学技术同社会进步、经济发展已紧密地融为一体，并带动着各项事业的发展。所以，不仅科学技术发展本身产生的许多新概念、新名词需要规范和统一，而且由于科学技术的社会化，社会各领域也需要科技名词有一个更好的规范。另一方面，随着香港、澳门的回归，海峡两岸科技、文化、经贸交流不断扩大，祖国实现完全统一更加迫近，两岸科技名词对照统一任务也十分迫切。因而，我们的名词工作不仅对科技发展具有重要的价值和意义，而且在经济发展、社会进步、政治稳定、民族团结、国家统一和繁荣等方面都具有不可替代的特殊价值和意义。

最近，中央提出树立和落实科学发展观，这对科技名词工作提出了更高的要求。我们要按照科学发展观的要求，求真务实，开拓创新。科学发展观的本质与核心是以人为本,我们要建设一支优秀的名词工作队伍,既要保持和发扬老一辈科技名词工作者的优良传统,坚持真理、实事求是、甘于寂寞、淡泊名利,又要根据新形势的要求,面向未来、协调发展、与时俱进、锐意创新。此外,我们要充分利用网络等现代科技手段,使规范科技名词得到更好的传播和应用,为迅速提高全民文化素质做出更大贡献。科学发展观的基本要求是坚持以人为本,全面、协调、可持续发展,因此,科技名词工作既要紧密围绕当前国民经济建设形势,着重开展好科技领域的学科名词审定工作,同时又要在强调经济社会以及人与自然协调发展的思想指导下,开展好社会科学、文化教育和资源、生态、环境领域的科学名词审定工作,促进各个学科领域的相互融合和共同繁荣。科学发展观非常注重可持续发展的理念,因此,我们在不断丰富和发展已建立的科技名词体系的同时,还要进一步研究具有中国特色的术语学理论,以创建中国的术语学派。研究和建立中国特色的术语学理论,也是一种知识创新,是实现科技名词工作可持续发展的必由之路,我们应当为此付出更大的努力。

当前国际社会已处于以知识经济为走向的全球经济时代,科学技术发展的步伐将会越来越快。我国已加入世贸组织,我国的经济也正在迅速融入世界经济主流,因而国内外科技、文化、经贸的交流将越来越广泛和深入。可以预言,21 世纪中国的经济和中国的语言文字都将对国际社会产生空前的影响。因此,在今后 10 到 20 年之间,科技名词工作就变得更具现实意义,也更加迫切。“路漫漫其修远兮,吾今上下而求索”,我们应当在今后的工作中,进一步解放思想,务实创新、不断前进。不仅要及时地总结这些年来取得的工作经验,更要从本质上认识这项工作的内在规律,不断地开创科技名词统一工作新局面,做出我们这代人应当做出的历史性贡献。

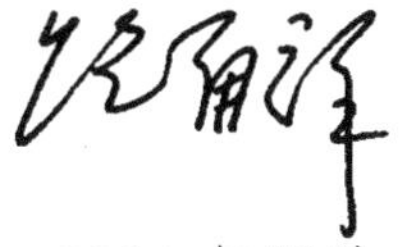

2004 年深秋

卢嘉锡序

科技名词伴随科学技术而生,犹如人之诞生其名也随之产生一样。科技名词反映着科学研究的成果,带有时代的信息,铭刻着文化观念,是人类科学知识在语言中的结晶。作为科技交流和知识传播的载体,科技名词在科技发展和社会进步中起着重要作用。

在长期的社会实践中,人们认识到科技名词的统一和规范化是一个国家和民族发展科学技术的重要的基础性工作,是实现科技现代化的一项支撑性的系统工程。没有这样一个系统的规范化的支撑条件,科学技术的协调发展将遇到极大的困难。试想,假如在天文学领域没有关于各类天体的统一命名,那么,人们在浩瀚的宇宙当中,看到的只能是无序的混乱,很难找到科学的规律。如是,天文学就很难发展。其他学科也是这样。

古往今来,名词工作一直受到人们的重视。严济慈先生60多年前说过,“凡百工作,首重定名;每举其名,即知其事”。这句话反映了我国学术界长期以来对名词统一工作的认识和做法。古代的孔子曾说“名不正则言不顺”,指出了名实相副的必要性。荀子也曾说“名有固善,径易而不拂,谓之善名”,意为名有完善之名,平易好懂而不被人误解之名,可以说是好名。他的“正名篇”即是专门论述名词术语命名问题的。近代的严复则有“一名之立,旬月踟躇”之说。可见在这些有学问的人眼里,“定名”不是一件随便的事情。任何一门科学都包含很多事实、思想和专业名词,科学思想是由科学事实和专业名词构成的。如果表达科学思想的专业名词不正确,那么科学事实也就难以令人相信了。

科技名词的统一和规范化标志着一个国家科技发展的水平。我国历来重视名词的统一与规范工作。从清朝末年的科学名词编订馆,到1932年成立的国立编译馆,以及新中国成立之初的学术名词统一工作委员会,直至1985年成立的全国自然科学名词审定委员会(现已改名为全国科学技术名词审定委员会,简称全国名词委),其使命和职责都是相同的,都是审定和公布规范名词的权威性机构。现在,参与全国名词委领导工作的单位有中国科学院、科学技术部、教育部、中国科学技术协会、国家自然科学基金委员会、新闻出版署、国家质量技术监督局、国家广播电影电视总局、国家知识产权局和国家语言文字工作委员会，这些部委各自选派了有关领导干部担任全国名词委的领导，有力地推动科技名词的统一和推广应用工作。

全国名词委成立以后，我国的科技名词统一工作进入了一个新的阶段。在第一任主任委员钱三强同志的组织带领下，经过广大专家的艰苦努力，名词规范和统一工作取得了显著的成绩。1992 年三强同志不幸谢世。我接任后，继续推动和开展这项工作。在国家和有关部门的支持及广大专家学者的努力下，全国名词委 15 年来按学科共组建了 50 多个学科的名词审定分委员会，有 1800 多位专家、学者参加名词审定工作，还有更多的专家、学者参加书面审查和座谈讨论等，形成的科技名词工作队伍规模之大、水平层次之高前所未有。15 年间共审定公布了包括理、工、农、医及交叉学科等各学科领域的名词共计 50 多种。而且，对名词加注定义的工作经试点后业已逐渐展开。另外，遵照术语学理论，根据汉语汉字特点，结合科技名词审定工作实践，全国名词委制定并逐步完善了一套名词审定工作的原则与方法。可以说，在 20 世纪的最后 15 年中，我国基本上建立起了比较完整的科技名词体系，为我国科技名词的规范和统一奠定了良好的基础，对我国科研、教学和学术交流起到了很好的作用。

在科技名词审定工作中，全国名词委密切结合科技发展和国民经济建设的需要，及时调整工作方针和任务，拓展新的学科领域开展名词审定工作，以更好地为社会服务、为国民经济建设服务。近些年来，又对科技新词的定名和海峡两岸科技名词对照统一工作给予了特别的重视。科技新词的审定和发布试用工作已取得了初步成效，显示了名词统一工作的活力，跟上了科技发展的步伐，起到了引导社会的作用。两岸科技名词对照统一工作是一项有利于祖国统一大业的基础性工作。全国名词委作为我国专门从事科技名词统一的机构，始终把此项工作视为自己责无旁贷的历史性任务。通过这些年的积极努力，我们已经取得了可喜的成绩。做好这项工作，必将对弘扬民族文化，促进两岸科教、文化、经贸的交流与发展做出历史性的贡献。

科技名词浩如烟海，门类繁多，规范和统一科技名词是一项相当繁重而复杂的长期工作。在科技名词审定工作中既要注意同国际上的名词命名原则与方法相衔接，又要依据和发挥博大精深的汉语文化，按照科技的概念和内涵，创造和规范出符合科技规律和汉语文字结构特点的科技名词。因而,这又是一项艰苦细致的工作。广大专家学者字斟句酌,精益求精,以高度的社会责任感和敬业精神投身于这项事业。可以说,全国名词委公布的名词是广大专家学者心血的结晶。这里,我代表全国名词委,向所有参与这项工作的专家学者们致以崇高的敬意和衷心的感谢!

审定和统一科技名词是为了推广应用。要使全国名词委众多专家多年的劳动成果——规范名词,成为社会各界及每位公民自觉遵守的规范,需要全社会的理解和支持。国务院和4个有关部委[国家科委(今科学技术部)、中国科学院、国家教委(今教育部)和新闻出版署]已分别于1987年和1990年行文全国,要求全国各科研、教学、生产、经营以及新闻出版等单位遵照使用全国名词委审定公布的名词。希望社会各界自觉认真地执行,共同做好这项对于科技发展、社会进步和国家统一极为重要的基础工作,为振兴中华而努力。

值此全国名词委成立15周年、科技名词书改装之际,写了以上这些话。是为序。

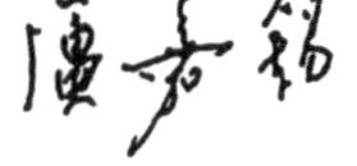

2000年夏

钱三强序

科技名词术语是科学概念的语言符号。人类在推动科学技术向前发展的历史长河中，同时产生和发展了各种科技名词术语，作为思想和认识交流的工具，进而推动科学技术的发展。

我国是一个历史悠久的文明古国，在科技史上谱写过光辉篇章。中国科技名词术语，以汉语为主导，经过了几千年的演化和发展，在语言形式和结构上体现了我国语言文字的特点和规律，简明扼要，蓄意深切。我国古代的科学著作，如已被译为英、德、法、俄、日等文字的《本草纲目》、《天工开物》等，包含大量科技名词术语。从元、明以后，开始翻译西方科技著作，创译了大批科技名词术语，为传播科学知识，发展我国的科学技术起到了积极作用。

统一科技名词术语是一个国家发展科学技术所必须具备的基础条件之一。世界经济发达国家都十分关心和重视科技名词术语的统一。我国早在1909年就成立了科学名词编订馆，后又于1919年中国科学社成立了科学名词审定委员会，1928年大学院成立了译名统一委员会。1932年成立了国立编译馆，在当时教育部主持下先后拟订和审查了各学科的名词草案。

新中国成立后，国家决定在政务院文化教育委员会下，设立学术名词统一工作委员会，郭沫若任主任委员。委员会分设自然科学、社会科学、医药卫生、艺术科学和时事名词五大组，聘任了各专业著名科学家、专家，审定和出版了一批科学名词，为新中国成立后的科学技术的交流和发展起到了重要作用。后来，由于历史的原因，这一重要工作陷于停顿。

当今，世界科学技术迅速发展，新学科、新概念、新理论、新方法不断涌现，相应地出现了大批新的科技名词术语。统一科技名词术语，对科学知识的传播，新学科的开拓，新理论的建立，国内外科技交流，学科和行业之间的沟通，科技成果的推广、应用和生产技术的发展，科技图书文献的编纂、出版和检索，科技情报的传递等方面，都是不可缺少的。特别是计算机技术的推广使用，对统一科技名词术语提出了更紧迫的要求。

为适应这种新形势的需要，经国务院批准，1985年4月正式成立了全国自然科学名词审定委员会。委员会的任务是确定工作方针，拟定科技名词术语审定工作计划、实施方案和步骤，组织审定自然科学各学科名词术语，并予以公布。根据国务院授权，委员会审定公布的名词术语，科研、教学、生产、经营以及新闻出版等各部门，均应遵照使用。

全国自然科学名词审定委员会由中国科学院、国家科学技术委员会、国家教育委员会、中国科学技术协会、国家技术监督局、国家新闻出版署、国家自然科学基金委员会分别委派了正、副主任担任领导工作。在中国科协各专业学会密切配合下，逐步建立各专业审定分委员会，并已建立起一支由各学科著名专家、学者组成的近千人的审定队伍，负责审定本学科的名词术语。我国的名词审定工作进入了一个新的阶段。

这次名词术语审定工作是对科学概念进行汉语订名，同时附以相应的英文名称，既有我国语言特色，又方便国内外科技交流。通过实践，初步摸索了具有我国特色的科技名词术语审定的原则与方法，以及名词术语的学科分类、相关概念等问题，并开始探讨当代术语学的理论和方法，以期逐步建立起符合我国语言规律的自然科学名词术语体系。

统一我国的科技名词术语，是一项繁重的任务，它既是一项专业性很强的学术性工作，又涉及到亿万人使用习惯的问题。审定工作中我们要认真处理好科学性、系统性和通俗性之间的关系；主科与副科间的关系；学科间交叉名词术语的协调一致；专家集中审定与广泛听取意见等问题。

汉语是世界五分之一人口使用的语言，也是联合国的工作语言之一。除我国外，世界上还有一些国家和地区使用汉语，或使用与汉语关系密切的语言。做好我国的科技名词术语统一工作，为今后对外科技交流创造了更好的条件，使我炎黄子孙，在世界科技进步中发挥更大的作用，做出重要的贡献。

统一我国科技名词术语需要较长的时间和过程，随着科学技术的不断发展，科技名词术语的审定工作，需要不断地发展、补充和完善。我们将本着实事求是的原则，严谨的科学态度做好审定工作，成熟一批公布一批，提供各界使用。我们特别希望得到科技界、教育界、经济界、文化界、新闻出版界等各方面同志的关心、支持和帮助，共同为早日实现我国科技名词术语的统一和规范化而努力。

钱三强

1992年2月

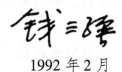

第二版前言

1988 年由全国自然科学名词审定委员会公布了《微生物学名词》(1525 条)。在 20 余年的使用过程中,发现了一些问题,更由于这一时期微生物学在各方面都有了飞速的发展,原来大部分未加释义的汉英对照名词远远不敷需要,在进行学术交流时往往因对名词内涵理解不同而产生歧义,迫切需要通过释义进一步明确其科学内涵。2006 年 4 月中国微生物学会受全国科学技术名词审定委员会的委托,成立了第二届微生物学名词审定委员会,其任务是对第一批公布的微生物名词进行修订和加注释义。

第二届微生物学名词审定委员会由来自全国科研和教学单位的 2 位顾问和 25 位专家组成。自成立大会召开后即开始按会议确定的程序开展工作。按总论、微生物系统学、微生物形态与结构、病毒学、微生物生理生化、微生物遗传学、微生物生态学、应用微生物学(包括工业微生物学、农业微生物学、医学微生物学、生物安全、食品微生物学、环境微生物学等)、微生物学技术等分支学科具体落实负责人,开始名词遴选和审定工作。2006 年底共收集词条 3486 条。经汇总和各位委员频繁通讯讨论后,汰除重复和过于陈旧的词条后,选定约 3000 条,按分支学科分工,由各位委员开始进行词条之释义,期间通过委员间反复商讨,完成了待审定初稿。2010 年初召开第二次全体委员会议,就完成之释义初稿进行了审定原则的讨论。会后以分组小会形式对释义进行逐条审议,2010 年底形成了《微生物学名词》第三稿,该稿又由周德庆教授全面仔细审查,提出了百余条意见,纠正了某些错误,形成第四稿,经程光胜、谭华荣、陶天申、王宇等委员,在全国科学技术名词审定委员会分工负责本学科的高素婷指导下形成终审稿,该稿送请郑儒永、闵航、赵国屏、邓子新、陆兆新、黄秀梨、王忆平、沈萍和杨文博等专家复审,根据复审意见做了适当修订,确定了 2407 条。现经全国科学技术名词审定委员会审核批准,予以公布。

在数年来对微生物学名词的审定过程中,全体委员都能在繁忙的本职工作中挤出时间,亲自动手,本着认真负责的态度,钻研专业知识,多方收集最新资料进行编写,无论是大会小会讨论,或是频繁的通讯联系,知无不言,言无不尽,相互开展热烈的争论,有时甚至争论到深夜。审定委员会通过多次反复,字斟句酌,尽量准确地按照全国科学技术名词审定委员会确定的各项规定进行词条的选定和注释。

在审定过程中,我们尽量保持了 1988 年公布的《微生物学名词》的定名。对于某些原已长期使用而并无错误的名词,我们没有接受近年来的某些修改,仍旧维持现状,但汰除了某些过时的废词。更重要的是,根据学科的发展和社会的需要,补充了大量新词条。考虑到生物系统学名词尚未见在各有关学科已公布的名词中集中收纳,我们增加了一个“微生物系统学”分支学科;又由于生物安全和食品安全在全球的影响,在应用微生物学分支中突出了这两部分内容。每条名词包括序号、汉文名、英文名和释义。正文中的汉文名大体上按学科分类和相关概念排列，因同一个名词可能与多个分支学科相关，目前的分类不一定很合理，但作为公布的规范词在本书编排时只出现一次，不重复列出。

对争论多年的“prion”，我们决定按病毒学的习惯用法，公布为“朊病毒”（又称“普里昂”、“朊粒”）。某些一时难以完全取得共识的词，我们采用“又称”的方法公布，例如，由来已久的“芽胞”与“芽孢”的争论，我们采取了调和的态度，将两者并收，仍以“芽孢”为主。

在多年来繁重的审定工作中，我们得到中国科学院微生物研究所、南京农业大学、华中农业大学等单位的大力支持，需要特别感谢。两位顾问李季伦和郑儒永院士为名词的选定和释义的准确付出了极大的精力，特别是年近九十的李季伦院士，尽管因目疾而难于亲自审稿，但总是有问必答，且严格要求。委员会的工作还得到了贾盘兴、徐伟、肖敏、王文婧、朱厚础、崔生辉、刘志培、郭良栋等诸位专家的大力协助，为某些特定专业词汇进行了注释和修订，谨致谢忱。

微生物学是一门涉及面非常广泛的生命科学分支学科，第二版收集的名词虽然有大量增加，但仍是本学科的基本词汇，为了使体系比较完善，收纳了一些其他相关学科的名词，并尽量在释义上保持一致。本书的公布是一个阶段性结果，热切希望读者在使用中提出宝贵意见和建议，以便今后修订补充，使之日臻完善。

第二届微生物学名词审定委员会

2012 年春

第一版前言

微生物学涉及面广，与其交叉的学科较多，这为审定和统一微生物学名词带来很多困难。数十年来，我国微生物学界许多学者曾为中国微生物学名词的编译和审定做过大量工作。1934 年，当时的教育部曾公布过我国第一本《细菌学免疫学名词》；1959 年，中国科学院编译出版委员会和科学出版社出版发行了《英汉微生物学名词》；1976 年我国台湾省的戴佛香和陈吉平两位先生编著了《微生物学名词》；1979 年，科学出版社对 1959 年微生物学名词版本做了修订和补充，出版了《英汉微生物学词汇》。尽管如此，我国的微生物学名词仍未实现规范化，存在一些混乱现象，亟待审定统一。

受全国自然科学名词审定委员会委托，中国微生物学会微生物学名词审定委员会承担了微生物学名词的审定工作。1985 年底至 1988 年的三年时间里，先后召开了数次审定工作会议，在广泛征求各方面意见的基础上，对名词草案进行了反复的讨论和研究，确定了第一批 1525 条微生物学名词，上报全国自然科学名词审定委员会复审。1988 年 12 月经复审后批准公布。

本批公布的微生物学名词，是微生物学中经常使用的专业基本词，同时附有国际惯用的英文或其他外文词。汉文名词按学科分支分为总论、微生物的形态与分类、微生物生理生化、微生物遗传变异、微生物生态学、应用微生物学、微生物学技术七类。类别的划分主要是为了便于查索，而非严谨的科学分类体系。在同一类中的相关词目做了适当集中。这批名词中少数名词经审定委员会多次反复慎重考虑后确定了规范词。如“琼脂”(agar)，有人建议定为“洋菜”，考虑到“琼脂”一词已使用多年，广为多学科采用，且“洋菜”一说并不确切，故仍取“琼脂”为规范名词。再如“噬斑”(细菌学用)和“蚀斑”(病毒学用)，考虑到不同学科中含义的差异，故未采纳将其并为一词的建议。同样，“芽孢”和“孢子”两词仍维持原习惯用法。

在三年的审定过程中，微生物学界及有关学科的专家、学者给予热情支持，提出了许多有益的意见和建议；裘维蕃、朱既明、陈华癸、方心芳和廖延雄五位教授受全国自然科学名词审定委员会的委托，对第一批微生物学名词做了全面的审核；徐浩、全如瑊、叶绪慰、庄锡亮、朱慧如和乐静珠等先生在审定工作中给予很大的帮助，在此一并深表感谢。希望各界使用者继续提出宝贵意见，以便修订并尽快公布第二批名词。

微生物学名词审定委员会
1988 年 12 月

编排说明

一、本批公布的是微生物学名词,共 2407 条,每条名词均给出了定义或注释。

二、全书分 9 部分:总论、微生物系统学、微生物形态与结构、病毒学、微生物生理生化、微生物遗传学、微生物生态学、应用微生物学和微生物学技术。

三、正文按汉文名所属学科的相关概念体系排列。汉文名后给出了与该词概念相对应的英文名。

四、每个汉文名都附有相应的定义或注释。定义一般只给出其基本内涵,注释则扼要说明其特点。当一个汉文名有不同的概念时,则用(1)、(2)……表示。

五、一个汉文名对应几个英文同义词时,英文词之间用“,”分开。

六、凡英文词的首字母大、小写均可时,一律小写;英文除必须用复数者,一般用单数形式。

七、“[ ]”中的字为可省略的部分。

八、主要异名和释文中的条目用楷体表示。“全称”、“简称”是与正名等效使用的名词;“又称”为非推荐名,只在一定范围内使用;“俗称”为非学术用语;“曾称”为被淘汰的旧名。

九、正文后所附的英汉索引按英文字母顺序排列;汉英索引按汉语拼音顺序排列。所示号码为该词在正文中的序码。索引中带“ * ”者为规范名的异名或在释文中出现的条目。

编排说明

目　　录

路甬祥序
卢嘉锡序
钱三强序
第二版前言
第一版前言
编排说明

正文

01. 总论 …… 1
02. 微生物系统学 …… 4
03. 微生物形态与结构 …… 10
04. 病毒学 …… 34
05. 微生物生理生化 …… 42
06. 微生物遗传学 …… 66
07. 微生物生态学 …… 75
08. 应用微生物学 …… 83
09. 微生物学技术 …… 97

附录

英汉索引 …… 123
汉英索引 …… 159

01. 总　论

01.001　微生物　microorganism
个体难以用肉眼观察的一切微小生物之统称。

01.002　微生物学　microbiology
研究微生物形态结构、生理生化、遗传变异、生态分布和分类进化等生命活动规律，以及与其他生物和环境相互关系的学科。

01.003　普通微生物学　general microbiology
研究微生物的基本生命活动规律的微生物学分支学科。

01.004　系统微生物学　systematic microbiology
旨在整合基因组学、转录组学、代谢组学、糖组学、蛋白组学以及其他数据的基本生物学信息，创建一种微生物细胞或群落如何行使其功能的综合模型的微生物学分支学科。

01.005　微生物分类学　microbial taxonomy
研究微生物的鉴定、分类和命名的微生物学分支学科。

01.006　微生物生理学　microbial physiology
研究微生物生理活动及其机制的微生物学分支学科。

01.007　微生物生物化学　microbial biochemistry
研究微生物生命活动的化学基础和生物化学过程的微生物学分支学科。

01.008　微生物遗传学　microbial genetics
研究微生物基因的组成、结构、功能及其变异、信息传递和表达规律的微生物学分支学科。

01.009　微生物基因组学　microbial genomics
研究微生物基因组的组成，组内各基因的精确结构、相互关系及表达调控的学科。

01.010　宏基因组学　metagenomics
又称"元基因组学"。通过研究特定环境中全部生物遗传物质，探讨该环境中可能存在的全部生物种群，试图克服人工培养技术的局限性，从更复杂层次上认识生命活动规律的学科。

01.011　微生物蛋白质组学　microbial proteomics
从整体水平研究微生物基因组编码的蛋白质的结构、性质、功能和表达等的学科。

01.012　微生物代谢组学　microbial metabolomics
在特定条件下，从整体水平研究微生物细胞内代谢过程及其产物的学科。

01.013　微生物生态学　microbial ecology
研究微生物相互之间以及其与所处环境之间相互作用规律的学科。

01.014　医学微生物学　medical microbiology
研究人类病原微生物生命活动规律、致病性、诊断及防治的微生物学分支学科。

01.015　微生物法医学　microbial forensics
通过检测微生物各种特征以推测特定微生物来源和传播途径从而提供法律证据的微生物学分支学科。

01.016　农业微生物学　agricultural microbiology
研究与农业相关各类微生物生命活动规律，

促进农业可持续发展的微生物学分支学科。

01.017 工业微生物学 industrial microbiology
研究与工业相关各类微生物生命活动规律，促进微生物工程发展的微生物学分支学科。

01.018 土壤微生物学 soil microbiology
研究土壤中微生物种类、功能和活性以及与土壤环境间相互关系的微生物学分支学科。

01.019 石油微生物学 petroleum microbiology
研究与石油生成、储藏、开采等有关各类微生物生命活动规律的微生物学分支学科。

01.020 食品微生物学 food microbiology
研究与食品有关各类微生物生命活动规律，提高食品品质与安全性的微生物学分支学科。

01.021 环境微生物学 environmental microbiology
研究与环境有关微生物生命活动规律的微生物学分支学科。

01.022 微生态学 microecology
研究微环境中微生物菌群及其与宿主间相互关系和作用机制的微生物学分支学科。

01.023 瘤胃微生物学 rumen microbiology
研究生活在反刍动物瘤胃中各种共生和非共生微生物生命活动规律的微生物学分支学科。

01.024 霉腐微生物学 biodeteriorative microbiology
研究引起各类物质腐败变质的微生物及其防治对策的微生物学分支学科。

01.025 水生微生物学 aquatic microbiology
研究水体中微生物生命活动规律的微生物学分支学科。

01.026 海洋微生物学 marine microbiology
研究海洋中微生物生命活动规律的微生物学分支学科。

01.027 深部地下微生物学 deep subsurface microbiology
研究地表以下，包括海底沉积物中的微生物生命活动规律的微生物学分支学科。

01.028 预测微生物学 predictive microbiology
应用数学模型对特定环境条件下微生物的生长状况进行预测的微生物学分支学科。

01.029 细菌学 bacteriology
研究细菌等原核生物的形态结构、生理生化、遗传变异、生态分布、分类和进化等生命活动规律，及其在人类生产与生活中应用的微生物学分支学科。

01.030 鉴定细菌学 determinative bacteriology
研究将特定的纯培养细菌菌株归属于公认分类单元的细菌学分支学科。

01.031 系统细菌学 systematic bacteriology
按系统发育谱系对细菌进行归类的细菌学分支学科。

01.032 立克次氏体学 rickettsiology
研究立克次氏体的形态结构、生理生化、遗传变异、生态分布及其致病性的微生物学分支学科。

01.033 真菌学 mycology
研究真菌形态结构、生理生化、遗传变异、分类、进化和生态分布等生命活动规律及其应用的微生物学分支学科。

01.034 病毒学 virology
研究病毒的形态、结构、遗传变异、分类进化、感染免疫等的微生物学分支学科。

01.035 噬菌体学 bacteriophagology
研究噬菌体的形态、结构、感染复制、遗传变异等的微生物学分支学科。

01.036 古微生物学 paleomicrobiology
根据古代实物遗迹研究人类历史上传染病病源的进化规律的学科,是微生物学与历史学和人类学的新兴交叉学科。如应用现代分子生物学技术证实历史上人类鼠疫与结核病病原菌的生物学特征和对其进化进行追溯等。

01.037 原生生物学 protistology
研究各种单细胞或简单多细胞的原始生物的形态、分类、生理生化、遗传、生态等的学科。

01.038 原生动物学 protozoology
研究原生动物的形态、分类、生理生化、遗传、生态等的学科。

01.039 悉生生物学 gnotobiology
研究接种已知纯种微生物后无菌动、植物生命活动规律的生物学分支学科。

01.040 始祖生物 progenote
假设的生命形式的最原始共同祖先。

01.041 原生生物 protista
地球上出现最早的单细胞或简单多细胞生物之总称。

01.042 原生动物 protozoan
无细胞壁能运动的单细胞的真核微小动物。

01.043 原生植物 protophyte
单细胞或仅由裂殖或二分分裂、出芽繁殖的原生质团形成的原始植物。

01.044 三域学说 three domain theory
美国微生物学家沃斯(Carl Woese)提出的学说,主张根据生物的16S或18S rRNA寡核苷酸片段核苷酸序列的同源程度,将地球上存在的生物分为古菌域、细菌域和真核生物域三大类。

01.045 古菌 archaea
曾称“古细菌(archaebacteria)”。具有无胞壁酸的细胞壁、含有醚键分支链的膜脂、II型RNA聚合酶等为主要特征的原核生物之总称,多数生存于极端环境中。

01.046 细菌 bacteria
以细胞壁含胞壁酸、膜脂为酯键脂、RNA聚合酶无II型启动子等为主要特征的原核生物之总称。

01.047 真核生物 eukaryote
具有细胞核、细胞器的生物。

01.048 原核生物 prokaryote
染色体分散在细胞质中,无明显核结构,无独立行使功能的细胞器的生物。

01.049 内共生假说 endosymbiotic hypothesis
主张真核细胞由真核细胞的祖先吞入细菌共生进化而来的一种假说。如线粒体和叶绿体分别由内共生的能进行氧化磷酸化和能进行光合作用的原始细菌进化而来。

01.050 自然发生说 spontaneous generation, abiogenesis
又称“无生源说”。主张生物体由无生命物质自然产生的学说,后由巴斯德用实验否定。

01.051 生源说 biogenesis
认为生物体不能从无生命物质自然产生,而必须来自另一个生物体,与自然发生说相对立。

02. 微生物系统学

02.001　系统学　systematics
研究物种之间亲缘关系的学科。

02.002　分子系统学　molecular systematics
基于遗传基因分子信息进行系统学研究的学科。

02.003　支序系统学　cladistics
又称"分支系统学"、"系统发育系统学(phylogenetic systematics)"。基于共有衍生特征而显示出来的自然类群(单系群)进行系统学研究的学科。

02.004　系统发育　phylogeny
又称"系统发生"。物种的进化历程,以进化距离为依据建立生物谱系分支之间的演化关系。

02.005　系统发育树　phylogenetic tree
又称"进化系统树"。依据系统发育构建的生物谱系分支之间相互关系的树状图,用以表示物种间的亲缘关系。

02.006　系统发育分类　phylogenetic classification
以系统发育研究为基础的生物分类。

02.007　单系群　monophyletic group
由共同祖先及其所有后代组成的类群。

02.008　多系群　polyphyletic group
由来自不止一个祖先的后代组成的类群。

02.009　偏系群　paraphyletic group
又称"并系群"。由同一祖先演化而来的部分后代组成的类群。

02.010　内群　ingroup
系统发育分析中作为研究对象的类群。

02.011　外群　outgroup
系统发育分析中内群之外的一个或多个分类单元。

02.012　基群　basal group
在单系群内最早分支的类群。

02.013　渐变论　gradualism
关于生物进化的一种学说。此学说认为生物进化是一个长期、平稳而缓慢的渐变过程,漫长的时间足以使微小的渐变逐渐积累,产生惊人的效果,而化石记录中出现的明显变化和突变现象则是由地层缺失造成的。

02.014　突变论　mutation theory
关于生物进化的一种学说。此学说认为生物进化是由于基因突变造成的。

02.015　支序图　cladogram
又称"分支图"。以图形方式表示的生物进化分支顺序,表明特定分类单元间的关系。

02.016　分支　clade
又称"进化枝"。一个单系群,包括其最近共同祖先的所有成员及其所有后代。

02.017　分支发生　cladogenesis
又称"分支进化"。新分支的发生发展,即物种形成的过程。

02.018　辐射进化　radiation evolution
分支快速发生并形成一个同源的辐射状的进化系统。

02.019　点[断]平衡　punctuated equilibrium
生物进化以相对快速爆发的方式发生,并伴随着长期稳定平衡的进化模式。

02.020　短促选择　episodic selection

在新近被扰乱的生境中发生的强烈的定向选择。

02.021 类进化 anagensis
沿着未形成分支的谱系而发生的不伴随物种形成的进化。

02.022 进化距离 evolutionary distance
通过两条同源 DNA 序列核苷酸之间发生的替换数量,或两条同源蛋白质序列上氨基酸发生的替换数量来计算出来的差异。

02.023 分子钟 molecular chronometer, molecular clock
蛋白质、DNA、RNA 等生物大分子以相对恒定的速率发生替换,其替换速率与分子进化的时间成正相关,因此被作为推断进化事件发生时间的依据而视为一种计时器。

02.024 特征 character
又称"性状"。某一分类单元所具有的与其他生物相区别的各种特点。

02.025 特征状态 character state
在具体分类单元上表现出的某一特征的状态。

02.026 祖征 plesiomorphy
祖先所拥有的特征状态。

02.027 共同祖征 symplesiomorphy
两个或两个以上分类单元共有的祖征。

02.028 独征 autapomorphy
又称"自有衍征"。仅在单一分类单元中存在的独有的衍征。

02.029 衍征 apomorphy
由祖征演化而来的特征状态。

02.030 共同衍征 synapomorphy
两个或两个以上分类单元共有的衍征。

02.031 趋同特征 convergent character
表现相似但具有不同系统发育史的异源特征。

02.032 特征极性 polarity of character
在系统发育或支序分析中特征状态的演变方向。

02.033 形态学特征 morphological characteristics
微生物个体外观、内外部结构以及繁殖后细胞排列与组合所具有的特征。

02.034 生理学与代谢特征 physiological and metabolic characteristics
在微生物的新陈代谢过程中表现出的酶活性、底物利用与代谢产物形成等特定生命活动性状。这些表型特征间接地反映了微生物基因组的特征,常用于微生物的分类与鉴定。

02.035 分子特征 molecular characteristics
微生物基于核酸、蛋白质等生物大分子水平所表现出的特征。

02.036 寡核苷酸标识序列 oligonucleotide signature sequence
反映生物类群或个体特性的核苷酸短序列,一般少于 20 个碱基。

02.037 GC 值 GC value
又称"GC 百分比"。微生物全基因组 DNA 中鸟嘌呤和胞嘧啶与全部碱基之摩尔百分比。是原核微生物分类学中定属与种的一项重要指征。

02.038 分类学 taxonomy
研究生物个体的鉴定、归类和定名的学科。

02.039 分子分类学 molecular taxonomy
基于微生物核酸、蛋白质等生物大分子的相似或差异而对物种进行分类的学科。.

02.040 分类 classification
根据微生物相互间的相似性或亲缘关系将其划归为合适的类群或单元的过程。

02.041 表征分类 phonetic classification
根据多种表征特征的全面相似性而进行的生物分类。

02.042 等级 rank
根据系统发育关系决定分类单元在分类系统中的位置。

02.043 分类单元 taxon
生物分类系统中的任一等级。

02.044 分类等级 taxonomic rank
在经典的生物分类中,分类单元以相互包含的程度进行排列而形成的阶元。主要分类等级有界、门、纲、目、科、属和种。

02.045 分类阶元 category
将每个分类单元纳入到一个连续、依次排列的等级之中而形成的阶梯式系统。

02.046 单系分类单元 monophyletic taxon
由共同祖先及其所有后代组成的分类单元。

02.047 多系分类单元 polyphyletic taxon
又称"复系分类单元"。由来自不止一个祖先的后代组成的分类单元。

02.048 偏系分类单元 paraphyletic taxon
又称"并系分类单元"。由来自同一个祖先的部分后代组成的分类单元。

02.049 形式分类单元 form-taxon
无性型真菌的分类单元。

02.050 种 spccics
生物分类阶元中的基本等级。

02.051 生物种概念 biological species concept
以能互相交配产生有繁殖能力后代为标准的物种概念。

02.052 形态种概念 morphological species concept
以形态特征为基础的物种概念。

02.053 系统发育种概念 phylogenetic species concept
经过系统发育分析而确定的具有谱系关系的物种概念。

02.054 化学型 chemovar, chemotype
一般通过次生代谢产物区分的种下的类群,不具有分类地位。

02.055 血清型 serovar, serotype
在细菌种内依据菌株抗原性用血清学方法进行区分的类型。

02.056 致病型 pathovar, pathotype
在病原微生物种内依据菌株致病能力进行区分的类型。

02.057 生物型 biovar, biotype
在一个生物物种内依特定生物性状区分的类群。

02.058 形态型 morphovar, morphotype
以形态学特征相区分的种以下分类单元的类型。

02.059 噬菌型 phagovar
细菌中以对噬菌体敏感性相区别的类型。

02.060 萨卡尔多分类系统 Saccardoan classification system
以分生孢子形态和颜色为依据对产分生孢子的真菌进行人为分类的系统。

02.061 数值分类法 numerical taxonomy
又称"统计分类法"。依据数值分析的原理,对拟分类的微生物的大量表型信息在等权处理的基础上进行统计与归类,确定其与模式分类单元相似程度的方法。

02.062 匹配系数法 matching coefficient method
表达微生物数值分类结果的一种方法,其数值为阳性和阴性符合数之和与测定数之比值减去无效测定数。

02.063 相似系数法 similarity coefficient method

数值分类法中的统计法之一,采用此法时不考虑相比较的两个菌种间均为负结果的性状。

02.064 距离法 distance method

以比较分类单元之间所有特征的总相似性为基础,用相似性的测量值来构建系统发育树的方法。

02.065 多相分类法 polyphasic taxonomy

依据表型、基因型和化学分类学等的分析数据对原核生物进行鉴定和分类的一种方法。

02.066 简约法 parsimony

又称"简约性"。以特征状态的最少变化为最佳选择来构建可能的系统发育树的原则。

02.067 最大简约法 maximum parsimony

一种用于系统发育学分析的构树方法,以最简单的或最少的特征状态变化为前提,分析数据组中理论上所有可能产生的系统发育树的方法。

02.068 最大似然法 maximum likelihood

一种用于系统发育学分析的统计学构树方法,基于使每一位点上的核苷酸都具有最大可能性的原则,分析构建系统树的方法。

02.069 贝叶斯法 Bayesian inference of phylogeny

基于贝叶斯定理,采用马尔可夫链蒙特卡洛算法,依据概率分布推断系统发育树的方法。

02.070 表型分析 phenotypic analysis

根据微生物之间形态特征和生理生化特性进行归类的方法。

02.071 基因型分析 genotypic analysis

又称"遗传分析"。根据微生物之间遗传信息进行归类的方法,多用于种以下分类单元。

02.072 蛋白质比较 comparison of protein

比对微生物相互间特定蛋白质组成及结构等的异同,以反映基因水平上的相似性的方法,可用于微生物的分类与鉴定。

02.073 描述 description

对特定微生物菌株的分类学特征进行规范性的表述。

02.074 鉴定 identification

确定待定微生物菌株是否可归入已知分类单元的过程。

02.075 命名 nomenclature

按国际命名法规确定未定名或定名不合适的菌株的分类单元名称的过程。

02.076 命名法规 nomenclature code

学术界有关生物命名的规定。

02.077 国际细菌命名法规 Internationnal Code of Nomenclature of Bacteria

国际微生物学会联合会批准,国际学术组织拟定和发布的命名法规,制约原核生物从目到种和亚种的命名。

02.078 优先律 priority

又称"优先权"。命名法规中以发表时间的先后来确定分类单元名称正确使用的规定。

02.079 原始材料 original material

合格发表名称的描述或特征集要所依据的标本、图或在代谢不活跃状态下保存的培养物。

02.080 原白 protologue

又称"原始资料"。名称合格发表时与之相关的所有资料,即描述或特征集要、图、参考文献、异名、地理信息、标本引证、讨论和评论等。

02.081 特征集要 diagnosis

新名称发表时表明该分类单元区别于其他分类单元的陈述。

02.082 有效发表 effective publication

以印刷品形式或电子出版物形式将研究报告公布于众的发表方式，要求必须遵守国际命名法规的规定。

02.083 合格发表 valid publication
(1)真菌名称的合格发表应满足《国际藻类、真菌和植物命名法规》要求，发表时要满足有效发表，名称按分类等级顺序排列，伴有特征描述或附有先前已发表过的特征描述的参考文献等要求。(2)细菌和古菌名称的合格发表应满足《国际细菌命名法规》的要求，名称发表于国际学术组织的机关刊物《国际系统和进化微生物学杂志》(IJSEM)，在其他刊物的有效发表，要求在上述刊物的合格化名录中公布。(3)蓝细菌名称的合格发表应满足《国际藻类、真菌和植物学命名法规》或《国际细菌命名法规》的要求。

02.084 不合格发表 invalid publication
未满足《国际藻类、真菌和植物命名法规》要求的名称发表，即不满足有效发表、按分类等级顺序排列的形式、伴有特征描述或附有先前已发表过的特征描述的参考文献等合格发表的要求。

02.085 名称的日期 date of name
名称合格发表时的日期。

02.086 合法名称 legitimate name
符合《国际藻类、真菌和植物命名法规》各项规则的名称，不存在多余名称、晚出同名、较晚的认可名称等问题。

02.087 不合法名称 illegitimate name
在命名上包含同一模式的多余名称、在拼写上的晚出同名、较晚的认可名称、基于不合法属名上的科名和科的亚分类单元等的名称。

02.088 组合 combination
由属名和一个或多个加词组成的属以下、种或种以下分类单元的名称。

02.089 双名 binary name
由属名和紧跟的种加词二者构成的物种名称。

02.090 三名组合 ternary combination
由属名、种加词、种下分类单元加词组合而成的学名。

02.091 加词 epithet
与属名一起构成属下、种或种下等级分类单元名称的附加词。

02.092 最终加词 final epithet
名称组合中处于最后位置的加词。

02.093 基名 basionym
又称“基原异名”。发表生物分类新组合名称或替代名称时所依据的原始名称。

02.094 自动名 autonym
通过在合法属名或种名下合格发表第一个次级分类单元名称而自动建立的与属名或种名相应的名称，如与属名相同的亚属加词或与种加词相同的亚种加词。

02.095 正确名称 correct name
在任一分类单元中采用的满足有效发表、合格发表，并且是合法的最早发表的名称。

02.096 保留名称 nomen conservandum
《国际藻类、真菌和植物命名法规》“保留名称附录”中列有的科、属、种的名称。

02.097 裸名 nomen nudum
又称“空名称”。在发表时没有特征描述或特征集要的名称。

02.098 同名 homonym
拼写相同或易于混淆的名称。

02.099 晚出同名 later homonym
较后发表的同名。

02.100 异名 synonym
同一分类单元的不同名称。

02.101 同模式异名 homotypic synonym
又称“命名法异名(nomenclatural synonym)”、“客观异名(objective synonym)”。基于同一模式标本的异名。

02.102 异模式异名 heterotypic synonym
又称“分类学异名(taxonomical synonym)”、“主观异名(subjective synonym)”。基于不同模式标本的异名。

02.103 模式 type
分类单元的名称所永久依附的实物要素,包括标本、图或在代谢不活跃状态下保存的培养物等。

02.104 模式标本 type specimen
在发表名称时被指定作为模式的标本。

02.105 模式标定 typification
为分类单元指定模式标本。

02.106 主模式 holotype
发表名称时所指定的作为主要模式的标本或图,或在代谢不活跃状态下保存的培养物。它们决定着该名称的使用。

02.107 等模式 isotype
模式标本的复份。

02.108 合模式 syntype
发表名称时作者引证了多于一份的标本而没有指定模式或主模式,其所引证的全部标本或图中的任何一份材料的统称。

02.109 等合模式 isosyntype
合模式标本的复份。

02.110 副模式 paratype
除主模式外,原始描述中所引证的其他标本。

02.111 后选模式 lectotype
原作者发表名称时未指定模式或主模式,或者指定的主模式已遗失、损坏或包含一个以上的分类单元,后来作者从合模式、等模式、副模式或原作者的原始描述所引证材料中选出的替代品。

02.112 新模式 neotype
在描述新分类单元的原始材料丢失后,后续作者从其他材料中选作模式的一份标本或图,或在代谢不活跃状态下保存的培养物。

02.113 解释模式 epitype
又称“附加模式”。当主模式、后选模式、新模式,或所有与合格发表名称有关的原始材料被证明不确切时,选出的一份标本或图,或在代谢不活跃状态下保存的培养物作为解释用的模式。

02.114 衍生模式 ex-type
从模式分解出来的部分材料或分离培养出的活分离物,本身非命名模式。

02.115 衍生主模式 ex-holotype
从主模式分解出来的部分材料或分离培养的活分离物,本身非命名模式。

02.116 衍生等模式 ex-isotype
从等模式分解出来的部分材料或分离培养的活分离物,本身非命名模式。

02.117 成套干腊标本集 exsiccata
特别制作的干标本,通常是分送给不同标本馆的整套复份标本。

02.118 模式属 type genus
按《国际藻类、真菌和植物命名法规》曾经被定为科和科下亚分类单元模式的属,现在一般也用来表示通过属名来引证科和科下亚分类单元模式的属。

02.119 模式种 type species
按《国际藻类、真菌和植物命名法规》曾经被定为属和属下亚分类单元模式的种,现在一般也用来表示通过种名来引证属和属下亚分类单元模式的种。

03. 微生物形态与结构

03.001 球菌 coccus
细胞呈球形或椭圆形的微生物。

03.002 双球菌 diplococcus
细胞分裂后2个子细胞呈双排列的球菌。

03.003 四联球菌 tetrads
细胞分裂后4个子细胞呈正方形排列的球菌。

03.004 八叠球菌 sarcina
细胞分裂后8个子细胞呈立方体排列的球菌。

03.005 球杆菌 coccobacillus
细胞近球形短杆状细菌。

03.006 杆菌 rod bacteria
细胞呈杆状或圆柱状的细菌。

03.007 双杆菌 diplobacillus
细胞分裂后2个子细胞呈双排列的杆状细菌。

03.008 棒状菌 corynebacteria
细胞一端或两端膨大呈棒状的细菌。

03.009 弧菌 vibrio
细胞为弧形或逗点状的细菌。通常生有单生或丛生鞭毛,生活在水生环境中。

03.010 螺旋菌 spirillum
细胞为螺旋状的细菌。

03.011 柄细菌 stalked bacteria
一类具有柄状结构的形态特殊的细菌。

03.012 鞘细菌 sheathed bacteria
一类胞外具有鞘状结构的细菌。

03.013 单鞭毛菌 monotricha
细胞一端、近端或两端着生一根鞭毛的细菌。

03.014 周[鞭]毛菌 peritricha
细胞四周着生多根鞭毛的细菌。

03.015 丛[鞭]毛菌 lophotricha
细胞一端或两端着生多根鞭毛的细菌。

03.016 两端单[鞭]毛菌 amphitrichate
细胞两端各着生一根鞭毛的细菌。

03.017 单端丛[鞭]毛菌 cephalotricha
细胞一端着生多根鞭毛的细菌。

03.018 革兰氏阳性菌 Gram-positive bacteria
经革兰氏染色后细胞呈紫色的细菌。

03.019 革兰氏阴性菌 Gram-negative bacteria
经革兰氏染色后细胞呈红色的细菌。

03.020 原养菌 prototrophic bacteria
营养缺陷型突变菌株回复突变或重组后产生的与野生型表型相同的菌株。

03.021 滑行细菌 gliding bacteria
可在固体表面或液气界面滑行运动的细菌。

03.022 L型细菌 L-form bacteria
部分或丧失细胞壁的缺陷型细菌,可连续繁殖,也可恢复为正常细胞。

03.023 变形菌 proteobacteria
一大类群革兰氏阴性菌,因形状与代谢特性极其多样而得名。

03.024 乳酸菌 lactic acid bacteria
一类革兰氏阳性、不产生芽孢,利用糖类产生乳酸的细菌。

03.025 黏细菌 myxobacteria
可产生子实体和抗逆性强的黏孢子的革兰氏阴性菌，是原核生物中少数具有复杂多细胞行为的细菌类型之一。

03.026 梭菌 clostridium
一群专性厌氧、能形成芽孢、革兰氏阳性的粗大杆菌。细菌形成的芽孢一般都大于菌体的宽度，使细体膨胀呈梭状而得名。

03.027 梭形杆菌 fusobacterium
细胞两端尖锐呈梭形，无鞭毛，无芽孢，无荚膜，专性厌氧的革兰氏阳性菌。

03.028 芽孢杆菌 bacillus
可形成芽孢的一类革兰氏阳性菌，多数好氧。

03.029 拟杆菌 bacteroide
一类严格厌氧、无芽孢的革兰氏阴性杆状细菌，分解糖产生乙酸和琥珀酸。

03.030 抗酸杆菌 acid-fast bacillus
不易染色，但一旦着色后用强酸、强碱及乙醇等均不易脱色的细菌。

03.031 肠杆菌 enterobacteria
兼性厌氧革兰氏阴性杆状细菌，常见于动物肠道等处，属肠杆菌科（Enterobacteriaceae）。

03.032 蛭弧菌及类似细菌 bdellovibrio-and-like organisms, BALOs
以其他革兰氏阴性菌细胞质作为唯一营养来源的捕食性细菌，在被捕食细菌周质间进行繁殖。

03.033 根瘤菌 rhizobium
能与豆科植物共生形成根瘤并固定空气中氮气的一类革兰氏阴性好氧杆状细菌。

03.034 链霉菌 streptomyces
一类革兰氏阳性菌，菌丝体发达，发育良好的分枝菌丝，菌丝无横隔，分化出的孢子丝上形成分生孢子是主要繁殖器官。主要分布于土壤中。已知放线菌所产抗生素的90%由这类细菌产生。

03.035 产甲烷菌 methanogen
可产生甲烷的古菌。

03.036 [细菌]毛状体 trichome
多种蓝细菌及噬纤维菌等细菌中由紧密排列的细胞组成的通常呈单列的线状结构。

03.037 [菌体]附器 appendage
从细菌细胞质伸出的结构，如柄细菌的柄。

03.038 鞭毛 flagellum
着生在微生物细胞外部的线状运动器官。真核微生物的鞭毛由细胞质膜包裹伸出细胞外的鞭杆、嵌埋在细胞质上的基体和连接鞭杆和基体的过渡区组成，以挥动方式驱动细胞；原核微生物由基体、钩形鞘和鞭毛丝组成，通过高速旋转驱动细胞。

03.039 鞭杆 shaft
真核微生物鞭毛的组成部分，由包在中央鞘内的中央微管和围绕其外部的微管二联体组成，外部包裹细胞质膜。

03.040 茸鞭 tinsel flagellum
在外膜上长有鞭茸的鞭毛。

03.041 鞭[毛]茸 mastigoneme
又称“茸毛丝”。鞭毛上着生的大量发状微小突出物。

03.042 周质鞭毛 periplasmic flagellum
又称“轴丝（axial filament）”。螺旋体等微生物中被细胞壁外膜覆盖并缠绕在螺旋体细胞上的鞭毛。每个种属的周质鞭毛数目固定。

03.043 菌毛 pilus
又称“纤毛”，曾称“伞毛”。多存在于革兰氏阴性菌细胞表面的丝状中空的蛋白质附属结构，比鞭毛短且细，数量较多，与细菌间或细菌和动物细胞黏附有关。

03.044 性菌毛 sex pilus

在细菌接合过程中传递遗传物质的菌毛,数量少且较粗而长。

03.045 菌蜕 ghost

细菌细胞裂解后由细胞质膜组成的空囊。

03.046 鞘 sheath

鞘细菌中围绕成链的细胞或成束的丝状细胞形成的管状结构。

03.047 糖萼 glycocalyx

又称"糖被"。细菌细胞壁外的一层多糖黏性物质。

03.048 荚膜 capsule

固定在细菌或酵母菌细胞壁外结构较致密且较厚的糖被。

03.049 黏液层 slime layer

细菌细胞壁外结构较松散的无色胶质鞘。

03.050 微荚膜 microcapsule

固定在细菌细胞壁外厚度在 0.2μm 以下,光学显微镜无法观察到的无色胶质鞘。

03.051 周质间隙 periplasmic space

革兰氏阳性菌细胞壁和细胞膜之间的间隔区域,或革兰氏阴性菌细胞膜与外膜之间的间隔区域。

03.052 原生质体 protoplast

微生物细胞壁被人为完全除去后的原生质。

03.053 原生质球 spheroplast

微生物细胞壁被人为改变或破碎的细胞壁包围在内的原生质体。

03.054 气泡 gas vacuole

主要存在于某些水生细菌及古菌细胞质中充填着气体的泡囊状结构。

03.055 甲烷膜粒 methanochondrion

某些产甲烷古菌细胞表面嵌入质膜中被认为是进行产甲烷反应的细胞器。

03.056 间体 mesosome

通过电子显微镜观察到的细菌细胞质膜内褶而形成的囊状结构。多见于革兰氏阳性菌,其功能可能与细胞壁合成、核质分裂、细菌呼吸和芽孢形成有关。

03.057 载色体 chromatophore

又称"色素体"。光合细菌细胞内进行光合作用的部位,由与细胞膜相连的单层内膜围绕,直径可大于100 nm。

03.058 异染质 volutin

主要存在于细菌和酵母菌等生物细胞内作为储备物质的磷酸盐线形聚合物。

03.059 异染[颗]粒 metachromatic granule

白喉棒杆菌等细菌细胞内含有的多聚偏磷酸盐颗粒,可被某些碱性染料染成与细胞质不同的颜色。

03.060 紫膜 purple membrane

嗜盐细菌在厌氧或低氧和光照条件下在细胞质膜上形成的含细菌视紫红质的片状紫色膜结构。

03.061 线状伪足 filopodia

原生动物巴甫鞭虫属(*Pavlova*)鞭虫细胞表面伸出的纤细而有黏性的若干突起结构。

03.062 菌落 colony

在固体基质表面或内部形成的紧密生活在一起肉眼可见的同一微生物物种的群体,或来源于同一细胞的一群细胞。

03.063 次生菌落 secondary colony

又称"子菌落(daughter colony)"。由原生菌落续发生长的小菌落。

03.064 光滑型菌落 smooth colony

表面光滑、湿润、边缘整齐的菌落。

03.065 粗糙型菌落 rough colony

表面粗糙、干燥、边缘不整齐的菌落。

03.066　丝状型菌落　filamentous type colony
由许多疏松的菌丝体构成的菌落。

03.067　深层菌落　deep colony
在培养基表层下形成的菌落。

03.068　黏液型菌落　mucoid colony
表面黏稠、有光泽、似水珠样的菌落。

03.069　巨大菌落　giant colony
为观察微生物菌落形态而在固体平板上定点接种后长成的培养物。

03.070　侏儒型菌落　dwarf colony
细小,无光泽半透明菌落。

03.071　卫星菌落　satellite colony
围绕某个菌落较晚生长出的其他细小菌落。

03.072　酵母型菌落　yeast type colony
一种真菌的菌落形态,圆形,表面突起、光滑、湿润,柔软而致密,乳白或奶白色。

03.073　类酵母型菌落　yeast-like colony
一种真菌的菌落形态,菌落表面与酵母型菌落类似,但在菌落根部有假菌丝伸向培养基内生长。

03.074　菌苔　lawn
在固体培养基上长成的一片密集的菌落。

03.075　菌膜　pellicle
在液体培养基表面由微生物生长形成的一层连续性或碎片性的膜。在酵母菌中曾称"[菌]醭(mycoderm)"。

03.076　芽孢　spore, gemma
(1)又称"芽胞"。细菌在胞内形成的对不良环境条件具有强抗逆性能和有利于传播的无性休眠体。(2)卵菌中一种厚壁、有时不规则的细胞,与厚垣孢子相似的一种无性繁殖体。

03.077　端生芽孢　terminal spore
又称"终端芽孢"。在细胞顶端形成的芽孢。

03.078　近端芽孢　subterminal spore
在细胞中央与某一端之间形成的芽孢。

03.079　中生芽孢　central spore
在细胞中央形成的芽孢。

03.080　前芽孢　forespore
芽孢形成过程中存在于母细胞内处于分化状态的中间体,即未成熟的芽孢。

03.081　[芽孢]外壁　exosporium
芽孢结构的最外层。

03.082　芽孢衣　coat
芽孢结构的第二层,位于芽孢外壁与芽孢外膜之间。

03.083　[芽孢]外膜　outer membrane
芽孢结构的第三层,位于芽孢衣和皮质之间。

03.084　[芽孢]皮质　cortex
芽孢结构的第四层,位于芽孢外膜与芽孢内膜之间的致密层。

03.085　[芽孢]内膜　inner membrane
芽孢结构的第五层,位于皮质和芽孢原生质之间。

03.086　芽孢原生质　spore protoplast
芽孢的胞质,其中含有遗传物质及蛋白质,并含15%左右的耐热性物质——吡啶二羧酸钙(DPA-Ca)。

03.087　伴孢晶体　parasporal crystal
苏云金芽孢杆菌等芽孢杆菌形成芽孢时在其一旁形成的菱形、方形或不规则形蛋白质晶体。

03.088　放线菌　actinomycetes
一类菌落多呈放射状生长,革兰氏染色阳性,以孢子繁殖的多核单细胞原核生物。分布广泛,是重要的工业应用微生物。

03.089　蓝细菌　cyanobacteria
一类革兰氏阴性、无鞭毛、含叶绿素和藻蓝

素、但不形成叶绿体、进行产氧性光合作用的大型原核微生物。

03.090 [蓝细菌]连锁体 hormogonium
曾称"藻殖段"。念珠蓝细菌属等蓝细菌在环境胁迫条件下分化形成的由长细胞断裂成链状的菌丝。能运动,具有繁殖功能,常在与植物共生固氮过程中出现。

03.091 类囊体 thylakoid
蓝细菌细胞内或叶绿体内的扁平囊状封闭结构,由单层膜围成的内腔组成,是光合作用的主要场所。

03.092 藻胆蛋白体 phycobilisome
蓝细菌或红藻体内规则排列在类囊体膜外的一种蛋白颗粒,内含藻蓝蛋白和藻红蛋白,有捕获光能并将其传递给叶绿体的功能。

03.093 支原体 mycoplasma
不具有细胞壁结构的一类可独立生活的细菌,兼性厌氧,有些是动、植物的病原体。

03.094 立克次氏体 rickettsia
专性寄生于真核细胞中,并有自主产能代谢系统的革兰氏阴性菌。

03.095 衣原体 chlamydia
专性寄生在原核细胞内,有细胞结构但无自主产能代谢系统的、对抗生素敏感的一类原核生物。

03.096 [衣原体]始体 initial body
又称"网状体(reticulate body)"。衣原体增殖循环中处于体形较大、较松弛、能分裂但无感染力状态的细胞。

03.097 [衣原体]原体 elementary body
衣原体增殖循环中处于体形较小、较紧密、不分裂但有感染力状态的细胞。

03.098 真菌 fungi
无叶绿素、有细胞壁、营吸收营养的真核生物。普遍以有性和无性两种方式产生孢子进行繁殖,通常为丝状且有分枝的体细胞结构,一般都有细胞壁。

03.099 化石真菌 fossil fungi
已形成化石的真菌。

03.100 完全真菌 perfect fungi
能进行有性生殖的真菌。

03.101 双态性真菌 dimorphic fungi
能以菌丝或单细胞两种状态存在的真菌。

03.102 完全阶段 perfect state
又称"有性阶段(sexual state, sexual phase)"。真菌生活史中通过配子接合产生新个体的阶段。

03.103 不完全阶段 imperfect state
又称"无性阶段"。真菌生活史中不发生配子接合,通过营养菌丝进行繁殖的阶段。

03.104 全型 holomorph
同一真菌生活史中所具有的全部形态型及发育阶段。

03.105 有性型 teleomorph
真菌生活史中处于完全阶段的类型。

03.106 无性型 anamorph
真菌生活史中处于无性繁殖阶段的类型。

03.107 共无性型 synanamorph
具相同有性型的任何两个或更多个无性型中的任何一个无性型。

03.108 孤儿无性型 orphan anamorph
与具有相似分生孢子阶段的有性型真菌有着明显联系的一种无性型。

03.109 宿主 host
带有共生物的活有机体。

03.110 寄主 host
带有寄生物的活有机体。

03.111　原始寄主　primary host
锈菌产生冬孢子阶段的寄主。

03.112　腐生物　saprophyte, saprobe
分解无生命有机质以获得营养的生物。

03.113　兼性腐生物　facultative saprobe
以活体寄生为主,在一定条件下也可以营腐生生活的生物。

03.114　寄生物　parasite
寄生在其他生物上的有机体,多营活体营养。

03.115　兼性寄生物　facultative parasite
以腐生生活为主,在一定条件下也可以活体寄生的生物。

03.116　专性寄生物　obligate parasite
离开活体寄主无法生存的生物。

03.117　捕食真菌　predacious fungi
能形成捕捉器官或分泌黏性物质捕食动物的真菌。

03.118　真菌病　mycosis
真菌感染人或动物导致的病害。

03.119　霉菌病　mildew
表面有明显真菌菌丝生长的植物病害。

03.120　锈病　rust disease
由锈菌引起的植物病害。

03.121　黑粉病　smut disease
由黑粉菌引起的植物病害。

03.122　小种　race
在特定寄主植物类群上有相似致病力或无致病力的植物病原菌类型。

03.123　半活体营养菌　hemibiotroph
侵染活的寄主细胞并最终将其杀死,生长在死的或将死的细胞残留物上的植物病原菌。

03.124　皮肤真菌　dermatophyte
引起皮肤感染的真菌。

03.125　虫生真菌　entomogenous fungi
在昆虫体内外生长的真菌。

03.126　毛外癣菌　ectothrix
在动物毛发外表形成分生孢子的真菌。

03.127　毛内癣菌　endothrix
在动物毛发内形成分生孢子的真菌。

03.128　木腐菌　wood-decay fungi
能分解木材使其腐烂的真菌。

03.129　褐腐菌　brown rot fungi
能选择性地降解树木中的纤维素,使其变成褐色木质素腐殖质的真菌。

03.130　白腐菌　white rot fungi
能选择性地降解树木中的木质素使其多呈白色或浅黄白色的真菌。

03.131　外生真菌　ectomycete
在其他生物体表生存的真菌。

03.132　内生真菌　endomycete
在其他生物体内生存的真菌。

03.133　植物内生菌　endophyte
生活在活的植物体内的真菌。

03.134　地衣共生菌　mycobiont
又称“真菌共生体”。地衣中与藻类共生的真菌。

03.135　菌根真菌　mycorrhizal fungi
与植物根系形成菌根共生关系的真菌。

03.136　地下真菌　hypogeal fungi
在地下形成子实体的真菌。

03.137　霉菌　mold, mould
一般能引起霉变的丝状、不形成大型子实体的真菌。

03.138　需氧水生真菌　aeroaquatic fungi

在流动的淡水和海水中生活的、分生孢子常为螺旋形或多细胞的真菌。

03.139　子囊菌　ascomycetes
菌丝有隔，有性生殖时在子囊内形成有性孢子的真菌类群。

03.140　核菌　pyrenomycetes
产生子囊壳的子囊菌通称。

03.141　盘菌　discomycetes, cup fungi
产生子囊盘的子囊菌通称。

03.142　腔菌　loculoascomycetes
在子囊腔内形成子囊的子囊菌通称。

03.143　块菌　truffle
地下生的子囊果通称。特指块菌属(*Tuber*)的子囊果。

03.144　酵母菌　yeast
单细胞真菌的通称。无性繁殖主要通过芽殖或分裂进行。

03.145　嗜杀酵母菌　killer yeast
分泌的蛋白质可毒杀亲缘株系或近缘种的酵母菌。

03.146　半知菌[类]　deuteromycetes, imperfect fungi
进行无性繁殖，尚未发现有性生殖的真菌。

03.147　腔孢类　coelomycetes
在分生孢子器或分生孢子盘内产生分生孢子的真菌。

03.148　丝孢菌　hyphomycetes
从菌丝体上分化出产分生孢子细胞，然后在其上形成分生孢子的真菌。

03.149　英戈尔德氏真菌　Ingoldian fungi
通气良好水体中在沉水的树木残片上生长的水生丝孢菌类型，许多种类产生具分枝的、辐射状的分生孢子。

03.150　蛀道真菌　ambrosia fungi
又称"虫道真菌"、"蜂食甲虫真菌"。与小蠹科蜂食甲虫(*Xyleborus* spp.)共生，为该甲虫提供食物的真菌。

03.151　担子菌　basidiomycetes
在担子上形成有性孢子的真菌类群。

03.152　伞菌　agaric
蘑菇目(Agaricales)真菌的通称。

03.153　蘑菇　mushroom
(1)形成伞状、肉质、带菌褶的担子果的担子菌。(2)伞菌和牛肝菌的通称。

03.154　蘑菇圈　fairy ring
俗称"仙环"。因地下菌丝体不断辐射延伸而使蘑菇在地面上形成环形分布的状态。

03.155　层菌　hymenomycetes
担子产生在特定子实层上的担子菌。

03.156　腹菌　gasteromycetes
担孢子在封闭的担子果内成熟，但不从担子上弹射的一类担子菌。

03.157　牛肝菌　bolete
牛肝菌科(Boletaceae)担子菌的通称。

03.158　鸟巢菌　bird's nest fungi
子实体形状类似鸟巢的担子菌。

03.159　鬼笔菌　stinkhorn
在具柄子实体头部形成恶臭黏状孢子的担子菌。

03.160　马勃　puffball
马勃科(Lycoperdaceae)担子菌的子实体。包被内充满产孢组织，成熟时形成粉末状孢子。

03.161　黑粉菌　smut fungi
寄生于植物，在受害部位形成黑色粉状冬孢子堆的病原真菌。

03.162　锈菌　rust fungi

寄生于植物,在受害部位形成铁锈色粉状孢子堆的病原真菌。

03.163 接合菌 zygomycetes
完全阶段进行接合生殖产生接合孢子的真菌。

03.164 壶菌 chytrid
完全阶段产生游动孢子,具有单根的后生尾鞭式鞭毛的真菌。

03.165 卵菌 oomycetes
完全阶段形成卵孢子,游动孢子有向前和向后各一根鞭毛的类真核生物,向前的为茸鞭式,向后的为尾鞭式。

03.166 黏菌 myxomycete, slime mold, slime mould
通过孢子繁殖、营养体多核、无叶绿素、能做变形虫式运动的一类真核生物。

03.167 镰孢菌 fusarium
以产生镰刀形大分生孢子为特征的一类真菌,多为植物病原菌。

03.168 毛霉菌 mucor
菌丝能在基质内外广泛蔓延,无隔、多核、分枝状,以孢囊孢子繁殖和以接合孢子生殖为特征的一类接合菌。某些种分解蛋白质、淀粉和纤维素的能力很强,有的种可用于制作豆制品。

03.169 青霉菌 penicillium
丝孢类(hyphomycetes)半知菌,菌丝有横隔,多细胞分枝,菌落多呈灰绿色,通常以分生孢子进行繁殖,菌丝体顶端产生分生孢子梗,梗的顶端分枝形成扫帚状。有的种可产生青霉素,多数为造成食品、纺织品和工业器材霉腐的重要种类。

03.170 根霉菌 rhizopus
毛霉科(Mucoraceae)接合菌类真菌,其特征是营养菌丝常以假根与生长基物接触,假根与假根之间常以匍匐菌丝连接,假根上方形成孢子囊,有性生殖产生接合孢子。是一类重要工业应用真菌,某些种为人、畜的条件致病菌,亦可引起食品和其他物品的霉变。

03.171 木霉 trichoderma
丝孢类(hyphomycetes)半知菌,完全阶段为肉座菌属(*Hypocrea*),菌丝透明有隔,气生菌丝的短侧枝成为多级分支的分生孢子梗,其顶端为小梗,由小梗生出分生孢子,多个分生孢子黏聚成球形的孢子头。菌落伸展迅速,表面常呈同心轮纹状。多数有高活性纤维素分解能力。

03.172 配子菌体 gametothallus
能产生配子的真菌菌体。

03.173 虫菌体 hyphal body
虫霉目(Entomophthorales)真菌菌丝体断裂形成的细胞。通过分裂或出芽进行增殖,并通过出芽形成支撑孢子的结构。

03.174 菌丝 hypha
真菌或放线菌等形成的多细胞或单细胞管状细丝结构。

03.175 气生菌丝 aerial hypha
在基质表面生长的菌丝。

03.176 营养菌丝 vegetative hypha
基质内吸取营养的菌丝。

03.177 菌丝段 hyphal fragment
菌丝断裂形成的片段。

03.178 附[属]丝 appendage
由真菌子囊壳或孢子等结构长出的丝状物。

03.179 匍匐[菌]丝 stolon
基质表面生长,连接多个孢囊孢子梗的假根状菌丝。

03.180 胶膜菌丝 gloeoplerous hypha
一些担子果中含高度反光物质的薄壁菌丝,

用四溴二氯荧光黄或麦氏试剂可染成亮色。

03.181 螺旋菌丝 spiral hypha
毛癣菌中末端呈螺旋状的菌丝。

03.182 有隔菌丝 septate hypha
由隔膜分成很多间隔的菌丝。

03.183 无隔菌丝 nonseptate hypha
没有隔膜的菌丝。

03.184 初生菌丝 primary hypha
担孢子萌发形成的单倍体菌丝。

03.185 次生菌丝 secondary hypha
(1)担子菌中通过性亲和的初生菌丝配合形成的双核菌丝结构。(2)放线菌中由基内菌丝分化出的气生菌丝的结构。

03.186 菌丝体 mycelium
由菌丝组成的真菌菌体。

03.187 假菌丝体 pseudomycelium
酵母菌芽殖后细胞壁不完全分开而形成的一个首尾相连的细胞链。

03.188 根状菌丝体 rhizomycelium
壶菌目中无核菌丝组成的根状结构。

03.189 黄癣菌丝 favic chandelier mycelium
舍恩莱发癣菌(*Trichophyton schoenleinii*)的菌丝,在菌落边缘的基质中形成叉状分枝、膨大的菌丝末端。

03.190 顶体 Spitzenkörper
靠近菌丝尖端的区域,细胞质高度颗粒状并含有许多小泡囊的小球。与菌丝生长有关。

03.191 菌丝层 subiculum, subicle
由菌丝形成的松散垫状结构,在表面或内部形成子实体。

03.192 密丝组织 plectenchyma
真菌子实体内由菌丝或细胞组成的组织,最常见的类型是疏丝组织和拟薄壁组织。

03.193 疏丝组织 prosenchyma
又称“长轴组织”。菌丝平行排列的密丝组织。

03.194 拟薄壁组织 pseudoparenchyma
又称“假薄壁组织”。由卵形或等直径圆形细胞形成的密丝组织。

03.195 隔膜 septum
菌丝中向中心生长的横壁。

03.196 初生隔膜 primary septum
菌丝核分裂时形成的隔膜,介于两姐妹核之间。

03.197 偶发隔膜 adventitious septum
不受核分裂控制而形成的隔膜。

03.198 桶孔隔膜 dolipore septum
具中央孔、周边的隔膜壁呈桶状膨大、两侧各覆有穿孔的膜,是担子菌中广泛存在的菌丝隔膜。

03.199 桶孔覆垫 parenthesome
又称“隔[膜]孔帽(septal pore cap)”。覆盖在桶孔隔膜两侧的穿孔膜。

03.200 假隔膜 pseudoseptum
菌丝中由纤维素质或其他物质形成的塞状分隔。

03.201 沃鲁宁体 Woronin body
曾称“伏鲁宁体”。子囊菌和半知菌中常集中在隔膜附近的电子稠密球状体。

03.202 隔孔器 septal pore organelle
阻塞在子囊菌菌丝隔膜孔上,由膜包裹的细胞结构,通常为滑轮状。

03.203 带纹 zone line
又称“带线”、“假菌核平板图(pseudosclerotial plate)”。营养不亲和的真菌菌丝同时生长在木材上相遇而出现的界线分明的暗色纹线。

03.204 附着胞 appressorium

芽管或菌丝在寄主表面形成的膨大加压器官，可通过微小、具侵染功能的楔状结构进入寄主体内。

03.205 附着枝 hyphopodium
小煤炱目(Meliolales)等真菌表生菌丝上产生的一至两个细胞构成的短小分枝。短尖的附着枝有产分生孢子细胞的作用，而头状的附着枝可产生吸器。

03.206 丛枝吸胞 arbuscule
简称“丛枝”。由丛枝菌根菌在寄主细胞内产生的细小树状菌丝分枝。

03.207 吸器 haustorium
在寄生菌菌丝上产生，穿透寄主细胞壁吸收营养的特化结构。

03.208 足细胞 foot cell
又称“脚胞”。(1)支撑分生孢子梗的菌丝部分特化形成的足状细胞，见于曲霉。(2)一些镰孢霉的大分生孢子基细胞下侧一角向外突起，形成如足跟状的结构。

03.209 固着器 holdfast
又称“黏着盘(adhesive disc)”。真菌用于固着在基质或其他生物体上的一种特化结构。

03.210 刚毛 seta
坚挺似猪鬃的菌丝结构，常存在于某些真菌子实体外表。

03.211 菌根 mycorrhiza
由真菌菌丝与植物的根等吸收器官形成的共生联合体。

03.212 外生菌根 ectomycorrhiza
菌丝只生长于寄主植物根部细胞间隙，而不侵入其细胞壁内的菌根，替代根毛吸收养料和水分。

03.213 内生菌根 endomycorrhiza
菌丝穿透并进入寄主植物根部细胞壁内的菌根。

03.214 内外生菌根 ectendomycorrhiza
兼具外生菌根和内生菌根特征的菌根。

03.215 泡囊菌根 vesicular mycorrhiza
具泡囊状菌体结构的菌根。

03.216 辅助细胞 auxiliary cell
又称“根外泡囊”。从枝菌根菌的根外菌丝顶端在土壤中形成的单个或成簇的类似泡囊的结构。

03.217 哈氏网 Hartig net
又称“胞间菌丝网”。外生菌根菌在植物根部细胞间形成的菌丝网。

03.218 菌套 mantle
外生菌根真菌的菌丝体在植物根部表面形成的鞘状或套状结构。

03.219 游动细胞 swam cell, swarmer cell
(1)黏菌及根肿菌的具鞭毛能运动的细胞。(2)柄杆菌和红微菌等细菌中从不动的前体细胞衍生而来的快速运动细胞。

03.220 前孢子细胞 prespore cell
网柄菌(*Dictyostelium*)假原质团中可发育成孢堆果的孢子的细胞。

03.221 前柄细胞 prestalk cell
网柄菌(*Dictyostelium*)假原质团中将发育成孢堆果的柄的细胞。

03.222 有柄细胞 stalk-bearing cell
柄细菌细胞分裂后产生的一种带有柄状结构的细胞。

03.223 复囊体 aethalium
又称“黏菌体”。一些黏菌种类由部分或全部原质团形成的相对较大、半球形或垫状的无柄子实体。

03.224 联囊体 plasmodiocarp
某些黏菌的长而弯曲或分枝的脉状子实体结构。

03.225　孢堆果　sorocarp
又称"孢团果"。网柄菌和集胞菌的子实体，孢子为基质包埋，缺乏覆盖的壁。

03.226　拔顶　culmination
网柄菌(*Dictyostelium*)生活史中从假原质团停止移动至孢堆果形成的阶段。

03.227　囊基膜　hypothallus
又称"基质层"。许多黏菌子实体基部形成的一层薄而通常是透明的沉积物。

03.228　黏变形体　myxamoeba
黏菌的变形虫状细胞。

03.229　原质团　plasmodium
黏菌以变形虫方式运动和摄食的裸露多核的营养阶段。

03.230　原始型原质团　protoplasmodium
仅产生单个孢子囊而无分化的显微结构的原质团。典型见于刺轴菌目(Echinosteliales)。

03.231　隐型原质团　aphanoplasmodium
早期为极细而透明的网状结构，不明显地分化为外质体和内质体的黏菌原质团，其中原生质不呈粗粒状。典型见于发网菌目(Stemonitales)。

03.232　显型原质团　phaneroplasmodium
由高度分化的扇状结构和显著的粗索组成的原质团。典型见于绒泡菌目(Physarales)。

03.233　假原质团　pseudoplasmodium
又称"蛞蝓体"。许多变形体组成的腊肠状结构，行为上像一个单体。

03.234　弹[孢]丝　elater
孢子散播时起弹射作用的丝状结构。

03.235　孢丝　capillitium
黏菌及腹菌子实体内孢子之间的不育丝状结构。

03.236　假孢丝　pseudocapillitium
黏菌子实体中孢子之间类似孢丝的结构，呈不规则、线形、片状或其他形状。

03.237　根丝体　rhizoplast
与游动细胞的基体和细胞核相连的细胞质微管和细丝系统。

03.238　次生附属物　secondary appendage
从虫霉目囊托上发育出的旁枝。

03.239　营养囊　trophocyst
水玉霉属(*Pilobolus*)等真菌孢囊梗基部的膨大细胞。

03.240　营养胞　nutriocyte
球囊属(*Ascosphaera*)产囊体的膨大部分。

03.241　[甲虫]贮菌器　mycangium
甲虫身上含真菌的特化小囊袋。

03.242　菌核　sclerotium
由真菌组织构成的坚硬真菌休眠体，可以抵御不良环境。

03.243　器菌核　pycnosclerotium
类似分生孢子器但不含孢子的厚壁结构。

03.244　菌索　mycelial cord
营养菌丝组成的索状结构。

03.245　根状体　rhizomorph
有顶生分生组织的由营养菌丝组成的索状结构。

03.246　冠囊体　stephanocyst
从皮下盘菌属(*Hypoderma*)菌丝体或子实下层长出的不育结构，为捕捉线虫的黏着器官。

03.247　体细胞　somatic cell
多细胞生物体中除生殖细胞和生殖细胞前体细胞之外的细胞。

03.248　双核体　dikaryon
含有两个细胞核的细胞。

03.249　单核体　monokaryon
含有单一基因型细胞核的细胞。

03.250　同核体　homokaryon
含一个以上单一基因型细胞核的细胞。

03.251　异核体　heterokaryon
含有两个或多个不同基因型细胞核的细胞。

03.252　合胞体　syncytium
细胞核重复分裂但细胞不分裂而形成的多核原生质团,亦可因感染病毒导致细胞融合而成。

03.253　多核细胞　coenocyte
含有多个核的细胞。

03.254　偶核细胞　zeugite
处于受精后双核末期终止阶段的细胞。如发育中的子囊或担子。

03.255　合子核　zygotonucleus
由两个单倍体细胞核接合产生的二倍体细胞核。

03.256　核帽　nuclear cap
壶菌游动细胞内的核糖体聚集在核周围,并被类似核膜的延伸物所包围形成的结构。

03.257　纺锤极体　spindle pole body
无鞭毛真菌中电子稠密的、与核相连的微管组织中心,与动物细胞的中心体功能相似。

03.258　[黏菌]大囊胞　macrocyst
又称"大包囊"。黏菌的菌核状子实体。

03.259　[黏菌]小囊胞　microcyst
又称"微包囊"。具有被囊的小型原生质体。

03.260　壳质体　chitosome
含有甲壳质合成酶的小型泡囊状细胞器。

03.261　微体　microbody
含过氧化物酶和过氧化氢酶的细胞器。

03.262　微体-脂质小球状复合体　microbody-lipid globule complex
壶菌需氧游动孢子中由脂质体、微体、线粒体和膜潴泡构成的超显微联合体结构。

03.263　γ粒　gamma particle, γ-particle
由膜包裹的微小球状体,参与芽枝霉休眠孢子或者休止游动孢子壁的形成。

03.264　纤维素颗粒　cellulin granule
水节霉菌丝内主要由甲壳质构成的球形结构。

03.265　管腔　rohr
根肿菌中具包囊被的游动孢子内部的长形管状腔。

03.266　棘杆　stachel
根肿菌中具包囊被的游动孢子内部的杆状结构。

03.267　动体　kinetosome
又称"鞭毛基体(flagellar basal body)"。由9根3条一组的微管组成的圆柱形鞭毛基部结构。

03.268　膜边体　lomasome
又称"须边体"、"质膜外泡"。存在于细胞壁和原生质膜间,由单层膜包裹的细胞器。其形态呈管状、囊状、球状、卵圆状或多层折叠膜状,其内含泡状物或颗粒状物膜结构。

03.269　被膜系统　enveloping membrane system, EMS
又称"子囊泡囊"。子囊孢子形成过程中由两个紧密黏贴的单位膜构成的过渡性结构。

03.270　造孢剩质　epiplasm
在子囊孢子分割形成时,被排除在子囊孢子之外而遗留在子囊内的细胞质。

03.271　孢原质　sporoplasm
孢子的原生质。

03.272 卵质 ooplasm
卵孢子内的细胞质。

03.273 卵质体 ooplast
卵孢子中被膜包被的细胞分割体。

03.274 [卵]周质 periplasm
卵菌中围绕着卵球的原生质。

03.275 配子囊 gametangium
含有配子的囊状结构。

03.276 原配子囊 progametangium
产生配子囊的细胞。

03.277 同形配子囊 isogametangium
形态上无明显区别,但具有亲和性的配子囊。

03.278 异形配子囊 heterogametangium
形态不同的一对配子囊。

03.279 产精体 spermatiophore
又称"性孢子梗"、"精子梗"。产生性孢子的特化菌丝。

03.280 雄器 antheridium
一种雄性配子囊。

03.281 [锈菌]性孢子器 pycnium
又称"精子器(spermogone, spermogonium)"。锈菌中形状如分生孢子器的单倍体子实体。

03.282 授精管 fertilization tube
由雄配子囊长出的、用于穿入雌配子囊转移雄配子或雄配子核的管状结构。

03.283 受精丝 trichogyne
产囊体上形成的与雄细胞融合的长而呈毛状的受体菌丝。

03.284 [锈菌]受精丝 receptive hypha
与锈菌性孢子融合的单核菌丝。

03.285 雄器柄 androphore
曾称"雄枝"。真菌中着生雄器的柄。

03.286 产囊体 ascogonium
(1)子囊菌的雌性配子囊。(2)任何最终发育成为子囊的细胞。

03.287 产果器 carpogonium
虫囊菌的雌性生殖结构。

03.288 藏卵器 oogonium
卵菌中含一个或多个卵球的雌配子囊。

03.289 配囊柄 suspensor
又称"接合孢子柄(zygosporophore)"。接合菌中连接配子囊的特化菌丝末端,最终发育成接合孢子囊柄。

03.290 孢子梗 sporophore
(1)真菌产生无性孢子的结构,如分生孢子梗。(2)游动放线菌(*Actinoplanes*)中着生孢子的菌丝分枝。

03.291 子实体 fruit body
又称"孢子果(sporocarp)"。真菌产生孢子的结构。

03.292 子实层体 hymenophore
子实体内形成子实层的结构部位。

03.293 子实层 hymenium
子囊或担子构成的可育层。

03.294 不齐子实层 catahymenium
担子菌中由不孕结构包裹担子而形成的变形子实层。

03.295 子实下层 subhymenium
子实层底部的菌丝组织。

03.296 子座 stroma
由营养菌丝形成,在表面或内部形成子实体的密集结构。

03.297 包被 peridium
子实体外表非细胞结构的被覆物或果壁。

03.298 拟包被 pseudoperidium

子实体外表类似于包被的结构。

03.299 菌盖 pileus
一些子囊果和担子果顶部的帽状结构。

03.300 菌盖皮层 pileipellis
伞菌菌盖的外表皮。

03.301 脐扣 belly-button
脐状伞菌菌盖中央下陷形成的脐形钮扣样的结构。

03.302 菌盖囊状体 pileocystidium
伞菌菌盖表面的囊状体。

03.303 菌柄 stipe
着生担子果或子囊果的柄。

03.304 菌柄皮层 stipitipellis
伞菌菌柄的外表皮。

03.305 菌肉 context
层菌在担子果的上表面与子实下层或菌髓之间的菌丝组织。

03.306 菌肉菌丝 contextual hypha
组成层菌菌肉的菌丝。

03.307 外菌幕 universal veil
又称"周包膜"。覆盖在初形成的蘑菇上的幕状膜,当蘑菇膨大时被撕裂而残留在菌盖上,呈鳞片或构成菌托。

03.308 内菌幕 partial veil, inner veil
又称"半包幕"。担子果覆盖在初形成的蘑菇菌褶上的菌丝膜,随蘑菇膨大而破裂后在蘑菇柄上形成菌环。

03.309 菌环 annulus, armilla
一些蘑菇菌柄上由残留的内菌幕形成的环状结构。

03.310 菌托 volva
又称"萼包"。蘑菇柄基部的杯状结构,为外菌幕的残留物。

03.311 丝膜 cortina
蘑菇菌盖边缘垂下的幕状或蜘蛛网状结构。

03.312 附着缘 appendiculate margin
蘑菇菌盖膨大张开,菌幕破裂后挂在菌盖边缘的残片形成的结构。

03.313 菌裙 indusium
又称"菌膜网"。从竹荪展开子实体的子层托垂下的膜网状结构。

03.314 菌褶 lamella, gill
蘑菇菌盖底部呈放射状排列的产生担子的软、薄、柔韧的片状结构。

03.315 菌髓 trama
(1)蘑菇菌褶内部的菌丝层。(2)真菌,特别是大型真菌的子实体主要由长形菌丝组成的结构。

03.316 异层式菌髓 heteromerous trama
担子果中由球形到卵圆形细胞分散在较为典型的菌丝之间而构成的菌髓类型,为红菇科的特征。

03.317 同层式菌髓 homoiomerous trama
担子果中由相似的菌丝构成的菌髓类型。

03.318 菌丝体系 mitic system
非褶菌分类中描述担子果菌丝特征的体系。

03.319 骨架菌丝 skeletal hypha
担子果中不分枝、典型为无隔的厚壁营养菌丝。

03.320 联络菌丝 binding hypha
担子果中高度分枝、典型为无隔的厚壁营养菌丝。

03.321 生殖菌丝 generative hypha, reproductive hypha
担子果中能产生担子的、多分枝、分隔的薄壁菌丝。

03.322 硬化生殖菌丝 sclerified generative

hypha
厚壁化的生殖菌丝。

03.323 不育菌丝 sterile hypha
担子果中不产生担子的菌丝,如联络菌丝、骨架菌丝。

03.324 树状子实层端菌丝 dendrohyphidia
一些非褶菌子实层内的分枝状不孕菌丝结构。

03.325 鹿角状菌丝 dichohyphidia
非褶菌子实层内呈二叉状分枝的不孕菌丝结构。

03.326 星状刚毛 asteroseta
非褶菌一些类群的担子果中高度分枝的不孕菌丝结构,以碘试剂检测可呈类似糊精的反应。

03.327 球状胞 sphaerocyst
又称"球包囊"。红菇等担子菌果菌髓中存在的球状细胞。

03.328 小囊状体 cystidiole
担子菌子实层内与担子相似,但顶端尖锐的不育结构。

03.329 囊状体 cystidium
又称"间胞"。担子菌子实层中较大并伸出子实层外的不育结构。

03.330 产孢组织 gleba
又称"产孢体"。腹菌担子果、地下生的子囊果和接合菌的封闭孢囊果内的可育部分。

03.331 脐侧附肢 hilar appendage
某些担子菌的担孢子基部紧接形成担孢子的小梗部位的小突起结构。

03.332 菌丝索 funiculus, funicle, funicular cord
又称"菌纤索"、"菌脐索"。鸟巢菌的小包与担子果相联结的细索状结构。

03.333 菌索基 hapteron
又称"脐索基"。鸟巢菌菌丝索基部由一团黏性菌丝形成的附属器官。

03.334 初生附属物 primary appendage
子囊孢子上部细胞长出的赘疣。

03.335 芽痕 bud scar
酵母菌出芽繁殖时子细胞与母细胞分离后在二者上留下的痕迹。

03.336 附着器 haptor
又称"吸盘"。虫霉目真菌分生孢子顶端的附属器官。

03.337 孢脐 hilum
分生孢子底部的疤痕。

03.338 顶孔 apical pore
孢子细胞壁顶端的细孔,菌丝或芽管由此伸出。

03.339 芽孔 germ pore
真菌孢子外壁上的小孔,孢子萌发时由此伸出芽管。

03.340 芽缝 germ slit
真菌孢子外壁上的小裂缝,孢子萌发时由此伸出芽管。

03.341 芽管 germ tube
真菌孢子萌发时最先出现的菌丝结构。

03.342 囊轴 columella
又称"菌柱"。孢子囊或其他子实体中由菌柄延伸而成的不育结构。

03.343 囊托 apophysis
接合菌紧邻孢子囊下方膨大的孢囊梗顶部。

03.344 [孢]尾体 rumposome
拟单毛菌属(*Monoblepharella*)等壶菌游动孢子尾部彼此相连的管状物构成的结构。

03.345 分生孢子梗 conidiophore

营养菌丝上分化出的简单或分枝的菌丝,在其顶端或侧面有一个或多个产分生孢子细胞;有时也指产分生孢子细胞。

03.346 定长分生孢子梗 determinate conidiophore

分生孢子形成后,长度不发生变化的分生孢子梗。

03.347 粉孢子梗 oidiophore

产生粉孢子的特化菌丝。

03.348 孢梗束 coremium

又称"菌丝束"。分生孢子梗黏结形成的长束形产孢结构。

03.349 分生孢子果 conidioma, conidiocarp

又称"分生孢子体"、"载孢体"。由菌丝特化的、产生分生孢子或包含分生孢子的结构。

03.350 分生孢子盘 acervulus

由短分生孢子梗聚集而形成的、突出于寄主植物组织之外的盘状或垫状分生孢子果。

03.351 分生孢子器 pycnidium

内部排列有分生孢子梗的瓶状或类似形状的分生孢子果。

03.352 分生孢子座 sporodochium

由拟薄壁组织构成的垫状分生孢子果,其上聚集着生短分生孢子梗。

03.353 瓶梗 phialide

具有一个或多个末端开口的产孢位点,向基式产生分生孢子的产分生孢子细胞。

03.354 帚状枝 penicillus

又称"霉帚"。青霉属及相关属形成的扫帚状分生孢子梗。

03.355 梗基 metula

青霉菌和曲霉菌直接产生瓶梗的分生孢子梗。

03.356 环痕 annellide

产分生孢子细胞顶端形成的环状痂痕。

03.357 环痕梗 annellophore

具有环痕的孢子梗。

03.358 粉孢团 mazaedium

内含物成熟时形成大量粉孢子的产孢结构。

03.359 盘囊领 collarette

由产分生孢子细胞顶部形成的盘状结构。

03.360 产分生孢子细胞 conidiogenous cell

能产生分生孢子的细胞。

03.361 子囊果 ascocarp, ascoma

又称"囊实体"。含有子囊的产孢体。

03.362 子囊果原 archicarp

子囊果的原始阶段,常由 3 个细胞组成的短菌丝或旋卷的结构,将发育成为子囊果或子囊果的一部分。

03.363 产囊枝 ascophore

由接合子和细胞发育而来的直立、具分隔的产生子囊的结构。

03.364 子囊壳 perithecium

具有自身的壁结构并在顶端有真正孔口的封闭子囊果。

03.365 原子囊壳 protoperithecium

尚未形成孔口和子囊的不成熟子囊壳,待受精作用后才能形成真正的子囊壳。

03.366 闭囊壳 cleistothecium

封闭的无孔口子囊果。靠不规则开裂或壁分解释放子囊和子囊孢子。

03.367 假[子]囊壳 pseudothecium, pseudoperithecium

(1)在无数无壁小腔室中形成子囊的子囊座结构,类似子囊壳的单腔子囊座。(2)子囊壳的一种原基。

03.368 子囊盘 apothecium

敞口的盘状子囊果。

03.369 缝裂囊壳 hysterothecium
具有一条纵裂缝的长形、船状子囊果，是一些盘菌和腔菌的特征。

03.370 裸囊壳 gymnothecium
由松散的交织菌丝组成包被并含有随机分布子囊的无孔子囊果。

03.371 子囊座 ascostroma
子囊产生于子座内或之上的一种子座。

03.372 盾状体 clypeus
又称“盾状子座”。有或没有寄主组织参与的，并由菌丝形成的产生子实体的盾状结构。

03.373 盾状囊壳 thyriothecium
小盾壳科(Microthyriaceae)等子囊菌中呈盾状的子囊座，是一种倒转的扁平子囊果，壁的机构略呈放射状，且无底板。

03.374 囊盘被 excipulum
子囊盘包括或不包括子实层的外层包被。

03.375 外囊盘被 ectal excipulum
囊盘被的外层。

03.376 髓囊盘被 medullary excipulum
又称“内囊盘被”、“盘下层”。囊盘被的内层。

03.377 子囊腔 locule
在子座内形成的带有子囊的腔室。

03.378 子囊 ascus
子囊门真菌共有的囊状或袋状结构，是核配和减数分裂的处所，内部形成子囊孢子。

03.379 单囊壁子囊 unitunicate ascus
在发射孢子时不出现内外壁分离的具单层子囊壁的子囊。

03.380 双囊壁子囊 bitunicate ascus
在发射孢子时可分离出内壁和外壁的厚壁子囊。

03.381 裂囊壁子囊 fissitunicate ascus
腔菌的一些成员在套盒式开裂过程中内壁和外壁完全分离的一种双囊壁子囊。

03.382 原囊壁子囊 prototunicate ascus
具有纤弱薄壁，没有顶部结构，通过壁融解释放孢子的子囊。

03.383 集子囊 synascus
二倍体核在减数分裂前被各自细胞隔离开的特定类型的子囊。

03.384 外壁层 exotunica
单囊壁子囊或双囊壁子囊中的子囊壁外层。

03.385 内壁层 endotunica
单囊壁子囊或双囊壁子囊中的子囊壁内层。

03.386 顶室 apical chamber
又称“眼室(ocular chamber)”。双囊壁子囊内囊壁顶端空间被细胞质充填形成的修饰结构。

03.387 孔口 ostiole
(1)子囊果上内衬缘丝顶端有孔的颈状结构。
(2)分生孢子器的开口。

03.388 膨体 Quellkörper
位于冠囊菌目子囊果顶部，能形成开口释放孢子的胶质细胞团。

03.389 中心体 centrum
又称“壳心”。子囊壳包围在子囊果壁内的全部结构。

03.390 囊层被 epithecium
由侧丝顶端交错联结而成的一层组织，覆盖于子囊盘子实层上部。

03.391 假囊层被 pseudoepithecium
由埋入无定形基质内的侧丝顶端组成的子实层的表层结构。

03.392 囊层基 hypothecium
子囊盘中紧接在子实层下的一交织菌丝薄

层。

03.393 侧丝 paraphysis
子实层中基部着生的不育特化菌丝。

03.394 拟侧丝 pseudoparaphysis
又称“假侧丝”。从子囊腔顶部向下生长，连接子囊座顶部和底部的宽而具隔的不育菌丝。

03.395 顶侧丝 apical paraphysis
子囊壳顶壁从上向下生长于子囊之间，且末端保持游离的不育菌丝。

03.396 产孢组织拟侧丝 trabeculate pseudoparaphysis
又称“网架假侧丝”。腔菌子囊果中向下生长、无隔、不孕、细的菌丝。

03.397 囊间组织 hamathecium
又称“囊间丝”。分布在子囊之间或伸到子囊果的子囊腔或孔口中的不育细胞和菌丝。

03.398 缘丝 periphysis
又称“周丝”。位于子囊壳和锈菌性孢子器孔口内壁的流苏状的短小菌丝。

03.399 类缘丝 periphysoid
又称“拟缘丝”。假囊壳顶端孔口处的类似缘丝的结构。

03.400 产囊丝 ascogenous hypha
产生子囊的特化菌丝。

03.401 子囊母细胞 ascus mother cell
子囊菌双核的钩状细胞，其中发生核配，最终发育成为子囊。

03.402 子层托 receptacle, receptaculum
又称“孢托”。虫囊菌中由子囊孢子发育出基部细胞而形成的多细胞结构，由此形成子囊壳。

03.403 套盒式开裂 jack-in-the-box dehiscence
子囊开裂时内外壁完全分离，弹性的内壁穿过外壁延伸出来释放子囊孢子的方式。

03.404 囊盖 operculum
孢子囊或子囊释放孢子时可开启的盖状结构。

03.405 担子果 basidioma, basidiome, basidiocarp
产生担子的子实体。

03.406 小包 peridiole, peridiolum
鸟巢菌的产孢腔，内含担孢子，但整体作为一个传播单元。

03.407 孢子球 spore ball
黑粉菌产生的冬孢子聚合体，或冬孢子与不育细胞的聚合体。

03.408 灰菇包型担子果 secotioid basidiocarp
担孢子弹射能力较弱的担子果。

03.409 担子 basidium
担子菌特有的细胞或器官，核配及减数分裂的场所，表面产生一定数目的担孢子。

03.410 无隔担子 holobasidium
又称“同担子(homobasidium)”。没有隔膜分隔的单细胞担子。

03.411 有隔担子 phragmobasidium
又称“异担子(heterobasidium)”。被隔膜分隔的担子。

03.412 幼担子 basidiole, basidiolum
双核期(即担孢子梗出现前)的未成熟担子。

03.413 内生担子 endobasidium
又称“腹担子”。在封闭的腹菌担子果内形成的担子。

03.414 上担子 epibasidium
担子上形成的长形且通常末端渐细的结构，在其顶端产生担孢子。

03.415 下担子 hypobasidium
担子的基部部分结构。

03.416 冬担子 teliobasidium
锈菌和黑粉菌的担子。

03.417 原担子 probasidium, protobasidium
又称"先担子"。发生核配时期的担子。

03.418 变态担子 metabasidium
担子中发生减数分裂的部分。

03.419 先菌丝 promycelium
又称"原菌丝"。由冬孢子萌发形成的芽管，在其中进行减数分裂并产生担孢子。

03.420 横锤担子 chiastobasidium
细胞核分裂时纺锤体与担子长轴呈横向定位的担子。

03.421 纵锤担子 stichobasidium
细胞核分裂时纺锤体与担子长轴呈纵向定位的担子。

03.422 冬孢子堆 telium, teleutosorus
锈菌和黑粉菌在寄主植物组织中由双核细胞形成的产生冬孢子的结构。

03.423 夏孢子堆 uredinium
锈菌在寄主植物组织中由双核细胞形成的产生夏孢子的结构。

03.424 春孢子器 aecium, aecidiosorus
又称"锈[孢]子器"。锈菌在寄主组织内由双核细胞形成的产生锈孢子的结构。

03.425 小梗 sterigma, trichidium
着生孢子囊、分生孢子或担孢子的菌丝小分枝。

03.426 接合孢子囊 zygosporangium
经两个配子囊融合后形成的含接合孢子的孢子囊。

03.427 接合孢子梗 zygophore
又称"接合枝"。接合菌能发育成原配子囊的特化菌丝。

03.428 孢囊果 sporangiocarp
含孢子囊的子实体。

03.429 孢子堆 sorus
聚集成团的孢子囊或孢子。

03.430 孢[子]囊 sporangium
全部原生质转化为不定数目孢子的袋状结构。

03.431 孢囊梗 sporangiophore
又称"孢囊柄"。产生孢子囊的特化菌丝。

03.432 原孢子堆 prosorus
分化产生孢子堆的细胞结构。

03.433 原孢子囊 prosporangium
一种可生长并释放出游动孢子的泡囊结构，形状如孢子囊。

03.434 减数分裂孢子囊 meiosporangium
某些芽枝菌形成单核单倍体游动孢子(减数分裂孢子)的一种厚壁双倍孢子囊。

03.435 有丝分裂孢子囊 mitosporangium
某些芽枝菌形成单核双倍体游动孢子(有丝分裂孢子)的一种厚壁双倍孢子囊。

03.436 休眠孢子囊 hypnosporangium
处于生理不活动状态的孢子囊。

03.437 柱孢子囊 merosporangium
接合菌中一种圆柱形孢子单行排列的孢子囊。

03.438 游动孢子囊 zoosporangium
含游动孢子的孢子囊。

03.439 小[型]孢子囊 sporangiole, sporangiolum
有或无囊轴和含有少量或只有一个孢子的孢子囊。

03.440　四分孢子囊　tetrasporangium
内含有四分孢子的单室的孢子囊。

03.441　梳[状]孢梗　sporocladium
又称“产孢枝”。接合菌孢子囊梗上产生柱孢子囊的特化生育分枝。

03.442　性孢子　spermatium
又称“精子团”。不动、单核、孢子状的雄性繁殖结构,在质配过程中其内含物被注入受体雌性繁殖结构中。

03.443　[锈菌]性孢子　pycniospore
锈菌的性孢子。

03.444　配子　gamete
分化的性细胞或性核,有性生殖中与异性配子相接合而形成接合子。有时指多核配子的性核。

03.445　同形配子　isogamete
形态上无明显区别,但可能具有亲和性的配子。

03.446　异形配子　heterogamete
形态不同的雌雄配子。

03.447　雄配子　androgamete
具有雄性功能的配子。

03.448　游动配子　planogamete, zoogamete
具鞭毛、能运动的配子。

03.449　同形游动配子　isoplanogamete
形态上无明显区别,但性别可能不同的游动配子。

03.450　异配游动配子　anisogamous planogamete
形态相似但大小不同的游动配子。

03.451　游动精子　antherozoid
能游动的雄配子。

03.452　多核配子　coenogamete
多核的配子囊,细胞质融合后形成多核接合子。

03.453　配子母细胞　gametocyte
可分化形成配子的细胞。

03.454　卵球　oosphere
卵菌中裸露不动的大雌性配子;藏卵器中的卵。

03.455　复合卵球　compound oosphere
卵菌中含多个具有功能的配子核的卵球。

03.456　[接]合子　zygote
由两个单倍体细胞接合产生的二倍体细胞。

03.457　杂合子　heterozygote
又称“异形合子”。通过配子融合形成的具有异核现象的合子。

03.458　多核合子　coenozygote
由多核配子融合后形成的合子。

03.459　游动合子　planozygote
具鞭毛、能运动的合子。

03.460　单性合子　azygote
由单倍体通过无融合生殖形成的合子。

03.461　拟接合孢子　azygospore
又称“单性接合孢子”。由单性生殖发育而来的类似接合孢子的结构。

03.462　孢子　spore
真菌或细菌中能直接发育成新个体的微小繁殖单元。

03.463　[孢子]表壁层　ectospore, ectosporium
附在孢子包被层表面的一层结构,通常不明显。

03.464　[孢子]包被层　perispore, perisporium
覆盖在孢子外壁层的一层组织,一般无色,可在早期消失,通常为胶质。

03.465　[孢子]外壁层　exospore, exosporium
孢子周壁层外侧形成的一层,也可形成孢子纹饰。

03.466　[孢子]周壁层　epispore, episporium
孢子壁中最厚的一层,决定孢子形状、纹饰、颜色和硬度。

03.467　[孢子]中壁层　mesospore, mesosporium
孢子内壁层外和外壁间的一薄层。

03.468　[孢子]内壁层　endospore, endosporium
孢子最内层的壁结构,在孢子形成过程中最后形成的薄层。

03.469　孢子角　cirrus
从孢子果孔口挤出的孢子由黏稠物黏集而成的条带状结构。

03.470　外生孢子　exospore
由母体通过出芽、菌丝形成隔壁并断裂或缢缩形成的一类孢子。

03.471　内生孢子　endospore
真菌母细胞或菌丝在细胞内形成的一类孢子。

03.472　减数分裂孢子　meiospore
通过减数分裂形成的孢子。

03.473　有丝分裂孢子　mitospore
通过有丝分裂形成的孢子。

03.474　无隔孢子　amerospore
单细胞孢子。

03.475　多隔孢子　phragmospore
具有两个或更多横隔膜的孢子。

03.476　单隔孢子　didymospore
又称"双胞孢子"。具有一个横隔膜的孢子。

03.477　星形孢子　staurospore
又称"星状孢子"。具有一个以上的臂,呈星状的孢子。

03.478　线形孢子　scolecospore
长形针状或蠕虫形的担孢子。

03.479　腊肠形孢子　allantospore
呈腊肠形的孢子。

03.480　卷旋孢子　helicospore
卷曲或螺旋形的孢子。

03.481　砖格孢子　dictyospore
内部有纵横分隔的孢子。

03.482　掷孢子　ballistospore
以弹射方式释放的孢子。

03.483　休眠孢子　hypnospore, resting spore
处于生理不活动状态的孢子。

03.484　厚垣孢子　chlamydospore, chlamydoconidium
又称"厚壁孢子"。在营养菌丝中间或末端形成的厚壁无性孢子,其主要功能不在传播而在延续生存。

03.485　顶生孢子　acrospore
在菌丝或其他构造顶端形成的孢子。

03.486　柄[生]孢子　stylospore
又称"菌丝分生孢子(myceloconidium)"。(1)在菌丝上着生的孢子。(2)被孢霉(*Motierellales*)的小型孢子囊。

03.487　体生孢子　thallospore
又称"无梗孢子"。营养菌丝上直接产生的无性孢子,与从特化生殖菌丝(如分生孢子梗或产分生孢子细胞)上产生的孢子相对应。

03.488　梭孢子　fuseau
又称"顶生厚垣孢子"。小孢霉属(*Microsporum*)等真菌产生的纺锤形大分生孢子。

03.489 静息孢子 akinete

(1)真菌的不运动的细胞或生殖结构。(2)一种休眠细胞。(3)蓝细菌的一种略大于营养细胞、富含储藏物质、具有厚壁的孢子。

03.490 静孢子 aplanospore

又称"不动孢子"。不游动的孢子。

03.491 分生孢子 conidium, conidiospore

由产分生孢子细胞顶端或侧面产生的不动无性孢子。

03.492 内分生孢子 endoconidium

在菌丝内部形成的无性孢子。

03.493 双胞分生孢子 didmoconidium

具有由一个横膈膜分成两个细胞的分生孢子。

03.494 多隔分生孢子 phragmoconidium

具有两个或更多横隔膜的分生孢子。

03.495 砖格分生孢子 dictyoconidium

内部有纵横分隔的分生孢子。

03.496 大[型]分生孢子 macroconidium

一种真菌产生多种分生孢子时,形体较大的分生孢子。

03.497 小[型]分生孢子 microconidium

一种真菌产生多种分生孢子时,形体较小的分生孢子。

03.498 节[分生]孢子 arthrospore, arthroconidium, arthric conidium

由菌丝断裂而形成的孢子,容易脱节散开。

03.499 体生分生孢子 thallic conidium

在产分生孢子细胞上的广泛区域发育而成的分生孢子,在分生孢子发生膨胀之前由隔膜分隔。

03.500 芽[出]分生孢子 blastoconidium, blastic conidium

又称"芽殖分生孢子"。从产分生孢子细胞的狭窄部分通过出芽伸长和膨胀,然后被隔膜分开而形成的分生孢子。

03.501 孔出分生孢子 poroconidium

从产分生孢子细胞内壁伸展而产生的分生孢子。

03.502 瓶梗[分生]孢子 phialoconidium, phialospore

瓶梗上形成的分生孢子。

03.503 环痕[分生]孢子 annelloconidium, annellospore

产分生孢子细胞以形成环痕的方式产生的分生孢子。

03.504 毛梗分生孢子 capilliconidium

虫霉菌产生在细长分生孢子梗末端的能主动释放的分生孢子。

03.505 掷分生孢子 ballistoconidium

借弹射方式释放的分生孢子。

03.506 黏孢子团 gloiospore

环痕或瓶梗分生孢子梗顶端由分生孢子聚集而成的黏性头状孢子团。

03.507 卵孢子 oospore

卵球通过受精或单性生殖形成的厚垣孢子。

03.508 粉孢子 oidium

由营养菌丝断裂,或来自粉孢子梗的薄壁、游离分生孢子,其功能可以是孢子或性孢子。

03.509 器孢子 pycnidiospore

分生孢子器中产生的分生孢子。

03.510 孢囊孢子 sporangiospore

孢子囊内产生的单胞的内生孢子。

03.511 毛孢子 trichospore

毛菌的单孢子孢子囊,基部有一至几根丝状附属物。

03.512 游动孢子 zoospore
无性繁殖产生的有鞭毛能运动的无性孢子。

03.513 初生游动孢子 primary zoospore
具有前生鞭毛的梨形游动孢子。

03.514 次生游动孢子 secondary zoospore
侧面着生鞭毛的肾形游动孢子。

03.515 分离细胞 disjunctor cell
存在于分生孢子之间,借自身碎裂或消融释放分生孢子的空细胞。

03.516 小齿状突起 denticle
简称“小齿”。产生分生孢子的小突出物或钉状物。

03.517 子囊孢子 ascospore
两个异形配子囊结合后经减数分裂在子囊内经细胞游离形成的有性孢子。

03.518 分孢子 part spore
具隔子囊孢子断裂而成的孢子中一个单细胞孢子。

03.519 担孢子 basidiospore
经核配和减数分裂后在外生于担子上形成的孢子。

03.520 小孢子 sporidium
黑粉菌的担孢子或担孢子芽殖形成的酵母菌状细胞。

03.521 双孢担孢子 dispore
双孢担子上形成的担孢子。

03.522 孢子印 spore print
蘑菇产孢面弹出的孢子在平面上形成的印迹。

03.523 春孢子 aeciospore, aecidiospore
又称“锈孢子”。锈菌双核化后产生的非重复性的营养阶段孢子,常与性孢子器相联系,萌发后产生双核菌丝。

03.524 冬孢子 teliospore, teleutospore
锈菌或黑粉菌产生担子的孢子。

03.525 夏孢子 urediniospore, uredospore, urediospore
锈菌中重复多次产生的一种双核无性孢子。

03.526 接合孢子 zygospore
接合菌中由两个配子囊融合产生的有性孢子。

03.527 个体发育体系 ontogenic system
根据锈菌孢子在生活史中的作用和位置对其各时期进行命名的体系。

03.528 配囊交配 gametangial copulation
两个配子囊相接触的壁消解,融合成一个新细胞,并在其中进行质配、核配、核减数分裂的生殖方式。

03.529 无配生殖 apogamy, apomixis
又称“无融合生殖”。未经性配合的生殖过程。

03.530 准性生殖 parasexuality
半知菌中不同菌株间未经有性生殖、减数分裂而进行基因重组的方式。

03.531 同宗配合 homothallism
同一菌体中发生自我亲和的有性生殖现象。

03.532 异宗配合 heterothallism
自体不育个体在有性生殖时由两个亲和的不同交配型菌体进行配合的现象。

03.533 次级同宗配合 secondary homothallism
又称“同宗异宗配合(amphithallism)”。由一个孢子里含有两个亲和的交配型核进行核配的现象,表面上像同宗配合。

03.534 体细胞配合 somatogamy
又称“体细胞接合”。在质配过程中两个体细胞融合的现象。

03.535　同配生殖　isogamy
同形配子融合的有性生殖方式。

03.536　异配生殖　heterogamy, anisogamy
异形配子融合的有性生殖方式。

03.537　[菌丝]融合　anastomosis
菌丝间接触和接合,导致细胞质和细胞核交流的现象。

03.538　菌丝融合群　anastomosis group
菌丝间能够发生融合的一些不同菌株。

03.539　营养不亲和性　vegetative incompatibility
又称"体细胞不亲和性(somatic incompatibility)"。限制同种内具有不同控制基因的菌丝体融合的遗传系统,是异源不亲和性的一种形式。

03.540　粉孢配合　oidization
粉孢子和营养菌丝的融合使营养菌丝双核化的现象。

03.541　整体产果式生殖　holocarpic reproduction
整个菌体全部转化成为一个或多个生殖结构的方式。

03.542　分体产果式生殖　eucarpic reproduction
又称"分体造果"。菌体的一些部分转化成为生殖结构的方式。

03.543　裸果型发育　eugymnohymenial development
又称"真裸子实层式发育"。子囊盘子实层从开始即呈完全开放状态的一种发育类型。

03.544　半裸果型发育　paragymnophymenial development
又称"拟裸子实层式发育"。子囊盘发育时子实层先被覆盖后开放的一种发育类型。

03.545　闭果型发育　cleistohymenial development
又称"封闭子实层式发育"。子囊盘发育时子实层呈封闭状的一种发育类型。

03.546　内生发育　endogenous development
壶菌菌体中保留细胞核的具被囊游动孢子简单扩大成一个或多个孢子囊的发育方式。

03.547　向顶发育　acropetal development
菌丝从基部或接触点向顶端生长的方式。

03.548　倒退式分生孢子发育　retrogressive conidial development
产分生孢子细胞在分生孢子连续生长过程中逐渐缩短的发育方式。

03.549　孢子形成　sporulation
真菌产生孢子的活动或过程。

03.550　[孢子]切落　abjunction
孢子通过形成隔膜从菌丝上分离开的过程。

03.551　间接萌发　indirect germination
卵菌中指含单个孢子的孢子囊通过游动孢子萌发的方式;在子囊菌和担子菌中指孢子形成次生孢子而不形成芽管的萌发方式。

03.552　两极出芽　bipolar budding
母细胞上两个相对方向形成芽生分生孢子的现象。

03.553　多极出芽　multipolar budding
母细胞上多个部位形成芽生分生孢子的现象。

03.554　地衣　lichen
藻类或蓝细菌与真菌的共生体。

03.555　盘菌地衣　discolichen
共生真菌为盘菌的地衣。

03.556　核菌地衣　pyrenolichen
共生真菌为核菌的地衣。

03.557 担子菌地衣 basidiolichen
共生真菌为担子菌的地衣。

03.558 鹿苔 reindeer moss
驯鹿石蕊等几种地衣的通称,是北美驯鹿的重要冬季食物。

03.559 共生藻 phycobiont
又称"需光共生体"。地衣中与真菌共生的藻类或蓝细菌。

03.560 原植体 thallus
无根、茎、叶分化的植物个体。

03.561 壳状体 crustose thallus
壳状的地衣原植体。

03.562 叶状体 foliose thallus
叶状的地衣原植体。

03.563 枝状地衣体 fruticose thallus
直立或下垂、通常为多分枝的地衣原植体。

03.564 鳞片状地衣体 squamulose thallus
鳞片状的地衣原植体。

03.565 同心体 concentric body
大多数地衣型真菌及少数非地衣型真菌的菌丝中具有的同心环纹的球形结构。

03.566 衣体肿结 cephalodium
又称"衣瘿"。亲双藻地衣原植体上形成的含有固氮蓝绿藻的块状结构。

03.567 皮层 cortex
地衣原植体的上下层或内外层。

03.568 藻层 algal layer
在具有分层原植体的地衣中含有藻共生体的层次。

03.569 地衣髓层 medulla
地衣菌体在外层和藻层之下的松散菌丝层。

03.570 异形[囊]胞 heterocyst
地衣中蓝细菌的厚壁细胞,与固氮功能有关。

03.571 裂芽 isidium
又称"珊瑚芽"。具皮层近柱状的微小地衣繁殖体,由真菌菌丝和藻类细胞共同组成,从地衣体上断裂下来后可在近距离内扩散。

03.572 粉芽 soredium
又称"衣胞囊"。一些地衣原植体上由真菌菌丝所包裹的无皮层藻细胞微观粉团,可进行传播繁殖。

03.573 粉芽堆 soralium
又称"衣胞堆"。地衣原植体上产生粉芽的部位。

03.574 果柄 podetium
又称"衣盘柄"。地衣中直立柱状或分枝的产生子囊盘的结构。

03.575 假根丝 rhizine
地衣下表皮上的根状细丝结构。

04. 病 毒 学

04.001 病毒 virus
由 RNA 或 DNA 及蛋白质等组成的、专营细胞内感染和复制的一大类结构简单的微生物。

04.002 亚病毒 subvirus
只具有 RNA 或 DNA,或只具有某些蛋白质组分,与病毒的生物学特征相类似的病原物。

04.003 类病毒 viroid

一类亚病毒,裸露的环状单链 RNA 病原体,能自主复制。分两类,一类在叶绿体中复制,如鳄梨日斑类病毒(ASBVd);另一类在胞核中复制,如马铃薯纺锤形块茎类病毒(PSTVd)。

04.004 朊病毒 prion

又称"普里昂"、"朊粒"。一类亚病毒,不含核酸分子而只有蛋白质分子构成的病原体,可以引起同种或异种蛋白质构象改变,从而具有致病性和感染性。能引起传染性海绵样脑病(疯牛病)等哺乳动物中枢神经系统疾病。

04.005 真病毒 euvirus

区分于亚病毒的概念,同时含有核酸和蛋白质的病毒。

04.006 DNA 病毒 DNA virus

基因组为双链或单链 DNA 的病毒。

04.007 双链 DNA 病毒 dsDNA virus

基因组为双链 DNA 的病毒。

04.008 单链 DNA 病毒 ssDNA virus

基因组为单链 DNA 的病毒。

04.009 逆转录病毒 reverse transcription virus

复制过程中需要逆转录酶参与生物合成的 RNA 或 DNA 病毒。

04.010 RNA 病毒 RNA virus

基因组为单链或双链 RNA 的病毒。

04.011 双链 RNA 病毒 dsRNA virus

基因组为双链 RNA 的病毒。

04.012 单链 RNA 病毒 ssRNA virus

基因组为单链 RNA 的病毒。

04.013 负链单链 RNA 病毒 negative stranded ssRNA virus

基因组为与 mRNA 碱基序列互补的单链 RNA 病毒。

04.014 正链单链 RNA 病毒 positive stranded ssRNA virus

基因组与 mRNA 碱基序列相同的单链 RNA 病毒。

04.015 单负链病毒 mononegavirus

基因组均由单分子负链单链 RNA 组成的病毒,如副黏病毒、弹状病毒等。

04.016 内源逆转录病毒 endogenous retrovirus

简称"内源病毒(endogenous virus)"。基因组稳定地整合到宿主细胞基因组中的一类逆转录病毒,在特定条件下可复制产生完整的子代病毒。

04.017 囊膜病毒 enveloped virus

又称"包膜病毒"。外表面有囊膜包裹的病毒。

04.018 裸露病毒 naked virus

不具有囊膜的病毒。

04.019 裸露病毒粒子 naked virion

失去囊膜的病毒粒子。

04.020 病毒样颗粒 virus-like particle

只含蛋白质不含基因组的病毒颗粒,一般通过自我组装形成,无感染性但有免疫原性。

04.021 套式病毒 nidovirus

采用套叠系列方式转录的 RNA 病毒,其基因组表达通过一系列 3′端相同的亚基因组 mRNA 完成,如冠状病毒等。

04.022 尾病毒 caudovirus

具有尾状结构的噬菌体。包括长尾病毒、短尾病毒以及肌尾病毒三大类。

04.023 蓝细菌噬菌体 cyanobacteria phage

又称"蓝藻病毒",曾称"噬蓝藻体(cyanophage)”。一类噬菌体，目前归类于尾病毒，以原核生物蓝细菌为宿主，如长尾病毒科的蓝细菌噬菌体 S-2L(cyanobacteria phage S-2L)。

04.024 泛嗜性病毒 pantropic virus
能感染多种类型细胞的病毒。

04.025 古菌病毒 archaeal virus
感染古菌的病毒，如脂毛病毒科(*Lipthrixviridae*)的成员。

04.026 原虫病毒 protozoan virus
感染原生动物的病毒，如多噬棘变形虫拟菌病毒(*Acanthamoeba polyphaga mimivirus*)。

04.027 藻类病毒 algae virus
又称“噬藻体(phycophage)”。感染藻类的病毒，如植物 DNA 病毒科(*Phycodnaviridae*)的成员。

04.028 真菌病毒 mycovirus
又称“真菌噬菌体(mycophage)”。感染真菌的病毒，如产黄青霉病毒(*Penicillium chrysogenum virus*)。

04.029 植物病毒 plant virus
感染植物的病毒。最早发现的烟草花叶病毒是其代表。

04.030 脊椎动物病毒 vertebrate virus
感染包括人类在内的脊椎动物的病毒，如口蹄疫病毒，是最早发现的动物病毒。

04.031 无脊椎动物病毒 invertebrate virus
感染无脊椎动物的病毒，如昆虫病毒、甲壳类病毒等。

04.032 虫媒病毒 arbovirus
以昆虫为媒介感染脊椎动物的病毒，如乙型脑炎病毒。

04.033 多分体病毒 multicomponent virus
基因组不完整地分布在两个或两个以上病毒颗粒中的病毒。这些病毒颗粒只有在混合状态下才能复制子代病毒，见于许多植物的小 RNA 病毒。

04.034 包含体病毒 occluded virus, OV
有包含体包埋的昆虫病毒。包括核多角体病毒、质多角体病毒、颗粒体病毒和昆虫痘病毒等。

04.035 核[型]多角体病毒 nuclear polyhedrosis virus, nucleopolyhedrovirus, NPV
在感染的胞核内形成多角体的昆虫病毒，为杆状病毒科核多角体病毒属的成员。

04.036 质[型]多角体病毒 cytoplasmic polyhedrosis virus, cypovirus, CPV
在感染的胞质内形成多角体的昆虫病毒，为呼肠孤病毒科质多角体病毒属的成员。

04.037 颗粒体[症]病毒 granulosis virus, GV
一类具有蛋白质包含体、每个包含体内一般仅含一个病毒粒子的可引起颗粒体病的昆虫杆状病毒。

04.038 昆虫痘病毒 entomopox virus, EPV
一类具有蛋白质包含体的大型 DNA 病毒。

04.039 非包含体病毒 non-occluded virus, NOV
没有包含体包埋的一类昆虫病毒，主要包括浓核症病毒、微核糖核酸病毒和小 RNA 病毒。

04.040 裂解性病毒 lytic virus
因复制而导致宿主细胞裂解的病毒。

04.041 芽生型病毒粒子 budded virion, BV
通过出芽方式获得囊膜的病毒粒子，此类病毒粒子可通过细胞感染细胞。

04.042 多角体型病毒粒子 polyhedron-derived virion, PDV

从多角体中释放的病毒粒子。

04.043 包埋型病毒粒子 occlusion-derived virion, ODV

从包含体中释放的病毒粒子,此类病毒粒子不能从细胞感染细胞。

04.044 缺损[型]病毒 defective virus

缺失完整的基因组不能独立进行复制增殖的病毒。

04.045 肿瘤病毒 oncovirus

引致肿瘤的逆转录病毒。

04.046 潜伏病毒 latent virus

造成潜伏感染的病毒,其基因组随宿主细胞增殖而复制,除非被激活,否则检测不到感染性病毒粒子。

04.047 慢病毒 slow virus

(1)逆转录病毒科(*Retroviridae*)慢病毒属(*Lentivirus*)病毒之通称。(2)泛指任何因感染引致慢性病程的病毒或亚病毒。

04.048 原病毒 provirus

又称"前病毒"。整合到宿主基因组中的病毒 DNA,一经活化即可复制成完整病毒粒子。

04.049 辅助病毒 helper virus

提供某些基因使缺损病毒能完成复制的病毒,如与丁型肝炎病毒同时存在的乙型肝炎病毒。

04.050 卫星病毒 satellite virus

需依赖辅助病毒方能完成复制过程的缺损病毒,如丁型肝炎病毒。

04.051 拟病毒 virusoid

又称"卫星 RNA(satellite RNA)",曾称"核壳内类病毒"、"壳协病毒"。包裹在辅助病毒内的卫星病毒,基因组为单链 RNA,如绒毛烟斑驳病毒(VTMoV)。

04.052 假型病毒 pseudotype virus

一种病毒的基因组由另一种病毒的囊膜所包裹而形成的没有致病性的病毒粒子。

04.053 假病毒粒子 pseudovirion

又称"假病毒体"。一种为向原核或真核细胞中导入遗传物质而合成的在结构和特性上很类似于病毒但没有复制能力的人工合成的病毒粒子。

04.054 分节基因组 segmented genome

分为若干节段,呈非单分子状态的病毒基因组。

04.055 感染性核酸 infectious nucleic acid

某些去除蛋白质结构的病毒,其 DNA 或 RNA 能感染细胞,并可产生完整的子代病毒粒子。

04.056 病毒粒子 virion, virus particle

又称"病毒[粒]体"。结构完整具有侵染性的单个病毒。

04.057 核心 core

又称"髓核"。病毒粒子的结构单位,由病毒核酸及相关联的蛋白质组成,由核壳包裹。

04.058 核[衣]壳 nucleocapsid

由核心及衣壳共同组成的病毒粒子结构单位。

04.059 衣壳 capsid

又称"壳体"。病毒粒子的结构单位,为包裹病毒核酸及与核酸相关联的蛋白质外壳。

04.060 壳粒 capsomer, capsomere

组成衣壳的亚单位。

04.061 囊膜 envelope, peplos

又称"包膜"。某些病毒粒子具脂蛋白或糖蛋白成分的外层膜状结构。

04.062 纤突 spike

又称"刺突"。病毒粒子表面的突起结构。

04.063　类核　nucleoid

又称"拟核"。电镜下某些病毒处于颗粒中央呈现较高电子密度的结构。过去用此术语描述逆转录病毒在电镜下可见的核壳核心。

04.064　二十面体对称　icosahedral symmetry

病毒核壳的一种排列形式，由 20 个等边三角形构成 12 个顶、20 个面、30 个棱的立体结构。

04.065　螺旋对称　helical symmetry

病毒核壳的一种排列形式，壳粒呈螺旋形中空的对称排列。

04.066　复合对称　complex symmetry

病毒核壳的一种排列形式，壳粒既有螺旋对称，又有二十面体对称的排列方式。

04.067　五邻体　penton

二十面体对称排列的病毒粒子的一种结构，每一顶角的壳粒与 5 个相同的壳粒相邻。

04.068　六邻体　hexon

二十面体对称排列的病毒粒子的一种结构，其每一顶角壳粒与 6 个相同的壳粒相邻。

04.069　二十面[体]衣壳　icosahedron capsid

结构呈二十面体对称的衣壳。

04.070　基因组结合蛋白　genome-linked protein, VPg

一种病毒编码的小分子蛋白质，通过磷酸二酯连接酶的作用，其氨基酸黏附于某些病毒的病毒粒子核酸的 5′端。

04.071　结构蛋白　structural protein

组成病毒粒子结构成分的蛋白质。

04.072　非结构蛋白　nonstructural protein

由病毒基因组编码但不参与病毒粒子的结构组成，对病毒的复制具有功能作用的蛋白质。

04.073　复制　replication

以病毒粒子的基因组为模板，产生与其完全一致的一定数量的子代病毒粒子的过程。

04.074　吸附　adsorption, attachment

病毒粒子与敏感的宿主细胞特异及非特异地结合的过程。

04.075　穿入　penetration

又称"侵入"。病毒粒子吸附于敏感的宿主细胞后，尾髓插入宿主细胞，将核酸注入宿主细胞或病毒的其他表面结构结合宿主细胞，通过与胞质膜融合或胞饮，进入宿主细胞的过程。

04.076　胞吐[作用]　exocytosis

病毒粒子出芽后进入空泡、最后被感染细胞排出胞外的过程。

04.077　病毒入胞现象　viropexis

曾称"胞饮[病毒]现象"。通过非特异的吞噬作用使病毒粒子与细胞表面受体结合的过程。

04.078　脱壳　uncoating

病毒粒子感染宿主细胞后脱去蛋白质衣壳释放其核酸的过程。

04.079　装配　assembly

又称"组装"。合成的核酸及蛋白质等成分组装成成熟的病毒粒子的过程。

04.080　出芽　budding

某些有囊膜的动物病毒从感染的细胞释放成熟的病毒粒子的一种方式。

04.081　附着位点　attachment site, adsorption site

又称"接触位点"。病毒粒子与敏感细胞特异性及非特异性结合的位点。

04.082　早期蛋白　early protein

病毒复制早期先于病毒核酸复制，由早期转录的基因表达的蛋白质。

04.083　晚期蛋白　late protein

病毒基因组复制开始后,晚期基因转录的蛋白质。

04.084　复制周期　replicative cycle

病毒完成一次复制的全过程。

04.085　一步生长曲线　one-step growth curve

使所有培养的细胞同步被某种病毒感染后所获得的表示时间与病毒数量变化状况的曲线。

04.086　裂解量　burst size

病毒一步生长曲线中每个被感染细胞产生的子代病毒粒子的平均数。

04.087　潜伏期　latent period

病毒感染细胞后完全消失,直至子代病毒可被检出之前的时期。包括隐蔽期及成熟期。

04.088　隐蔽期　eclipse period

病毒感染细胞后从病毒完全消失到形成子代病毒亚单位的时期。广义的隐蔽期则等同于潜伏期。

04.089　成熟期　maturation period

子代病毒亚单位在细胞内组装的时期。此时尚检测不到病毒,除非人为地将细胞裂解。

04.090　裂解期　rise phase

紧接在潜伏期后的一段宿主细胞迅速裂解、溶液中噬菌体粒子急剧增多的一段时间。

04.091　裂解周期　lytic cycle

烈性噬菌体侵入宿主细胞,经增殖、成熟直至裂解并释放子代噬菌体的全过程。

04.092　复制型 DNA　replicative form DNA, RF DNA

病毒的单链 DNA 或 RNA 在复制过程中结合互补链形成的双链 DNA。

04.093　准种　quasispecies

兼具保守的表型特性及遗传动态差异的一群 RNA 病毒。

04.094　衣壳转化　transcapsidation

两种无囊膜病毒粒子的衣壳全部或部分互换的变异现象。

04.095　抗原性漂移　antigenic drift

流感病毒在宿主体内传代后由于点突变导致亚型抗原性变异而产生新毒株的过程。

04.096　抗原性转变　antigenic shift

流感病毒在宿主体内传代后发生基因重配,导致出现抗原性有差异的新亚型的过程。

04.097　病毒诱导　virus induction

原病毒活化成复制型完整病毒的过程。

04.098　病毒基因　virogene

宿主细胞所具有的编码病毒成分的 DNA 序列。

04.099　潜伏性感染　latent infection

又称“潜在性感染”。一种可转化的、非增殖性的感染。病毒基因组保存在宿主细胞中,通常不产生感染性的病毒粒子,不表现明显的症状。

04.100　持续性感染　persistent infection

泛指病毒在宿主内的存活时间可长达数月、数年,甚至终生,伴随或不伴随病症发生的情况。典型例子如麻疹病毒的感染。

04.101　超次感染　superinfection

宿主感染病毒后,导致免疫系统损伤,易于被另一病毒再感染的现象。

04.102　感染复数　multiplicity of infection, MOI

细胞感染病毒粒子的数量。

04.103　病毒发生细胞　virogenic cell

携带潜伏的病毒基因组但并不产生感染性病毒的细胞,此种细胞在移植到某种合适的动物中或与异种细胞共培养或融合,或经射线照射或某些化学试剂处理后,则可产生感染性病毒粒子。

04.104 病毒发生基质 virogenic stroma
感染了病毒的细胞,在电镜下所见的胞核内电子高密度区,是病毒复制和核衣壳组装的部位。

04.105 病毒载量 viral load
血液或脑脊液中存在的病毒粒子数量。

04.106 病毒受体 virus receptor
宿主细胞表面与病毒粒子结合的特定位点结构。

04.107 允许细胞 permissive cell
又称“受纳细胞”。病毒可在其内部完成复制过程的细胞。

04.108 非允许细胞 nonpermissive cell
又称“非受纳细胞”。病毒不能在其内部完成复制过程的细胞。

04.109 致细胞病变[效应] cytopathic effect, CPE
病毒在细胞内增殖引起的细胞镜检形态学变化,细胞呈现皱缩、变圆、出现空泡、死亡和脱落等。

04.110 半数组织培养感染量 50% tissue culture infective dose, $TCID_{50}$
能引起50%细胞出现细胞病变效应的待测病毒量,是检测病毒感染性和毒力的指标。

04.111 包含体 inclusion body
细胞被某些病毒感染后在胞质或胞核内形成的镜检可见的斑块状结构。

04.112 病毒浆 viroplasm
又称“病毒工厂(virus factory)”、“X 体(X-body)”。包含体的一种形式,是受感染细胞内病毒复制组装的部位。

04.113 瓜尔涅里小体 Guarnieri body
又称“顾氏小体”、“天花包含体”。天花和痘苗病毒产生的胞质内嗜酸性包含体。

04.114 内氏小体 Negri body
又称“内基小体”。狂犬病街毒产生的胞质内嗜酸性包含体。

04.115 多角体 polyhedron
昆虫病毒的一类包含体,多角形,其内包埋若干病毒粒子。

04.116 颗粒体 granule, capsule
昆虫杆状病毒的一类包含体,多为椭圆形,其内通常只含一个病毒粒子。

04.117 多角体蛋白 polyhedrin
组成多角体的亚单位,由病毒多角体蛋白基因编码。

04.118 颗粒体蛋白 granulin
组成颗粒体的亚单位,由昆虫杆状病毒颗粒体蛋白基因编码。

04.119 固定毒 fixed virus
经动物脑内连续传代50次后毒力致弱的狂犬病病毒毒株。

04.120 街毒 street virus
有毒力的狂犬病病毒流行毒株。

04.121 兔化毒 lapinized virus
在家兔体内传代多次后毒力减弱的病毒毒株。

04.122 噬斑 plaque
病毒感染人工培养的单层细胞后由单个病毒粒子所产生的细胞裂解区。

04.123 噬斑形成单位 plaque forming unit, PFU
每单位体积或重量的病毒悬液所能形成的噬斑数。

04.124 成斑效率 efficiency of plating

噬斑试验中获得的噬斑数与接种的病毒数之比。

04.125 噬斑测定 plaque assay
测定病毒在宿主细胞培养物上形成的噬斑表型特征及噬斑数量。

04.126 噬菌体 bacteriophage, phage
又称"细菌病毒"。感染细菌的病毒,如λ噬菌体。

04.127 噬菌体分型 bacteriophage typing
根据细菌对噬菌体易感性的差异进行细菌分类的一种手段。

04.128 λ噬菌体 lambda bacteriophage, λ bacteriophage
一种感染大肠杆菌的病毒。其基因组除在5′端有12个可互补的碱基外均为线性双链DNA,感染时DNA形成环状。

04.129 M13噬菌体 M13 phage
一种丝状噬菌体,可感染含F因子的大肠杆菌细胞。

04.130 烈性噬菌体 virulent phage
又称"毒性噬菌体"。感染细菌后使之裂解引起溶菌反应的噬菌体。

04.131 温和噬菌体 temperate phage
又称"溶原性噬菌体(lysogenic phage)"、"隐性原噬菌体(cryptic prophage)"。与感染的细菌建立溶原关系、不裂解宿主的噬菌体。

04.132 溶原菌 lysogen
含有温和噬菌体全部基因组的宿主细菌。

04.133 原噬菌体 prophage
又称"前噬菌体"。整合到细菌基因组或以质粒形式存在于细菌细胞中的噬菌体基因组。

04.134 同源免疫噬菌体 homoimmune phage
使感染的宿主细胞对与所携带的原噬菌体同源的噬菌体不再易感的噬菌体。

04.135 诱变噬菌体 mutator phage
又称"Mu噬菌体"。一种兼具温和噬菌体某些特性和转座因子特性的线型双链DNA分子,其基因组的末端为整合、复制、染色体重排和晚期基因表达所必需。

04.136 转座噬菌体 transposable phage
具有转座子的噬菌体。

04.137 [噬菌体]头部 head
位于噬菌体一端,由衣壳和核酸构成的多角形结构。

04.138 [噬菌体]颈部 collar
噬菌体头部和尾部连接区域。

04.139 [噬菌体]颈圈 connector
噬菌体颈部的六角形环状结构。

04.140 [噬菌体]颈须 whisker
附着于颈圈的线状结构。

04.141 [噬菌体]尾部 tail
噬菌体末端螺旋对称结构,分肌尾、长尾和短尾三类,肌尾可收缩。

04.142 [噬菌体]尾鞘 tail shealth
包围在尾管外的蛋白质形成的套状结构。

04.143 [噬菌体]尾管 tail tube
噬菌体尾部被尾鞘包围的螺旋状的中空管状结构。

04.144 [噬菌体]尾丝 tail fiber
缠绕于尾部附着于尾板的丝状结构,可识别并吸附于细菌的受体。

04.145 [噬菌体]尾板 base plate
又称"基板"。噬菌体尾部末端附属的有酶活性的六角形结构。

04.146 [噬菌体]生产性感染 productive infection

烈性噬菌体在宿主细胞产生子代病毒的感染过程。

04.147 [噬菌体]裂解阻抑 lysis inhibition

细胞感染同源噬菌体使细胞裂解延迟的现象。对 T4 噬菌体的研究表明,裂解阻抑的本质是因为抗裂解素对裂解素的特异性抑制作用。

04.148 [噬菌体] N 蛋白 N-protein

噬菌体抗转录终止蛋白质,在噬菌体感染的早期阶段起着关键作用。

04.149 噬菌体展示技术 phage display technique

将编码外源蛋白或多肽的 DNA 序列插入到噬菌体外壳蛋白结构基因的适当位置,使外源基因随外壳蛋白的表达而展示到噬菌体表面的生物技术。

04.150 噬菌体肽库 phage peptide library

将随机肽段插入到噬菌体衣壳蛋白上形成融合蛋白而展示,通过目标受体来筛选与其相互作用的噬菌体肽,经过洗脱、扩增,富集到的特异性若干重组噬菌体。

04.151 溶原化 lysogenesis, lysogenization

又称"*溶原现象*"。噬菌体的基因组与被感染的细菌基因组整合,或以质粒形式随细菌繁殖而复制,但不产生病毒粒子、不裂解细菌的现象。

04.152 溶原性 lysogeny

噬菌体发生溶原化的特性。

04.153 溶原性转换 lysogenic conversion

由原噬菌体引起的溶原菌表型改变,包括溶原菌的毒力增强以及表面抗原的改变。某些温和噬菌体整合到宿主菌染色体内,使原本无毒力的宿主菌获得了致病性。

04.154 干扰[作用] interference

病毒感染的细胞抵抗相同或不同病毒再次感染的现象。干扰可由病毒的缺陷型突变株感染细胞所致,或由细胞产生的干扰素所介导。

04.155 干扰素 interferon

一类具有抗病毒活性并保护细胞对抗病毒感染的细胞因子。

04.156 RNA 干扰 RNA interference, RNAi

细胞利用内源或外源的小分子双链 RNA 片段,特异性地降解同源基因的 mRNA,从而导致靶基因转录后的基因沉默的现象,是真核生物中普遍存在的抗病毒感染的一种调控机制,已作为基因沉默的一种技术。

05. 微生物生理生化

05.001 [细胞]表面层 [cell] surface layer, S-layer

简称"*S 层*"。某些细菌和古菌细胞表面由蛋白质或糖蛋白单体规则排列构成的结构,通常位于最外层。

05.002 规则对称表面层 hexagonally packed intermediate layer, HPI layer

存在于耐辐射奇异球菌细胞表面层,与细胞壁结合在一起,具有很强的抗化学干扰物性能的多肽。

05.003 S 层蛋白 surface-layer protein, Slp

组成细胞表面层的蛋白质。

05.004 S 层同源模体 surface-layer homology motif, SLH motif

S层蛋白中保守结构的基本单位。

05.005　甲烷菌软骨素　methanochondroitin
甲烷八叠球菌细胞壁中一种类似真核细胞中硫酸软骨素的杂多糖化合物,是与S层蛋白相邻的细胞壁外层成分。

05.006　肽聚糖　peptidoglycan
大多数细菌细胞壁中由*N*-乙酰葡糖胺和*N*-乙酰胞壁酸两种单糖相互间隔连接而成的杂多糖经短肽链交联而成的覆盖细胞表面的网状聚合物。

05.007　假肽聚糖　pseudopeptidoglycan
许多古菌细胞壁所特有的类似肽聚糖但不含*N*-乙酰胞壁酸和D-型氨基酸的结构成分。产甲烷古菌假肽聚糖的主要骨架由β-1,3-键相连接的氨基葡萄糖与氨基塔罗糖醛糖酸构成。

05.008　*N*-乙酰氨基塔罗糖醛酸　*N*-acetyltalosominuronic acid
某些古菌细胞壁中与氨基葡萄糖连接构成假肽聚糖骨架的化合物。

05.009　磷壁酸　teichoic acid
结合在多数革兰氏阳性菌细胞壁上的一种酸性多糖,其主要成分为氨基酸或糖取代的磷酸甘油或磷酸核糖醇。

05.010　脂磷壁酸　lipoteichoic acid, LTA
磷壁酸与糖脂分子共价连接而成的产物,是革兰氏阳性菌细胞表面的两亲黏附成分,可调节胞壁自溶酶的活性。

05.011　膜磷壁酸　membrane teichoic acid
甘油或核糖醇通过磷酸根连接形成的多元醇多聚体,是革兰氏阳性菌细胞壁中的组分。

05.012　胞壁酸　muramic acid
肽聚糖中葡糖胺的C-3位与乳酸C-2位的羟基以醚键连接而形成的产物。

05.013　*N*-乙酰胞壁酸　*N*-acetylmuramic acid
由乳糖残基的C-3上通过醚键结合*N*-乙酰氨基葡糖所组成的物质,是细菌细胞壁肽聚糖的结构单元。

05.014　2,6-吡啶二羧酸　dipicolinic acid, DPA
大量存在于细菌芽孢中的特定成分,对保护芽孢中DNA免受损伤有作用。

05.015　结核菌酸　phthioic acid
结核杆菌磷脂部分中具旋光性的化合物。

05.016　脂多糖　lipopolysaccharide
一种水溶性的糖基化的脂质复合物,由脂质A、核心多糖和O特异侧链三部分以共价方式结合而成,是革兰氏阴性菌细胞壁最外层的结构成分。

05.017　*N*-乙酰胞壁酰二肽　*N*-acetylmuramyl dipeptide, MDP
组成结核杆菌细胞壁蜡质的成分,可增强免疫反应。

05.018　甲基受体趋化蛋白　methyl-accepting chemotaxis protein, MCP
细菌细胞为适应环境中引诱物或排斥物而发生可逆性甲基化作用时的细胞膜受体蛋白。

05.019　膜源寡糖　membrane-derived oligosaccharide, MDO
革兰氏阴性菌中一类十分相似、高度分支、仅含葡萄糖的寡聚糖,其合成和积累与环境渗透压呈负相关。

05.020　[细菌]包被抗原　envelope antigen
具有抗原性的细菌细胞膜或细胞膜成分。

05.021　鞭毛蛋白　flagellin
构成细菌鞭毛的蛋白质亚基。

05.022　鞭毛马达　flagellar motor
细菌鞭毛中驱动鞭毛运动的圆柱状跨膜结

构单元。

05.023 菌毛蛋白 pilin
以亚基形式线性重复构成菌毛的蛋白质。

05.024 甲壳质 chitin
又称“几丁质”。D-葡糖胺(多数经*N*-乙酰修饰)以β-1-4-糖苷键连接而成的线性多糖分子,是多数真菌细胞壁的组成成分。

05.025 细菌萜醇 bactoprenol
细菌中脂溶性与膜结合的由11个不饱和异戊二烯组成的聚异戊烯醇线性分子。

05.026 信息素 pheromone
微生物分泌的传递信息的小型线状肽类物质。

05.027 黄原胶 xanthan
野油菜黄单胞菌产生的胞外异聚多糖。

05.028 6,6-双分枝菌酸海藻糖酯 trehalose-6,6-dimycolate
又称“索状因子(cord factor)”。分枝杆菌和其他含分枝菌酸细菌细胞壁中由双分枝菌酸和海藻糖构成的糖酯。

05.029 丝状温度敏感蛋白 filamentous temperature-sensitive protein, Fts protein
简称“Fts蛋白”。细菌细胞中与细胞分裂有关的蛋白质。

05.030 丝状温度敏感Z蛋白 FtsZ protein
简称“FtsZ蛋白”。由基因*ftsZ*编码的蛋白质。细菌细胞分裂时,FtsZ蛋白在细胞中间、沿细胞质膜内表面形成Z环,继而发展成隔膜,最终形成两个细胞。

05.031 杀白细胞素 leucocidin
能够杀伤一种或多种白细胞的微生物毒素。

05.032 豆血红蛋白 leghemoglobin
由根瘤菌和豆科植物共生时诱导产生的红色含铁蛋白质。

05.033 藻青素 cyanophycin
蓝细菌中呈颗粒状的内源性氮素和能源贮藏物。

05.034 藻青素颗粒 cyanophycin granule
蓝细菌中呈颗粒状的由等量L-天冬氨酸和L-精氨酸构成的高分子聚合物。

05.035 藻胆素 phycobilin
存在于红藻、蓝细菌等生物中的一种光合作用辅助色素,为直链四吡咯衍生物。因分子中双键位置不同而分成藻红胆素、藻蓝胆素、藻紫胆素和藻尿胆素等。

05.036 藻红胆素 phycoerythrobilin, PEB
红藻细胞中与可溶性蛋白质结合形成藻红蛋白的色素。

05.037 藻蓝胆素 phycocyanobilin, PCB
蓝细菌细胞中与可溶性蛋白质结合形成藻蓝蛋白的色素。

05.038 藻胆蛋白 phycobiliprotein
藻胆素与可溶性蛋白质结合而成,为光合作用辅助色素蛋白,主要有藻蓝蛋白、藻红蛋白和别藻蓝蛋白三类。

05.039 藻蓝蛋白 phycocyanin
又称“藻青蛋白”。蓝细菌、红藻和隐藻细胞中的蓝色色素蛋白,为光合作用辅助色素蛋白,主要存在蓝藻中,其吸收峰约在620nm。

05.040 藻蓝素 algocyan, leucocyan
藻类细胞中与可溶性蛋白质结合形成藻蓝蛋白的成分,能将所吸收的光能传递给叶绿素而用于光合作用。

05.041 藻红蛋白 phycoerythrin
蓝细菌、红藻和隐藻细胞中的红色色素蛋白,为光合作用辅助色素蛋白,主要存在红藻中,其吸收峰约在565nm。

05.042 别藻蓝蛋白 allophycocyanin
蓝细菌和红藻中吸收峰为650~671 nm的

藻胆蛋白,是叶绿素的一种辅助色素蛋白。

05.043 类胡萝卜素 carotenoid

链状或环状含有 8 个异戊间二烯单位、四萜烯类头尾连接而成的多异戊间二烯化合物,是光合作用过程中起辅助作用的脂溶性色素。

05.044 菌紫素 bacteriopurpurin

紫细菌产生的多种色素的总称。

05.045 菌绿素 bacteriochlorophyll

全称“细菌叶绿素”。红螺菌目(Rhodospirillales)等进行不产氧光合作用的细菌中参与光合作用的色素。

05.046 细菌淀粉粒 granulose

梭菌形成芽孢前在细胞内积累的颗粒状淀粉。

05.047 [细菌]紫膜质 bacteriorhodopsin

极端嗜盐古菌细胞膜中含视黄醛、疏水、含色素的蛋白质,参与依赖光的产能质子穿膜转运。

05.048 聚β-羟基丁酸酯 poly-β-hydroxybutyrate, PHB

由β-羟基丁酸组成的线性多聚物,以折光颗粒形式存在于许多原核生物细胞中。

05.049 葡萄球菌 A 蛋白 staphylococcal protein A, SPA

葡萄球菌细胞壁抗原的主要成分,可与人和多种哺乳动物 IgG 的 Fc 片段结合,并保持 Fab 片段特异性结合抗原的特点。

05.050 纯化蛋白衍生物 purified protein derivative, PPD

在合成培养基内的结核杆菌培养滤液用三氯醋酸沉淀析出并被纯化的蛋白质。

05.051 钙调蛋白 calmodulin

原生动物、霉菌等真核生物中对酸热稳定的 Ca^{2+}结合蛋白质,激活许多真核细胞的酶系统和多个细胞代谢过程。

05.052 [葡萄球菌]凝固酶 staphylocoagulase

某些葡萄球菌菌株细胞中或分泌到细胞外的,能引起含抗凝剂血浆凝集的酶,其活性之高低常与该菌株致病性强弱相关。

05.053 通透酶 permease

在物质跨膜转运中起作用的某种转运系统或某个多组分转运系统中的非酶组分,是一类膜蛋白。

05.054 胞内酶 intracellular enzyme

合成后在细胞内(包括周质空间)发挥作用的酶。

05.055 胞外酶 extracellular enzyme

合成后转运至细胞外(包括细胞表面)发挥作用的酶。

05.056 逆旋转酶 reverse gyrase

利用 ATP 水解的能量,催化向共价闭合环状 DNA 中引入正超螺旋反应的 I A 型拓扑异构酶。仅见于嗜热微生物。

05.057 逆转录酶 reverse transcriptase

又称“反转录酶”。RNA 依赖性的 DNA 聚合酶。

05.058 受体破坏酶 receptor destroying enzyme, RDE

病毒粒子中能破坏宿主细胞表面病毒特异受体的酶组分。

05.059 透明质酸酶 hyaluronidase

降解透明质酸的酶,可促进侵入宿主组织中的细菌扩散。

05.060 纤维素酶 cellulase

水解纤维素中β-1,4-糖苷键的酶。

05.061 多纤维素酶体 cellulosome

纤维素降解菌产生的由多个木质纤维素降

解酶所构成的细胞表面复合物。

05.062 链球菌 DNA 酶 streptodornase, SD
又称“链道酶”。溶血性链球菌产生的胞外内切脱氧核糖核酸内切酶,通常在医学上用于溶解伤口感染处脓性或纤维性分泌物。

05.063 链激酶 streptokinase, SK
链球菌产生的能够激活纤维蛋白溶酶原,使之变成血纤维蛋白溶酶,引起血纤维蛋白溶解的蛋白质。

05.064 葡激酶 staphylokinase
金黄色葡萄球菌产生的蛋白酶,可激活纤溶酶原,具有溶血栓作用。

05.065 神经氨酸酶 neuraminidase
又称“唾液酸酶”。流感病毒表面催化水解寡糖、糖蛋白和糖脂质中数种糖苷键释放末端的 *N*-乙酰神经氨酸残基的酶。

05.066 青霉素酶 penicillinase
催化青霉素分子中 β-内酰胺水解反应的酶。

05.067 溶菌酶 lysozyme
又称“胞壁酸酶”。存在于卵清、唾液等生物分泌液中,催化细菌细胞壁肽聚糖 *N*-乙酰氨基葡萄糖与 *N*-乙酰胞壁酸之间的 1,4-β-糖苷键水解的酶,可使细胞裂解。

05.068 定位酶 sortase
金黄色葡萄球菌细胞质膜上的一种蛋白酶,通过催化某些菌膜分泌蛋白发生位点特异性裂解及与肽聚糖的共价连接,将其锚定在细胞壁上。

05.069 自溶素 autolysin
通过催化降解细胞的肽聚糖等结构成分引起细胞自溶或自噬的内源性酶。

05.070 黏附蛋白 adhesin
又称“黏附素”。帮助附着于其他细胞、非生命物体表面或界面的细胞表面成分或附属成分。

05.071 链格孢毒素 alternaria toxin
由链格孢属的某些种产生的一类化学结构各异的有毒代谢产物,常污染谷物、蔬菜、水果等。

05.072 桔青霉素 citrinin
青霉属和红曲属的某些种产生的有毒代谢产物,有较强的肾毒性并有致癌、致畸和致突变作用。

05.073 圆弧偶氮酸 cyclopiazonic acid
由某些圆弧青霉、米曲霉等产生的有较强肾脏毒性的化合物。

05.074 单端孢霉烯族化合物 trichothecenes
由镰孢霉属某些种产生的一组生物活性和化学结构相似的四环倍半萜烯衍生物,可污染多种谷物,引起人畜中毒。

05.075 脱氧雪腐镰孢霉烯醇 deoxynivalenol
主要由禾谷镰孢霉和黄色镰孢霉等产生的一种污染多种谷物的 B 类单端孢霉烯族化合物。

05.076 串珠镰孢霉素 moniliformin
镰孢霉属的某些种污染谷物后产生的强毒性化合物——3-羟基环丁二-3-烯-1,2-二酮。

05.077 细菌素 bacteriocin
某些细菌产生的可特异抑制或杀灭亲缘关系较近的敏感菌的多肽或蛋白质。

05.078 麻风菌素 lepromin
对麻风结节组织进行研磨、灭菌和过滤后得到的制备物。

05.079 葡萄球菌素 staphylococcin
葡萄球菌产生的细菌素。

05.080 伞菌氨酸 agaritine
某些伞菌中的一种抗病毒的芳香族肼类衍生物。

05.081　苏云金菌素　thuricin
苏云金芽孢杆菌产生的细菌素。

05.082　苏云金素　thuringiensin
由苏云金芽孢杆菌产生的具有杀虫活性的腺苷结构类似物。

05.083　肠球菌素　enterocin
肠球菌产生的细菌素。

05.084　布氏菌素　brucellin
布鲁氏菌属(*Brucella*)细菌培养物中产生的抗原物质。

05.085　大肠菌素　colicin, colicine
由大肠埃希氏菌(*Escherichia coli*)某些菌株产生的、通过抑制 DNA 复制、转录、翻译或能量代谢等方式特异性杀灭其他肠道菌或同种其他菌株的细菌素。

05.086　丁香假单胞菌素　syringacin
丁香假单胞菌丁香致病亚种产生的细菌素。

05.087　黄色黏球菌素　xanthacin
黄色黏球菌 fb 菌株产生的细菌素。

05.088　绿脓[菌]素　pyocyanin
由铜绿假单胞菌(*Psudomonas aeruginosa*)产生的水溶性绿色色素。

05.089　绿脓菌荧光素　pyofluorescein
某些铜绿假单胞菌菌株在缺铁条件下产生的水溶性淡黄色荧光色素。

05.090　绿脓杆菌溶血素　pyocyanolysin
某些铜绿假单胞菌菌株产生的溶血素。

05.091　脓红素　pyorubin
某些铜绿假单胞菌菌株产生的红色色素。

05.092　灵菌毒素　prodigiosus toxin
沙雷氏菌属细菌产生的非水溶性色素。

05.093　白喉毒素　diphtheria toxin
白喉棒杆菌产生的由 A、B 两个片段组成的毒素蛋白质,可阻断敏感细胞的蛋白质合成。

05.094　肉毒毒素　botulinum toxin
由肉毒梭菌产生的具有极强神经毒性的高分子蛋白质。

05.095　肠毒素　enterotoxin
通过摄入或由肠道微生物产生的作用于肠道的毒素。

05.096　3-硝基丙酸　3-nitropropionic acid
由节菱孢侵染甘蔗引起霉变时产生的强神经毒性真菌毒素。

05.097　白细胞溶素　leucolysin
能使白细胞裂解的毒素。

05.098　黄曲霉毒素　aflatoxin, AFT
某些曲霉产生的有毒、致癌的次生代谢产物,为二氢呋喃香豆素的衍生物。

05.099　产气荚膜梭菌素　perfringocin
产气荚膜梭状芽孢杆菌产生的细菌素。

05.100　毒蝇碱　muscarine
由蛤蟆菌(*Amanita muscacaria*)和丝盖伞菌(*Inocybe*)产生的羟色胺类化合物,对蝇类有毒性,偶尔引起人的中毒性死亡。

05.101　鬼笔[毒]环肽　phalloidin
由真菌鬼笔鹅膏(*Amanita phalloides*)产生的一种环肽。可与 F 肌动蛋白结合,使 F 肌动蛋白保持稳定。其荧光标记物是鉴定 F 肌动蛋白的重要试剂。

05.102　鬼笔毒素　phallotoxin
鬼笔鹅膏产生的环肽类毒素。

05.103　黑粉菌酸　ustilagic acid
黑粉菌产生的不溶性胞外糖脂。

05.104　分枝菌酸　mycolic acid
α 位取代、β 位羟基化的长链脂肪酸,主要存在于棒杆菌属(*Corynebacterium*)、分枝杆菌属(*Mycobacterium*)、诺卡氏菌属(*Nocardia*)、塚村氏菌属(*Tsukamurella*)、志贺氏菌属(*Shigella*)和红球菌属(*Rhodococcus*)等属细菌细胞壁中。

05.105　齿孔酸　eburicoic acid
存在于多孔菌属(*Polyporus*)等大型真菌中的三萜酸类化合物。

05.106　真菌毒素　mycotoxin
由真菌产生的具有生物活性的小分子化合物,主要污染粮食及其制品、水果、蔬菜及饲料等,人畜进食被其污染的食品和饲料后可引起急、慢性中毒。

05.107　隐蔽型真菌毒素　masked mycotoxin
在谷物中与某些强极性化合物(如糖、氨基酸、硫酸盐等)结合,储存于细胞中的真菌毒素。

05.108　曲霉毒素　aspertoxin
由曲霉产生的具有生物活性的小分子化合物。

05.109　赭曲毒素　ochratoxin
某些曲霉和青霉菌产生的毒素。

05.110　杂色曲霉素 A　versicolorin A
杂色曲霉、赭曲霉等真菌产生的毒素。

05.111　T-2 毒素　T-2 toxin
由数种镰孢霉产生的一种 A 类单端孢霉烯族化合物(trichothecene),可引起食物中毒性白细胞缺乏病。

05.112　HT-2 毒素　HT-2 toxin
由 T-2 毒素在体内转变成的毒性更强的代谢产物。

05.113　伏马菌素　fumonisin
由轮状镰孢霉及多育镰孢霉等产生的一组结构类似的水溶性真菌毒素,可引起马脑白质软化症和猪肺水肿综合征。

05.114　玉米赤霉烯酮　zearalenone
又称“F-2 毒素”。由镰孢霉属的某些种产生的雷锁酸内酯化合物,具有雌激素活性,可引起类雌激素样中毒症。

05.115　曲酸　kojic acid
由某些曲霉和细菌产生的代谢产物 5-羟基-2-羟甲基-4-吡喃酮,常在用米曲霉酿造的食品中检测到,有杀灭或抑制微生物的作用,高浓度时有一定细胞毒性。

05.116　破伤风[菌]痉挛毒素　tetanospasmin
破伤风梭菌在厌氧条件下产生的作用于神经系统的蛋白质毒素。该蛋白质由轻重两条肽链通过二硫键连接而成。

05.117　溶葡萄球菌素　lysostaphin
一种特异作用于葡萄球菌胞壁肽聚糖的内切肽酶。

05.118　鼠疫菌素　pesticin
鼠疫杆菌产生的细菌素,对假结核耶尔森氏菌及大肠杆菌有活性。

05.119　神经毒素　neurotoxin
对神经组织具有毒性或破坏作用的毒素,如肉毒杆菌、破伤风杆菌、白喉棒杆菌和志贺氏痢疾杆菌等的外毒素。

05.120　杀[细]菌素　bactericidin
(1)起杀菌作用的抗体。(2)具有非特异性杀菌作用的血浆因子。(3)无脊椎动物产生的杀菌蛋白质。

05.121　细菌毒素　bacterial toxin, bacteriotoxin
由细菌产生的具有致病作用的生物活性物质,包括内毒素和外毒素等。

05.122　外毒素　exotoxin
微生物分泌到胞外的毒素,如霍乱毒素、百日咳毒素和白喉毒素,通常有特异性和剧毒。

05.123 内毒素 endotoxin

革兰氏阴性菌裂解时释放的微生物毒素，主要成分为脂多糖或脂多糖与外膜蛋白的复合物。

05.124 表皮溶解毒素 epidermolytic toxin, exfoliative toxin, exfoliatin

又称“表皮剥脱毒素”。金黄色葡萄球菌(*Staphylococcus aureus*)产生的引起新生儿、幼儿表皮脱落、病变的毒素。

05.125 葡萄球菌烫伤样皮肤综合征 staphylococcal scalded skin syndrome, SSSS

又称“新生儿剥脱性皮炎(dermatitis exfoliativa neonatorum)”。由凝固酶阳性金黄色葡萄球菌产生的表皮溶解毒素引起的新生儿和幼儿水疱性皮肤病。

05.126 志贺氏毒素 Shiga toxin

在志贺氏菌、大肠埃希氏菌等中发现的对 Vero 细胞有毒性的一类外毒素。

05.127 致热外毒素 pyrogenic exotoxin

又称“红斑毒素(erythrogenic toxin)”、“猩红热毒素(scarlet fever toxin)”。由 A 群链球菌溶原菌株产生的引起人类猩红热的主要毒性物质。

05.128 毒性休克综合征毒素 toxic shock syndrome toxin, TSST

由产生超抗原的病原菌形成的一种能够引起以发烧、血压降低、多器官衰竭为主要特征的综合征的毒素。

05.129 柄曲霉素 sterigmatocystin

杂色曲霉、构巢曲霉等真菌产生的一类致癌、肝毒性毒素。

05.130 [细胞]溶素 lysin

在特定条件下可引起细胞裂解的抗体或其他物质。

05.131 葡萄球菌溶血素 staphylolysin

通常由金黄色葡萄球菌产生的能裂解红细胞、白细胞、血小板的一类外毒素。

05.132 溶细胞素 cytolysin

可导致细胞(通常为真核细胞)裂解的毒素。

05.133 硫醇类化合物激活的溶细胞素 thiol-activated cytolysin

又称“巯基激活的溶细胞素(SH-activated cytolysin)”。由某些细菌形成的溶细胞素，只在还原状态下可被硫醇类化合物激活，且只对那些细胞质膜中含有胆固醇的细胞表现溶细胞活性。

05.134 溶血素 hemolysin

有补体存在时能使红细胞膜破裂并释放出血红蛋白的物质。

05.135 破伤风[菌]溶血素 tetanolysin

破伤风梭菌产生的由硫醇类化合物激活的溶血素，与该菌致病性有关。

05.136 肺炎链球菌溶血素 pneumolysin

肺炎链球菌产生的一种不向细胞外分泌的被硫醇类化合物激活的蛋白质类溶血素。

05.137 链球菌溶血素 streptolysin

链球菌产生的溶血素，主要有链球菌溶血素 O 和链球菌溶血素 S。

05.138 链球菌溶血素 O streptolysin O

A、C 和 G 型链球菌产生的受硫醇类化合物激活的溶血素。

05.139 链球菌溶血素 S streptolysin S

很多 A 型链球菌产生的对氧稳定、无免疫原性的杀白细胞素及溶血素。

05.140 细菌荧光素 bacteriofluorescein

细菌产生的光致荧光化合物。

05.141 [放线菌]土臭味素 geosmin

链霉菌产生的使土壤具有特殊气味的半萜

类化合物。

05.142　土壤杆菌素　agrobacteriocin
根癌土壤杆菌产生的细菌素。

05.143　产甲烷[作用]　methanogenesis
产甲烷古菌在厌氧环境中形成甲烷的过程。

05.144　生长因子　growth factor
能够刺激生物生长或为生长所必需的、但自身不能合成、且需求量很少的物质。

05.145　V因子　V factor
嗜血杆菌(*Haemophilus*)属细菌中某些种好氧生长时需要的生长因子,其化学成分为还原型或氧化型烟酰胺腺嘌呤二核苷酸。

05.146　X因子　X factor
嗜血杆菌(*Haemophilus*)属细菌中某些种好氧生长时需要的生长因子,其化学成分为血红素及其衍生物氯化血红素或原卟啉,为细菌合成细胞色素氧化酶和过氧化酶所必需。

05.147　辅酶F_{420}　coenzyme F_{420}
产甲烷古菌特有的还原反应电子载体,为5-去氮杂黄素的衍生物,在紫外光下产生蓝绿色荧光。

05.148　辅酶F_{430}　coenzyme F_{430}
产甲烷古菌形成甲烷最后步骤作为甲基载体的含四吡咯结构的化合物,其分子中含有镍原子。

05.149　辅酶HS-HTP　coenzyme HS-HTP
产甲烷古菌形成甲烷的最终反应步骤中,作为甲基还原酶的电子供体,其化学成分为7-巯基庚酰基苏氨酸磷酸(7-mercaptoheptanoylthreonine phosphate)。

05.150　辅酶M　coenzyme M, CoM
产甲烷古菌特有的进行甲基还原反应时的甲基载体,其化学成分为2-巯基乙烷磺酸(2-mercaptoethanesulphonic acid)。

05.151　甲烷呋喃　methanofuran
产甲烷古菌产生的2-氨基甲烷呋喃上连接了一个苯氧基基团的一类化合物。

05.152　微量营养物　micronutrient
维持微生物正常生理功能所需要、但需求量很少的物质。如维生素、微量元素等。

05.153　碳源　carbon source
提供微生物生长所需碳素的物质。

05.154　氮源　nitrogen source
提供微生物生长所需氮素的物质。

05.155　不产气微生物　anaerogenic microorganism
不能利用特定底物产生气体的微生物。

05.156　需氧菌　aerobe
利用分子氧进行呼吸产能,以维持正常生长繁殖的微生物。

05.157　微需氧菌　microaerophile
在氧分压低于空气、但非无氧的条件下生长最适的微生物。

05.158　厌氧菌　anaerobe
缺乏超氧化物歧化酶,需在无氧或低氧化还原电势的条件下才能正常生长繁殖的微生物。

05.159　兼性厌氧菌　facultative anaerobe
在有氧条件下也能发酵产能,以维持正常生长繁殖的厌氧菌。

05.160　自养　autotrophy
以二氧化碳作为唯一或主要碳源的微生物营养类型。

05.161　异养　heterotrophy
以有机物作为主要碳源的微生物营养类型。

05.162　化能营养　chemotrophy
不依赖于光,以内源化学反应获得能量的微生物营养类型。

05.163 化能自养 chemoautotrophy
不依赖于光,通过内源化学反应获得能量、利用二氧化碳满足全部或主要碳素需求的微生物营养类型。

05.164 化能异养 chemoheterotrophy
由不依赖于光能的内源化学反应获得能量、利用有机物满足全部或主要碳素需求的微生物营养类型。

05.165 化能无机营养 chemolithotrophy
简称"无机营养(lithotrophy)"。通过无机物的氧化获得能量的微生物营养类型。

05.166 化能无机自养 chemolithoautotrophy
以二氧化碳为碳源、通过无机物的氧化获得能量的微生物营养类型。

05.167 化能无机异养 chemolithoheterotrophy
以有机物为碳源、通过无机物的氧化获得能量的微生物营养类型。

05.168 化能有机营养 chemoorganotrophy
简称"有机营养(organotrophy)"。以有机物为碳源和能源的微生物营养类型。

05.169 光能营养 phototrophy
以光能作为代谢与生长唯一的或主要的原始能源的微生物营养类型。

05.170 光能无机营养 photolithotrophy
又称"光能无机自养(photolithoautotrophy)"。以光能作为代谢与生长的唯一或主要的原始能源、利用二氧化碳满足全部或主要碳素需求的微生物营养类型。

05.171 光能有机营养 photoorganotrophy
又称"光能有机异养(photoorganoheterotrophy)"。以光能作为代谢与生长的唯一或主要的原始能源、利用有机物满足全部或主要碳素需求的微生物营养类型。

05.172 兼性营养 amphitrophy
在光照条件下行光能营养，而在暗条件下则行化能营养的微生物营养类型。

05.173 腐食营养 saprotrophy
从已经死亡或腐烂的动、植物吸取有机物质的微生物营养类型。

05.174 甲烷营养 methanotrophy
以甲烷为唯一碳源和能源的微生物营养类型。

05.175 甲胺氮营养 methazotrophy
以甲胺氮为唯一氮源的微生物营养类型。

05.176 甲基营养 methylotrophy
严格或兼性利用一碳化合物为唯一碳源和能源的微生物营养类型。

05.177 混合营养 mixotrophy
从无机物的氧化过程中获得能量、以有机物为碳源(有时可通过自养途径固定二氧化碳)的微生物营养类型。

05.178 坏死营养 necrotrophy
杀死他种生物个体或其某部分以获取营养物质的营养类型。

05.179 吞噬营养 phagotrophy
以颗粒形式摄取营养物质的营养类型。

05.180 渗透营养 osmotrophy
通过细胞表面吸收可溶性营养物质的营养类型。

05.181 底物促死 substrate-accelerated death
由于缺乏某种营养物质而处于饥饿状态的细菌细胞群体在补加所欠缺营养物质后表现出高死亡率的现象。

05.182 严紧反应 stringent response
细菌在贫养环境(如缺少氨基酸)中生长时，细胞内蛋白质合成及其他一些代谢过程被迫暂停的现象。

05.183 同化作用 assimilation

生物体把从外界环境中获取的营养物质转变成自身的组成物质,并且储存能量的过程。

05.184 异化作用 dissimilation
生物体分解自身一部分组成物质释放出其中的能量,并把分解的终产物排出体外的过程。

05.185 新陈代谢 metabolism
简称“代谢”。生物体从环境摄取营养物质转化为自身物质,同时将自身原有组成物转变为废物排出到环境中的不断更新的过程。

05.186 初生代谢 primary metabolism
又称“初级代谢”。生物生长所必需的代谢活动。如能量代谢、细胞成分的合成等。

05.187 次生代谢 secondary metabolism
又称“次级代谢”。非生物生长所必需、与生长无关的代谢。通常发生在生长受限或生长停止时期。

05.188 次生代谢物 secondary metabolite, idiolite
次生代谢产生的非生长所必需的小分子有机化合物。

05.189 次生代谢物合成期 idiophase
微生物培养过程中次生代谢占优势的阶段,通常为对数生长晚期和稳定期。

05.190 共代谢 co-metabolism
某种物质单独存在时不能被微生物所利用,但能够在另一种可支持该微生物生长的物质存在时被修饰或降解的现象。

05.191 分解代谢物控制蛋白 catabolite control protein, CCP
革兰氏阳性菌中介导碳代谢物抑制过程的蛋白质。

05.192 分解代谢物阻遏蛋白 catabolite repression protein, CRP
在分解代谢产物阻遏某些操纵子的基因表达时该代谢产物所结合的起调控作用的蛋白质。

05.193 抗代谢物 antimetabolite
竞争性抑制细胞利用某种外源物质或内源代谢物能力的化合物。

05.194 反馈抑制 feedback inhibition
在代谢途径中,终产物或下游代谢中间产物抑制上游步骤关键酶活性的作用。

05.195 接触抑制 contact inhibition
由于与相邻细胞接触而抑制细胞运动和生长分裂的现象。

05.196 突变合成 mutasynthesis
利用突变体被阻断的合成途径,通过补加非天然底物合成新型终产物的过程。

05.197 生物合成 biosynthesis
生物体各种物质合成过程的统称。

05.198 定向生物合成 directed biosynthesis
通过突变合成过程获得目标天然产物类似物的技术。

05.199 组合生物合成 combinatorial biosynthesis
通过重新组合生物合成途径中的基因获得天然产物类似物的技术。

05.200 巴氏效应 Pasteur effect
全称“巴斯德效应”。在既能发酵产能又能呼吸产能的微生物(如酿酒酵母)中氧抑制糖酵解的现象。

05.201 葡萄糖效应 glucose effect
当葡萄糖与其他碳源同时存在时,较易利用的葡萄糖抑制较难利用碳源的代谢酶系合成的现象。

05.202 克鲁维效应 Kluyver effect
某些酵母菌在非厌氧条件下利用特定二糖

的现象。

05.203　卡斯特斯效应　Custers effect
营养物质的发酵受氧气促进的现象。

05.204　种间分子氢转移　interspecies hydrogen transfer
特定生态系统中氢产生菌向氢消耗菌单向、互惠传递氢的过程。

05.205　厌氧消化　anaerobic digestion
在厌氧条件下由多种微生物协同降解复杂有机物为简单物质的过程。

05.206　厌氧呼吸　anaerobic respiration
又称“无氧呼吸”。厌氧条件下将电子最终传递给非氧受体的呼吸过程。

05.207　硒酸[盐]呼吸　selenate respiration
以硒酸盐为最终电子受体的厌氧呼吸。

05.208　硝酸[盐]呼吸　nitrate respiration
以硝酸盐为最终电子受体的厌氧呼吸,硝酸盐在此过程中被还原为亚硝酸盐。

05.209　硫呼吸　sulphur respiration, sulfur respiration
以元素硫为最终电子受体的厌氧呼吸。

05.210　需氧呼吸　aerobic respiration
又称“有氧呼吸”。以氧气作为最终电子受体的呼吸过程。

05.211　厌氧生活　anaerobiosis
无氧条件下的生命活动。

05.212　需氧生活　aerobiosis
有氧条件下的生命活动。

05.213　微动作用　oligodynamic action
全称“微量动力作用”。某些金属元素在低浓度时表现出的抑菌作用。

05.214　溶菌作用　bacteriolysis
细菌细胞裂解的过程。

05.215　自溶[现象]　autolysis
细胞被自身所含有的酶系所消化的现象。

05.216　裂殖　fission, schizogenesis
细胞通过分裂或断裂进行增殖的方式。

05.217　芽殖　budding
母细胞通过出芽形成子代细胞进行增殖的方式。

05.218　断裂　fragmentation
杆状细胞或菌丝通过形成两个或多个片段进行增殖的方式。

05.219　二分分裂　binary fission
一个细胞分裂为大小相近的两个子代细胞的过程。

05.220　不等分裂　unequal fission
一个细胞分裂为大小和形状不同的两个子代细胞的过程。

05.221　复分裂　multiple fission
一个细胞分裂为多个子代细胞的过程。

05.222　生长　growth
细胞生物量的增长或细胞数目的增加。

05.223　生长曲线　growth curve
微生物培养过程中,以细胞数目或生物量对生长时间作图获得的曲线。

05.224　均衡生长　balanced growth
细胞中所有必需组分均以指数方式增长,且与细胞数目或生物量增长同步的生长状态。

05.225　不均衡生长　unbalanced growth
细胞中某些必需组分增长速率与其他组分不同,细胞数目与生物量增长不成正比的生长状态。

05.226　生长抑制　staling
由于代谢产物积累引起细胞生长受制约的现象。

05.227 比生长速率 specific growth rate

特定微生物每小时每克细胞物质所产生的新细胞物质的克数。

05.228 最大比生长速率 maximum specific growth rate

特定微生物每小时每克细胞物质最多可产生的新细胞物质的克数。

05.229 同步生长 synchronous growth

借助特定实验手段,使一个微生物群体中的所有个体细胞处于同一生长阶段分裂步调一致的生长状态。

05.230 二次生长 diauxic growth, diauxie

当培养基中存在两种不同碳源时,由于微生物代谢底物转换而先后呈现两个对数生长期的现象。

05.231 二次生长曲线 diauxic growth curve

又称"双峰生长曲线"。微生物生长过程中两度出现延滞期、指数期和稳定期而形成有两个峰形的生长曲线。

05.232 时间–存活曲线 time-survival curve

以微生物培养物中存活细胞数对时间作图所得到的曲线。

05.233 延滞期 lag phase

细菌接入新鲜的培养基后的初期生长阶段。此时细菌代谢发生调整而使细胞数或生物量的增长速度处于最低水平。

05.234 营养期 trophophase

微生物培养物由延滞期后期向对数期过渡直至对数期中期,菌体生长和初级代谢占优势的时期。

05.235 对数期 log phase

又称"指数[生长]期(exponential phase)"。微生物生长延滞期之后细胞数目或生物量呈指数增长的时期。

05.236 稳定期 stationary phase

微生物生长对数期之后细胞数目或生物量增长减缓直至停止的时期。

05.237 衰亡期 decline phase

又称"死亡期(death phase)"。微生物生长稳定期之后培养物中活细胞数目下降的时期。

05.238 倍增时间 doubling time, generation time

又称"代时"、"增代时间"。在细菌培养过程中,对数期中细胞数目或生物量增加一倍所需的时间。

05.239 指数生长 exponential growth

在微生物培养过程中,细胞数量呈几何级数增长的状态。

05.240 指数生长速率常数 exponential growth rate constant

处于对数期的微生物在单位时间内增殖的代数或生物量、细胞数目倍增的次数。

05.241 产量系数 yield coefficient

在微生物培养过程中,消耗单位质量(克)特定营养物质所形成的菌体质量(克细胞干重)。

05.242 休眠 dormancy

又称"隐生现象(cryptobiosis)"。某些细胞或芽孢在较长时间内表现出最低生理生化变化的状态。这种变化不能被检测出。

05.243 衰老型 involution form

培养时间过长或培养条件不适宜的培养基中细胞出现形态异常的状态。

05.244 静息细胞 resting cell

维持代谢活动但处于停止分裂状态的细胞。

05.245 原生质体再生 protoplast regeneration

又称"细胞壁再生"。原生质体重新形成细胞壁,成为正常细胞的过程。

05.246　[孢子]萌发　germination

孢子发育成为营养细胞或菌丝的过程。

05.247　接种量效应　inoculum effect

体外测定细菌对抗生素抗性试验中最低抑制浓度随接种量变化而改变的现象。

05.248　抗微生物指数　antimicrobial index

抑制剂浓度与逆转抑制的底物浓度之比。

05.249　科赫现象　Koch phenomenon

曾称"郭霍现象"。健康和染结核病的豚鼠对皮下注射结核菌毒株产生不同反应的现象。

05.250　氧胁迫　oxidative stress

微生物耗氧代谢产生的活性氧对自身细胞的不利影响。

05.251　趋异抑制剂　anisotropic inhibitor

通过与线粒体内膜外表面某些负电荷位点结合,抑制氧化磷酸化过程中能量传递的化合物。

05.252　渗透压调节开关　osmoregulatory switch

参与渗透压调节的双组分调节系统。

05.253　双组分调节系统　two-component regulatory system

又称"双因子信号转导系统(two-component signal transduction system)"。细菌中调节基因表达水平以应答环境变化的系统,含感应激酶和应答调控蛋白两个成员。

05.254　感应激酶　sensor kinase

位于细胞质膜上的负责接受环境信号的感应因子。

05.255　应答调控蛋白　response regulator

位于胞内负责接受感应激酶转导的环境信号并进行应答的效应因子。

05.256　热激应答　heat shock response

微生物对环境温度突然升高产生的适应性反应,在反应中热激蛋白的合成被诱导或增强。在其他类型的环境胁迫下也能发生。

05.257　冷激应答　cold shock response

微生物对环境温度突然下降产生的适应性反应,在反应中冷激蛋白的合成被诱导或增强。在其他类型的环境胁迫下也能发生。

05.258　热激蛋白　heat shock protein

微生物在热激应答反应中合成的特异性蛋白质。

05.259　冷激蛋白　cold shock protein

微生物在冷激应答反应中合成的特异性蛋白质。

05.260　细胞表面展示　cell surface display

采用重组DNA技术将特定蛋白质表达于细胞表面的过程。

05.261　相容性溶质　compatible solute

即使在高浓度下仍不影响细胞代谢和生长,参与渗透调节的小分子化合物。

05.262　异生素　xenobiotic

存在于自然界、但不是自然发生的化学物质。

05.263　胞壁质体　mureinoplast

已除去细胞外膜、但保留着肽聚糖的革兰氏阴性菌细胞。

05.264　抑孢作用　sporistasis

活孢子的萌发受到化学物质或其他因子抑制的现象。

05.265　滑行　gliding

滑行细菌和蓝细菌等在固体表面缓慢移动,并形成有黏液轨迹的连续运动方式。

05.266　群游[现象]　swarming

细菌群体在固体或半固体培养基上从接种点向外进行的协调运动方式。

05.267　铁载体　siderophore

微生物合成的用于结合并摄取三价铁离子的低分子量螯合物。

05.268　胞吞[作用]　endocytosis

又称"内吞噬"。细胞通过质膜内陷形成膜泡从细胞外摄取物质的过程。

05.269　胞饮[作用]　pinocytosis

细胞借助质膜向细胞内出芽形成内吞小泡或通过主动转运方式从细胞外摄取可溶性物质的过程。

05.270　主动外排泵　efflux pump

微生物以向胞外转运方式产生对一种或多种药物抗性的系统,其运转通常需要能量。

05.271　促进扩散　facilitated diffusion

又称"易化扩散"。一种无需消耗细胞能量、受特异膜蛋白载体促进并沿着电化学梯度进行的物质穿膜转运方式。

05.272　单纯扩散　simple diffusion

一种无需消耗细胞能量,也不需要专一载体的小分子沿着浓度梯度进行的物质穿膜转运方式。

05.273　主动转运　active transport

一种需消耗细胞能量、借助载体蛋白逆浓度梯度在细胞中累积某种溶质的转运方式。

05.274　基团转位　group translocation

一种在转运过程中被运输的物质发生化学修饰的主动转运方式。

05.275　磁小体　magnetosome

趋磁细菌细胞所含具磁性的颗粒,使细胞在磁场中定向排列。

05.276　抗生现象　antibiosis

一种微生物与另一种或多种微生物之间的拮抗现象。

05.277　交叉抗性　cross resistance

又称"交叉耐药性"。某种微生物对一种抗生素具有抗性,也对其他抗生素具有抗性的现象。

05.278　光[致]形态发生　photomorphogenesis

在光照刺激下新细胞或组织的形成。

05.279　抗生素　antibiotic

曾称"抗菌素"。微生物生命过程中产生的具有生理活性的次生代谢产物及其衍生物,在低浓度下有选择性地抑制或干扰其他生物的正常生命活动,而对其自身无害。

05.280　抗菌谱　antimicrobial spectrum

被一种抗生素或化学治疗剂抑制或杀灭的微生物种类。

05.281　广谱抗生素　broad-spectrum antibiotics

对多种微生物具有广泛抑制和杀灭作用的抗生素。

05.282　选择毒性　selective toxicity

化学治疗剂对病原微生物有极强的抑杀毒力,而对其宿主却基本上无毒性的理想特性,是评价化学治疗剂质量的一项重要指标。

05.283　β-内酰胺类抗生素　β-lactam antibiotics

分子内含有β-内酰胺结构、通过干扰细胞壁合成起作用的抗生素。

05.284　6-氨基青霉烷酸　6-aminopenicillanic acid, 6-APA

由青霉素经酰化酶裂解获得的化合物,是生产半合成β-内酰胺类抗生素的前体。

05.285　7-氨基头孢菌酸　7-aminocephalosporanic acid, 7-ACA

由头孢菌素C经化学裂解或两步酶法获得的化合物,是生产半合成头孢菌素类抗生素的前体。

05.286　头孢菌素　cephalosporin

由顶头孢霉(*Cephalosporium acremonium*)产生的β-内酰胺类抗生素,有抑制或杀灭革兰氏阳性和阴性菌的作用,是制备半合成头孢菌素的原料。

05.287　青霉素　penicillin

由产黄青霉(*Penicillium chrysogenum*)等丝状真菌产生的β-内酰胺类抗生素,有抑制或杀灭革兰氏阳性菌的作用。

05.288　头霉素　cephamycin

由耐内酰胺链霉菌(*Streptomyces lactamdurans*)等产生的β-内酰胺类抗生素,有抑制或杀灭革兰氏阳性和阴性菌的作用,是制备半合成头孢菌素的原料。

05.289　棒酸　clavulanic acid

又称"克拉维酸"。由带小棒链霉菌(*Streptomyces clavuligerus*)产生的β-内酰胺类化合物,抗菌活性微弱,但可强烈抑制β-内酰胺酶活性。

05.290　诺卡菌素　nocardicin

由自养诺卡氏菌(*Nocardia autotrophica*)产生的β-内酰胺类抗生素,有抑制或杀灭八叠球菌、变形杆菌、宋氏痢疾杆菌和铜绿假单胞菌等的作用。

05.291　展青霉素　patulin

由展青霉(*Penicillium patulum*)等丝状真菌产生的具内酯类结构的抗生素,有抑制或杀灭细菌与真菌的作用。

05.292　氨基糖苷类抗生素　aminoglycoside antibiotics

由链霉菌属(*Streptomyces*)或小单孢菌属(*Micromonospora*)细菌产生的一类在分子中含有一个氨基糖及一个链霉胍或一个2-脱氧链霉胺的广谱抗生素,能阻断蛋白质的合成。

05.293　阿泊拉霉素　apramycin

又称"安普霉素"、"暗霉素第二成分"。由黑暗链霉菌(*Streptomyces tenebrarius*)产生的氨基糖苷类抗生素,有抑制或杀灭革兰氏阳性和阴性菌的作用。

05.294　丁苷菌素　butirosin, butyrosin

又称"丁胺菌素"、"氨丁苷菌素(ambutyrosin)"。由环状芽孢杆菌(*Bacillus circulans*)产生的氨基糖苷类抗生素,有抑制或杀灭革兰氏阳性(包括分枝杆菌)和阴性菌的作用。

05.295　越霉素　destomycin

由生裂链霉菌(*Streptomyces rimofaciens*)产生的氨基糖苷类抗生素,有抑制或杀灭革兰氏阳性和阴性菌与真菌的作用,还有驱蛔虫作用。

05.296　福提霉素　fortimicin

又称"健霉素"、"武夷霉素"、"阿斯米星(astromicin)"。由橄榄星孢小单孢菌(*Micromonospora olivoasterospora*)产生的氨基糖苷类抗生素,有抑制或杀灭革兰氏阳性和阴性菌的作用。

05.297　庆大霉素　gentamicin

又称"艮他霉素"。由绛红小单孢菌(*Micromonospora purpurea*)等产生的氨基糖苷类抗生素,有抑制或杀灭革兰氏阳性和阴性菌的作用。

05.298　潮霉素　hygromycin

由吸水链霉菌(*Streptomyces hygroscopicus*)等产生的氨基糖苷类抗生素,有抑制或杀灭革兰氏阳性菌(包括分枝杆菌)、革兰氏阴性菌、阿米巴原虫、螺旋体的作用与驱虫作用。

05.299　天神霉素　istamycin

由天神海链霉菌(*Streptomyces tenjimariensis*)产生的氨基糖苷类抗生素,有抑制或杀灭革兰氏阳性和阴性菌的作用。

05.300　卡那霉素　kanamycin

由卡那霉素链霉菌(*Streptomyces kanamyceticus*)产生的氨基糖苷类抗生素,有抑制或杀灭革兰氏阳性(包括分枝杆菌)和阴性菌的作用。

05.301　暗霉素　nebramycin

由黑暗链霉菌(*Streptomyces tenebrarius*)产生的氨基糖苷类抗生素,有抑制或杀灭革兰氏阳性(包括分枝杆菌)和阴性菌的作用。

05.302　新霉素　neomycin

由弗氏链霉菌(*Streptomyces fradiae*)产生的氨基糖苷类抗生素,有抑制或杀灭革兰氏阳性(包括分枝杆菌)和阴性菌的作用。

05.303　巴龙霉素　paromomycin, catenulin

由龟裂链霉菌巴龙霉素变种(*Streptomyces rimosus* var. *paromonomycinus*)产生的氨基糖苷类抗生素,有抑制或杀灭革兰氏阳性(包括分枝杆菌)和阴性菌与原虫的作用。

05.304　核糖霉素　ribostamycin

又称"维斯他霉素(vistamycin)"。由核糖苷链霉菌(*Streptomyces ribosidificus*)产生或通过丁胺菌素水解制得的氨基糖苷类抗生素,有抑制或杀灭革兰氏阳性(包括分枝杆菌)和阴性菌的作用。

05.305　相模霉素　sagamicin

又称"小诺米星"。由相模原小单孢菌(*Micromonospora sagamiensis*)及其突变株产生的氨基糖苷类抗生素,有抑制或杀灭革兰氏阳性和阴性菌的作用。

05.306　紫苏霉素　sisomicin

由伊纽小单孢菌(*Micromonospora inyoensis*)产生的氨基糖苷类抗生素,有抑制或杀灭革兰氏阳性和阴性菌的作用。

05.307　链霉素　streptomycin

由灰色链霉菌(*Streptomyces griseus*)产生的氨基糖苷类抗生素,有抑制或杀灭革兰氏阳性(包括分枝杆菌)和阴性菌的作用。

05.308　妥布[拉]霉素　tobramycin

由黑暗链霉菌(*Streptomyces tenebrarius*)产生的氨基糖苷类抗生素,有抑制或杀灭革兰氏阳性(包括分枝杆菌)和阴性菌的作用。

05.309　井冈霉素　validamycin

又称"有效霉素"。由吸水链霉菌柠檬变种(*Streptomyces hygroscopicus* var. *limoneus*)产生的氨基糖苷类抗生素,用于防治水稻枯纹病。

05.310　大环内酯类抗生素　macrolide antibiotics

一类具有大环内酯环结构的广谱抗生素。与细菌核糖体50S亚基的23S核糖体之特殊靶位及某种核糖体的蛋白质结合,阻断转肽酶作用,干扰mRNA位移,从而选择性抑制细菌蛋白质的合成。

05.311　抗霉素　antimycin

由北泽链霉菌(*Streptomyces kitasawaensis*)产生的大环内酯类抗生素,有抑制或杀灭真菌以及杀昆虫与杀螨的作用。

05.312　除虫菌素　avermectin

又称"阿维菌素"。由阿维链霉菌(*Streptomyces avermitilis*)产生的大环内酯类抗生素,有抑制或杀灭寄生虫的作用。

05.313　埃博霉素　epothilone

由纤维堆囊菌(*Sorangium cellulosum*)产生的大环内酯类抗生素,有抑制或杀灭肿瘤细胞的作用。

05.314　红霉素　erythromycin

由红色糖多孢菌(*Saccharopolyspora erythraea*)产生的大环内酯类抗生素,有抑制或杀灭革兰氏阳性菌的作用。

05.315　双氢除虫菌素　ivermectin

又称"伊佛霉素"。由链霉菌工程菌或半合

成产生的大环内酯类抗生素,有抑制或杀灭寄生虫的作用。

05.316 交沙霉素 josamycin
由那波链霉菌交沙霉素变种(*Streptomyces narbonensis* var. *josamyceticus*)产生的大环内酯类抗生素,有抑制或杀灭革兰氏阳性菌(含分枝杆菌)的作用。

05.317 柱晶白霉素 leucomycin
又称"北里霉素"。由北里链霉菌(*Streptomyces kitasatoensis*)产生的大环内酯类抗生素,有抑制或杀灭革兰氏阳性菌、螺旋体、立克次氏体与衣原体的作用。

05.318 酒霉素 methymycin
由委内瑞拉链霉菌(*Streptomyces venezuelae*)产生的大环内酯类抗生素,有抑制或杀灭革兰氏阳性菌与少数革兰氏阴性菌的作用。

05.319 麦迪霉素 midecamycin, mydecamycin
又称"美迪加霉素"。由生米卡链霉菌(*Streptomyces mycarofaciens*)产生的大环内酯类抗生素,有较强的抑制或杀灭革兰阳性菌的作用,对革兰氏阴性菌、分枝杆菌和真菌的作用较弱。

05.320 米尔贝霉素 milbemycin
由吸水链霉菌金泪亚种(*Strreptomyces hygroscopicus* subsp. *aureolacrimosus*)产生的大环内酯类抗生素,对农业有害昆虫、螨和幼虫等有杀灭作用。

05.321 竹桃霉素 oleandomycin, amimycin
由抗生链霉菌(*Streptomyces antibiotics*)等产生的大环内酯类抗生素,有抑制或杀灭革兰氏阳性菌的作用。

05.322 利福霉素 rifamycin
由地中海拟无枝酸菌(*Amycolatopsis mediterranei*)等产生的大环内酯类抗生素,有抑制或杀灭革兰氏阳性菌(含分枝杆菌)的作用。

05.323 蔷薇霉素 rosamicin, rosaramicin
又称"罗沙米星"、"罗色拉霉素"。由蔷薇小单孢菌(*Micromonospora rosaria*)产生的大环内酯类抗生素,有抑制或杀灭革兰氏阳性和阴性菌及支原体的作用。

05.324 多杀霉素 spinosad
又称"多杀菌素"。由刺糖多孢菌(*Saccharopolyspora spinosa*)发酵产生的大环内酯类生物杀虫剂。

05.325 螺旋霉素 spiramycin
由生二素链霉菌(*Streptomyces ambofaciens*)产生的大环内酯类抗生素,抑制或杀灭革兰氏阳性菌的作用较强,对革兰氏阴性菌与分枝杆菌的作用较弱。

05.326 他克莫斯 tacrolimus
又称"藤泽霉素"。由灰孢链霉菌(*Streptomyces tsukubaensis*)产生的大环内酯类抗生素,有抑制或杀灭真菌的作用,主要用作免疫抑制剂。

05.327 泰乐菌素 tylosin
由弗氏链霉菌(*Streptomyces fradiae*)等产生的大环内酯类抗生素,有抑制或杀灭革兰氏阳性菌(含分枝杆菌)、支原体、螺旋体及线虫的作用。

05.328 四环素类抗生素 tetracyclines, tetracycline antibiotics
一类具有四并苯结构的抗生素。与细菌核糖体30S亚基A位结合,阻止氨酰tRNA的结合,从而抑制蛋白质合成。

05.329 四环素 tetracycline
由生金色链霉菌(*Streptomyces aureofaciens*)等产生的四环素类生素,有抑制或杀灭细菌(含分枝杆菌)的作用。

05.330 金霉素 chlortetracycline, aureomycin
又称"氯四环素"。由生金色链霉菌(*Strep-*

tomyces aureofaciens)产生的四环素类抗生素,有抑制或杀灭革兰氏阳性和阴性菌的作用。

05.331 土霉素 oxytetracycline, terramycin
又称"氧四环素"。由龟裂链霉菌(*Streptomyces rimosus*)等产生的四环素类抗生素,有抑制或杀灭革兰氏阳性(含分枝杆菌)和阴性菌的作用。

05.332 蒽环类抗生素 anthracyclines
一类具有四氢并四苯醌(蒽环)结构的抗生素,具有抑制或杀灭细菌和肿瘤细胞的作用。它们作用于拓扑异构酶 II,抑制核酸合成;参入碱基对抑制 DNA 和 RNA 合成;产生离子介导的氧自由基损伤 DNA 和细胞膜。

05.333 阿克拉霉素 aclacinomycin
又称"阿克拉比星"。由加利利链霉菌(*Streptomyces galilaeus*)产生的蒽环类抗生素,有抑制或杀灭肿瘤细胞的作用。

05.334 阿霉素 adriamycin
又称"亚德里亚霉素"、"多柔比星(doxorubicin)"。由波赛链霉菌青灰亚种(*Streptomyces peucetius* subsp. *caesius*)产生的蒽环类抗生素,有抑制或杀灭肿瘤细胞的作用。

05.335 洋红霉素 carminomycin
又称"卡鲁比星"。由洋红马杜拉放线菌(*Actinomadura carminata*)产生的蒽环类抗生素,有抑制或杀灭肿瘤细胞的作用。

05.336 柔红霉素 rubidomycin
又称"红比霉素"、"道诺霉素(daunomycin, daunorubicin)"。由波赛链霉菌(*Streptomyces peucetius*)等产生的蒽环类抗生素,有抑制或杀灭肿瘤细胞的作用。

05.337 杰多霉素 jadomycin
又称"嘉德霉素"。由委内瑞拉链霉菌(*Streptomyces venezuelae*)产生的蒽环类抗生素,有抑制或杀灭肿瘤细胞的作用。

05.338 多烯类抗生素 polyene antibiotics
一类在大环分子结构的一侧含有多个碳-碳共轭双键,而另一侧含有多个羟基的抗生素,能与真菌胞膜上的麦角固醇结合,使膜上形成微孔,改变膜的通透性,引起细胞内物质外渗,导致真菌死亡。

05.339 两性霉素 amphotericin
由结节链霉菌(*Streptomyces nodosus*)产生的七烯大环内酯类抗生素,有抑制或杀灭真菌的作用。

05.340 杀假丝菌素 candicidin
又称"杀念珠菌素"、"克念菌素"。由灰色链霉菌(*Streptomyces griseus*)产生的七烯大环内酯类抗生素,有抑制或杀灭真菌的作用。

05.341 纳他霉素 natamycin
又称"匹马菌素(pimaricin)"。由纳塔尔链霉菌(*Streptomyces natalensis*)产生的多烯大环内酯类抗生素,有抑制或杀灭真菌的作用。

05.342 制霉菌素 nystatin, mycostatin, fungicidin
由诺尔斯链霉菌(*Strepcomces noursei*)产生的多烯大环内酯类抗生素,有抑制或杀灭真菌丝状真菌与酵母菌的作用。

05.343 雷帕霉素 rapamycin
由吸水链霉菌(*Streptomyces hygroscopicus*)产生的多烯大环内酯类抗生素,有抑制或杀灭白假丝酵母的作用,主要用作免疫抑制剂。

05.344 龟裂杀菌素 rimocidin
由龟裂链霉菌(*Streptomyces rimosus*)将土霉素转化而生成的一种多烯大环内酯类抗生素,有抑制或杀灭真菌和原虫的作用。

05.345 抗滴虫霉素 trichomycin

又称“曲古霉素”。由八丈岛链霉菌(*Streptomyces hachijoensis*)产生的多烯大环内酯类抗生素,有抑制或杀灭酵母样真菌、丝状真菌和滴虫的作用。

05.346 聚醚类抗生素 polyether antibiotics
由链霉菌属(*Streptomyces*)产生的一类含有多环醚键分子结构的抗生素,有抑制或杀灭革兰氏阳性菌、霉菌与原虫等作用,主要用作饲料添加剂,妨碍细胞内外阳离子的传递,使细胞内外离子浓度发生变化,进而影响渗透压,最终使细胞裂解。

05.347 腐霉素 carriomycin
又称“载体霉素”、“开乐霉素”。由吸水链霉菌(*Streptomyces hygroscopicus*)产生的聚醚类抗生素,有抑制或杀灭革兰氏阳性菌、支原体、酵母菌与其他真菌,以及球虫的作用。

05.348 莫能霉素 monensin
由肉桂地链霉菌(*Streptomyces cinnamonensis*)产生的含氧杂环聚醚类抗生素,有抑制或杀灭细菌(含分枝杆菌)、真菌以及原虫的作用。

05.349 南昌霉素 nanchangmycin
由南昌链霉菌(*Streptomyces nanchangensis*)产生的聚醚类抗生素,对蚜虫、红蜘蛛、飞虱、夜蛾、蝗虫等有不同程度的防治效果。

05.350 多肽类抗生素 polypeptide antibiotics
一类具有多肽分子结构的抗生素。作用于细胞壁和细胞质或改变细菌胞质膜的功能。

05.351 放线菌素 D actinomycin D
由金羊毛链霉菌(*Streptomyces chrysomallus*)等产生的多肽类抗生素,有抑制或杀灭细菌和肿瘤细胞的作用。

05.352 杆菌肽 bacitracin
由枯草芽孢杆菌(*Bacillus subtilis*)等产生的分子为环状十二肽的抗生素,有抑制或杀灭革兰氏阳性和阴性菌的作用。

05.353 博来霉素 bleomycin
由轮枝链霉菌(*Streptomyces verticillus*)产生的糖肽类抗生素,有抑制或杀灭肿瘤细胞、革兰氏阳性(含分枝杆菌)和阴性菌的作用。

05.354 优胜霉素 victomycin
又称“维克多霉素”。由紫产色链孢囊菌(*Streptosporangium violaceochromogenes*)产生的博来霉素样抗生素,有抑制或杀灭细菌与肿瘤细胞的作用。

05.355 卷曲霉素 capreomycin, capromycin
又称“缠霉素”。由缠绕链霉菌(*Streptomyces capreolus*)产生的肽类抗生素,有抑制或杀灭分枝杆菌的作用。

05.356 黏菌素 colistin
由多黏芽孢杆菌黏菌素变种(*Bacillus polymyxa* var. *colistinus*)等产生的多肽类抗生素,有抑制或杀灭革兰氏阴性菌的作用。

05.357 链球菌素 streptocin
灰色链霉菌(*Streptomyces griseus*)产生的多肽类抗生素,有抑制或杀灭革兰氏阳性菌的作用。

05.358 环孢[菌]素 cyclosporin
由雪白白僵菌(*Beauveria nivea*)等真菌产生的环状结构的一种免疫抑制剂,有强免疫抑制作用和微弱的抑制真菌作用,用于器官移植手术中抑制排异反应。

05.359 棘球白素 echinocandin
又称“棘白霉素”。由鞘茎点霉(*Coleophoma empetri*)产生的脂肽类抗生素,有抑制或杀灭假丝酵母等病原真菌的作用。

05.360 纽莫康定 pneumocandin
由洛索雅砾孢(*Glarea lozoyensis*)产生的脂肽类抗生素,有抑制或杀灭假丝酵母等病原真菌的作用。

05.361　缬氨霉素　valinomycin
又称“氨基霉素(aminomycin)”。由对极暗黄链霉菌(*Streptomyces fulvissimus*)等产生的脂肽类抗生素,有抑制或杀灭分枝杆菌与真菌的作用,也可防治稻瘟病。

05.362　短杆菌肽　gramicidin
由短芽孢杆菌(*Bacillus brevis*)产生的由15个氨基酸组成的线状肽类抗生素,有抑制或杀灭革兰氏阳性菌的作用。

05.363　灰霉素　grisein
由灰菌素链霉菌(*Streptomyces grizinus*)产生的含铁肽类抗生素,有抑制或杀灭革兰氏阳性(含分枝杆菌)和阴性菌的作用。

05.364　岛霉素　ilamycin
由岛链霉菌(*Streptomyces islanticus*)产生的环肽类抗生素,有抑制或杀灭分枝杆菌的作用。

05.365　纺锤菌素　netropsin
由纺锤链霉菌(*Streptomyces netropsis*)产生的肽类抗生素,有抑制或杀灭病毒、细菌、真菌与原虫等的作用。

05.366　枯草菌素　subtilin
由枯草芽孢杆菌(*Bacillus subtilis*)产生的肽类抗生素,有抑制或杀灭革兰氏阳性菌(含分枝杆菌)、原虫和螺旋体的作用。

05.367　紫霉素　viomycin
由榴红链霉菌(*Streptomyces puniceus*)等产生的肽类抗生素,有抑制或杀灭细菌的作用。

05.368　多黏菌素　polymyxin
由多黏芽孢杆菌(*Bacillus polymyxa*)产生的多组分杂肽类抗生素的总称。

05.369　雷莫拉宁　ramoplanin
由游动放线菌(*Actinoplanes* sp.)产生的糖肽类抗生素,有抑制或杀灭革兰氏阴性菌的作用。

05.370　替考拉宁　teicoplanin, teichomycin
又称“垣霉素”。由垣霉素游动放线菌(*Actinoplanes teichomyceticus*)产生的糖肽类抗生素,有抑制或杀灭革兰氏阳性菌的作用。

05.371　万古霉素　vancomycin
由东方拟无枝酸菌(*Amycolatopsis orientalis*)产生的糖肽类抗生素,有抑制或杀灭革兰氏阳性菌(含分枝杆菌)和螺旋体的作用。

05.372　硫链丝菌素　thiostrepton
又称“硫链丝菌肽”。由远青链霉菌(*Streptomyces azureus*)产生的含硫的肽类抗生素,有抑制或杀灭革兰氏阳性菌(含分枝杆菌)的作用。

05.373　核苷类抗生素　nucleoside antibiotics
一类具有核苷分子结构的抗生素。主要作用于病原菌细胞壁或蛋白质合成系统。

05.374　杀稻瘟素　blasticidin
由灰产色链霉菌(*Streptomyces griseochromogenes*)产生的核苷类抗生素,有抑制酵母菌和霉菌生长的作用。

05.375　胞霉素　cytomycin
又称“杀稻瘟素S(blasticidin S)”。由边缘假单胞菌(*Pseudomonas marginalis*)等降解杀稻瘟素产生的核苷类抗生素,有抑制或杀灭病毒和肿瘤细胞的作用。

05.376　间型霉素　formycin, oyamycin
由中间型诺卡氏菌(*Nocardia interforma*)产生的核苷类抗生素,有抑制或杀灭病毒和肿瘤细胞的作用。

05.377　除莠菌素　herbicidin
又称“杀草菌素”。由嵯峨根链霉菌(*Streptomyces saganonensis*)产生的具有腺嘌呤分子结构的核苷类抗生素,有除草与抑制或杀灭革兰氏阳性菌的作用。

05.378　多氧菌素　polyoxin

又称“多抗霉素”、“多效霉素”。由可可链霉菌阿苏变种(*Streptomyces cacaoi* var. *asoensis*)等产生的核苷类抗生素,有抑制或杀灭真菌的作用。

05.379 尼可霉素 nikkomycin
又称“日光霉素”。由唐德链霉菌(*Streptomyces tendae*)等产生的核苷肽类抗生素,有抑制或杀灭真菌和昆虫的作用。

05.380 宁南霉素 ningnanmycin
由诺尔斯链霉菌西昌变种(*Streptomyces noursei* var. *xichangensis*)产生的胞嘧啶核苷肽类抗生素,有抑制或杀灭真菌和病毒的作用,可用于防治水稻白叶枯病等多种植物病害。

05.381 安莎类抗生素 ansamycins
一类由放线菌产生的,分子由一条脂肪链连接于芳香环的两个不相邻原子间的一类化合物,其中的芳香环有苯环和萘环两种,可抑制微生物逆转录酶。

05.382 安丝菌素 ansamitocin
又称“柄型菌素”、“美登木素”。由珍贵束丝放线菌(*Actinosynnema pretiosum*)产生的一组苯醌型安莎类抗生素,有广谱抑制或杀灭肿瘤细胞的作用。

05.383 格尔德霉素 geldanamycin
由吸水链霉菌去势变种(*Streptomyces hygroscopicus* var. *geldanus*)产生的安莎类抗生素,有抑制或杀灭细菌、真菌、肿瘤细胞、病毒的作用和驱虫功效。

05.384 除莠霉素 herbimycin
又称“除草霉素”。由吸水链霉菌(*Streptomyces hygroscopicus*)产生的苯醌型安莎类抗生素,有杀草、抑制肿瘤细胞及烟草花叶病病毒的作用。

05.385 创新霉素 chuangxinmycin
由济南游动放线菌(*Actinoplanes tsinanensi*)产生的杂环类抗生素,有抑制或杀灭金黄色葡萄球菌、流感嗜血杆菌、大肠杆菌、痢疾志贺氏菌的作用。为中国首先发现并开发的抗生素。

05.386 全霉素 holomycin
由灰色链霉菌(*Streptomyces griseus*)产生的含硫含氮杂环类抗生素,有抑制或杀灭革兰氏阳性和阴性菌、真菌以及原虫的作用。

05.387 盐霉素 salinomycin
由白色链霉菌(*Streptomyces albus*)产生的含氧杂环类抗生素,有抑制或杀灭革兰氏阳性(含分枝杆菌)和阴性菌、真菌以及原虫的作用。

05.388 硫藤黄素 thiolutin
由藤黄生孢链霉菌(*Streptomyces luteosporeus*)产生的含硫杂环类抗生素,有抑制或杀灭细菌和酵母菌的作用。

05.389 阿卡波糖 acarbose
由犹太游动放线菌(*Actinoplanes utahensis*)产生的α-葡萄糖苷酶抑制剂,用于II型糖尿病的治疗。

05.390 放线酮 actidione, cycloheximide
由灰色链霉菌(*Streptomyces griseus*)等产生的戊二酰亚胺类抗生素,有抑制真核生物蛋白质合成的作用。

05.391 抗蠕霉素 anthelmycin
由极长链霉菌(*Streptomyces longissimus*)产生的有广谱抑制或杀灭蠕虫作用的抗生素。

05.392 除疟霉素 aplasmomycin
由灰色链霉菌(*Streptomyces griseus*)SS-20菌株产生的抗生素,有抑制革兰氏阳性菌和疟原虫的作用。

05.393 双环霉素 bicyclomycin
又称“爱助霉素(aizumycin)”。由札幌链霉菌(*Streptomyces sapporanensis*)等产生的抑制

或杀灭革兰氏阴性菌的抗生素。

05.394 氯霉素 chloramphenicol, chloromycetin

由委内瑞拉链霉菌(*Streptomyces venezuelae*)产生的广谱抗生素,有较强的抑菌或杀菌作用。

05.395 色霉素 chromomycin

由橄榄产色链霉菌(*Streptomyces olivochromogenes*)产生的糖苷类抗生素,有抑制或杀灭肿瘤细胞和革兰氏阳性菌的作用。

05.396 瑞斯托菌素 ristomycin

由结实诺卡氏菌瑞斯托菌素变种(*Nocardia fructifera* var. *ristomycin*)产生的糖苷类抗生素,有抑制或杀灭革兰氏阳性菌和某些革兰氏阴性菌的作用。

05.397 虫草[菌]素 cordycepin

又称"蛹虫草菌素"。存在于肉座科蛹草(*Cordyceps militaris*)的培养液中的生理作用物质,有抑制或杀灭细菌、肿瘤细胞和病毒的作用。

05.398 香菇菌素 cortinellin

从香菇子实体中提取的抑制或杀灭真菌的抗生素。

05.399 环丝氨酸 cycloserine

又称"氧霉素(oxamycin)"。由兰花链霉菌(*Streptomyces orchidaceus*)等产生的抗生素,有抑制或杀灭革兰氏阳性(含分枝杆菌)和阴性菌、立克次氏体与阿米巴痢疾变形虫的作用。

05.400 松胞菌素 cytochalasin

由多种植物内生菌产生的一组生物碱类化合物,能对真核细胞的基本结构发生作用。常用的有松胞菌素 B 和松胞菌素 D。

05.401 鬼伞菌素 coprinin

由墨汁鬼伞菌(*Coprinopsis atramentaria*)产生的一种氨基酸,具有影响肝脏降解乙醇的作用。

05.402 赤霉素 gibberellin

由藤仓赤霉(*Gibberella fujikuroi*)等产生的四环二萜类化合物,属植物生长激素。

05.403 木霉菌素 trichodermin

由绿色木霉(*Trichoderma viride*)产生的萜类抗生素,有抑制或杀灭真菌和原虫的作用。

05.404 疣孢菌素 verrucarine

由疣孢漆斑菌(*Myrothecium verrucaria*)产生的含萜大环内酯类抗生素,有抑制或杀灭革兰氏阴性菌、真菌、病毒与肿瘤的作用。

05.405 偏端霉素 distamycin

由偏端链霉菌(*Streptomyces distallicus*)产生的抗生素,有抑制或杀灭革兰氏阳性菌(含分枝杆菌)、皮癣菌与发癣菌等的作用。

05.406 扁枝衣霉素 everninomicin

由炭样小单胞菌炭样变种(*Micromonospora carbonaceae* var. *carbonaceae*)产生的抗生素,有抑制或杀灭革兰氏阳性菌(含分枝杆菌)的作用。

05.407 镰孢菌酸 fusarinic acid

又称"萎蔫酸"。由尖镰孢菌(*Fusarium oxysporum*)产生的多巴胺 β-羟化酶抑制剂,有除草、杀虫与抑制或杀灭细菌的作用。

05.408 胶[霉]毒素 gliotoxin

由伞状胶霉(*Gliocladium fimbriatum*)等霉菌产生的二酮哌嗪(环二肽)类化合物,有抑制或杀灭革兰氏阳性和阴性菌与镰孢菌、端孢菌、发癣菌等真菌的作用。

05.409 谷氏菌素 gougerotin

又称"云谷霉素"。由谷氏链霉菌(*Streptomyces gougerotii*)产生的抗生素,有抑制或杀灭革兰氏阳性(含分枝杆菌)和阴性菌及病毒的作用。

05.410　灰黄霉素　griseofulvin

由灰黄青霉(*Penicillium griseofulvum*)等产生的鸟嘌呤样结构的抗生素,有抑制或杀灭真菌的作用。

05.411　春日霉素　kasugamycin

由春日链霉菌(*Streptomyces kasugaensis*)产生的低聚糖类抗生素,有抑制或杀灭稻瘟病菌的作用。

05.412　天青菌素　celesticetin

由天青链霉菌(*Streptomyces caelestis*)产生的林可酰胺类抗生素,有抑制或杀灭革兰氏阳性菌的作用。

05.413　林可霉素　lincomycin

又称"洁霉素"。由林肯链霉菌(*Streptomyces lincolnensis*)产生的林可酰胺类抗生素,有抑制或杀灭革兰氏阳性菌和螺旋体的作用。

05.414　洛伐他汀　lovastatin

由土曲霉(*Aspergillus terreus*)等真菌产生的他汀类化合物,有抑制羟甲基戊二酰辅酶A还原酶的作用,常用作降血脂药。

05.415　光神霉素　mithramycin

又称"光辉霉素"。由泥质链霉菌(*Streptomyces argillaceus*)产生的糖苷类抗生素,有抑制或杀灭肿瘤细胞、革兰氏阴性菌与分枝杆菌的作用。

05.416　丝裂霉素　mitomycin

由头状链霉菌(*Streptomyces caespitosus*)等产生的醌类丝裂霉烷族抗生素,有抑制或杀灭肿瘤细胞、细菌与病毒的作用。

05.417　菌丝酰胺　mycelianamide

由灰黄青霉(*Penicillium griseofulvum*)产生的抗生素,具有抑制或杀灭革兰氏阴性菌的作用。

05.418　菌霉素　mycomycin

由嗜酸诺卡氏菌(*Nocardia acidophilus*)和放线菌产生的含不饱和脂肪酸的抗生素,有强烈抑制结核分枝杆菌的作用。

05.419　霉酚酸　mycophenolic acid

又称"麦考酚酸"。由短密青霉菌(*Penicillium brevicompactum*)等产生的小内酯类抗生素,有免疫抑制与抑制或杀灭革兰氏阳性菌的作用。

05.420　新制癌菌素　neocarzinostatin

由抑瘤链霉菌(*Streptomyces carzinostaticus*)产生的九元环烯二炔类抗生素,可抑制肿瘤细胞。

05.421　新生霉素　novobiocin

由雪白链霉菌(*Streptomyces niveus*)产生的芳香糖苷类抗生素,有抑制或杀灭细菌与病毒的作用。

05.422　蛇孢菌素　ophiobollin

由异旋孢腔菌(*Cochliobolus heterostrophus*)等产生的具内酯结构的抗生素,有抑制或杀灭革兰氏阳性(含分枝杆菌)和阴性菌的作用。

05.423　青霉酸　penicillic acid

由软毛青霉(*Penicillium puberulum*)等产生的具内酯结构的抗生素,具有抗革兰氏阳性(含分枝杆菌)和阴性菌活性。

05.424　磷霉素　phosphonomycin, fosfomycin

由弗氏链霉菌(*Streptomyces fradiae*)等产生的含磷抗生素,有抑制或杀灭革兰氏阳性和阴性菌的作用。

05.425　灵菌红素　prodigiosin

又称"灵杆菌素"。由沙雷氏菌属(*Serratia*)、链霉菌属(*Streptomyces*)和马杜拉放线菌属(*Actinomadura*)等放线菌产生的大环内酯类红色素,有抑制或杀灭肿瘤细胞的作用。

05.426　抑酯酶素　esterastin

由淡紫灰链霉菌(*Streptomyces lavendulae*)产生的一种酯酶抑制剂。

05.427 逆转录酶抑素 revistin
又称“制反转录酶素”。由链霉菌(*Streptomyces* sp.)产生的核苷类抗生素,有强烈抑制逆转录酶的活性。

05.428 肉瘤霉素 sarkomycin
又称“抗癌霉素”。由暗红生色链霉菌(*Streptomyces erythrochromogenes*)产生的环戊烷衍生物类抗生素,有抑制或杀灭细菌及肿瘤细胞的作用。

05.429 唾液酸酶抑素 siastatin
又称“制唾酸酶素”。由高贵链霉菌(*Streptomyces nobilis*)等产生的抗生素,有抑制唾液酸酶的作用。

05.430 壮观霉素 spectinomycin
又称“奇霉素”、“放线壮观素(actinospectacin)”。由壮观链霉菌(*Streptomyces spectabilis*)产生的一种氨基环多醇抗生素,有抑制或杀灭革兰氏阴性菌的作用。

05.431 链黑菌素 streptonigrin, rufocromomycin
又称“链黑霉素”。由柔毛链霉菌(*Streptomyces flocculus*)等产生的分子中有氨基醌结构的抗生素,有抑制或杀灭肿瘤细胞的作用。

05.432 链丝菌素 streptothricin
由淡紫灰链霉菌(*Streptomyces lavendulae*)产生的含不同数量β-赖氨酸的*N*-糖苷类抗生素,有抑制或杀灭革兰氏阳性(含分枝杆菌)和阴性菌、真菌的作用。

05.433 杀鱼菌素 teleocidin
由北里链霉菌(*Streptomyces kitasatoensis*)等产生的包括6种组分的吲哚生物碱生理活性物质,有抑制或杀灭细菌、酵母菌和丝状真菌的作用,并对蛔虫、鲤鱼、水蚤等有毒性。

05.434 硫霉素 thienamycin, thiomycin
由卡特利链霉菌(*Streptomyces cattleya*)产生的碳青霉烯类抗生素,有抑制或杀灭革兰氏阳性和阴性菌的作用。

05.435 焦曲菌素 ustin
由构巢曲霉(*Aspergillus nidulans*)产生的抑制或杀灭结核分枝杆菌的抗生素。

05.436 双效菌素 zwittermicin
由蜡状芽孢杆菌(*Bacillus cereus*)产生的氨基多元醇类小分子化合物,可抑制细菌和低等真菌生长并为杀虫剂增效。

06. 微生物遗传学

06.001 单形现象 monomorphism
又称“单态性”。一种微生物种群的所有个体在特定基因座具有相同的等位基因,仅以一种形式或形态出现的现象。

06.002 双形现象 dimorphism
又称“二态性”。一种微生物因环境不同而以两种不同形态出现的现象。

06.003 多形现象 polymorphism
又称“多态性”。同一微生物繁殖群中呈现多于一种遗传特征相异个体的现象。

06.004 自体受精 autogamy
某些真核微生物中单倍体核或由单个细胞产生的配体之间实现融合的过程。

06.005 整倍体 euploid

染色体组的染色体数目是基数的整数倍的多倍体生物。

06.006 非整倍体 aneuploid
染色体组的染色体数目不成完整倍数的个体。

06.007 纯合性 homozygosity
同源染色体的相对位置上具有相同基因的状态。

06.008 杂合性 heterozygosity
同源染色体在一个或一个以上基因座存在不同的等位基因的状态。

06.009 局部杂合子 merozygote
又称"部分合子"。基因转移过程中,因供体菌将染色体上不完整的部分基因传递给受体菌而出现一种部分二倍体杂合现象,产生的局部杂合子含有一个完整的和一个不完整的基因组。

06.010 环状染色体 ring chromosome
原核生物细胞中承载遗传信息的闭环双螺旋核酸分子。

06.011 基因 gene
遗传物质的基本单位。一般指位于染色体上编码一个特定的功能产物(如蛋白质或RNA分子)的一段核苷酸序列。

06.012 基因组 genome
单倍体细胞核、细胞器或病毒粒子所含的全部DNA分子或RNA分子。

06.013 宏基因组 metagenome
又称"元基因组"。特定环境或共生体内所有生物遗传物质的总和。

06.014 基因家族 gene family
基因组内来源相同、结构相似和功能相关的一组基因,同家族基因往往成簇排列,并以重复序列相间隔。

06.015 基因簇 gene cluster
在染色体上彼此紧密连锁的一组基因。

06.016 基因型 genotype
又称"遗传型"。一种生物体的全部遗传信息,即生物体基因信息的总体。

06.017 表型 phenotype
可被观察到的生物体或细胞的性状或特征,是特定的基因型和环境相互作用的结果。

06.018 野生型 wild type
特定生物在自然界中最常见而典型的表型,其可被用作同种生物突变型比较的参照标准。

06.019 同源性 homology
属于相同物种而呈现遗传上各不相同个体的同种异体现象。

06.020 异源性 heterology
属于同一物种中因同种异基因而导致遗传上各不相同的个体差异现象。

06.021 基因重复 gene duplication
染色体上存在着由一个或数个完全相同基因组成的基因群现象,往往为染色体畸变所致。

06.022 基因融合 gene fusion
两个或两个以上基因的部分或全部的序列构成一个新的杂合基因的过程。

06.023 报道基因 reporter gene
又称"报告基因"。编码产物易于被检测的一类基因,可用于启动子活性和融合基因表达水平的分析。

06.024 沉默基因 silent gene
在某种条件下不表达,尚未检出编码产物的基因。

06.025 抗药基因 drug-resistant gene
赋予宿主微生物对药物、毒物或环境胁迫因

子等表现出抗性功能的基因。

06.026 抗药性 drug-resistance
微生物对药物的相对抗性。

06.027 四分子分析 tetrad ananlysis
对真菌的四分子进行遗传分析，判断基因座之间的连锁关系的方法。

06.028 克隆 clone
又称“无性繁殖系”。(1)单一亲本细胞经无性生殖产生的一群遗传上相同的细胞及生物体。(2)利用体外重组技术将某特定的基因或 DNA 序列插入载体分子，并实现复制、表达的操作过程。

06.029 基因整合 gene integration
借助同源重组等方式将外源 DNA 片段插入到基因组中的过程。

06.030 重组 recombination
通过基因的转化、接合转移、转导或基因工程手段产生新的基因组合的过程。

06.031 重组体 recombinant
又称“重组子”。通过重组方式所产生的与双亲中任一方都不同的基因型的子代。

06.032 高频重组 high frequency of recombination, Hfr
携带致育因子的供体菌在对受体细胞的接合转移过程中，将 DNA 传递给后者并发生高频率重组而参入染色体的现象。

06.033 突变 mutation
生物体 DNA 中碱基序列或结构的任何改变而导致其基因型发生稳定而可遗传的变化过程。

06.034 自发突变 spontaneous mutation
在自然状态下发生的基因序列或结构的改变。

06.035 致死突变 lethal mutation
导致细胞或个体死亡的突变类型。

06.036 半致死突变 semilethal mutation
致使细胞或个体生活力下降的突变类型。

06.037 条件致死突变 conditional lethal mutation
生长能力依赖于条件的突变类型。允许条件下突变株正常生长，限制条件下不生长并表现为致死特性。

06.038 基因突变 gene mutation
因基因组成或结构变化而导致微生物遗传特性发生可遗传改变的过程。

06.039 点突变 point mutation
因一对或少数几对碱基的缺失、插入和置换所致一个基因内部遗传结构改变的突变类型。

06.040 无义突变 nonsense mutation
编码氨基酸的密码子突变为终止密码子，使肽链合成中断的突变类型。

06.041 移码突变 frameshift mutation
基因内缺失或增加的核苷酸数目不是 3 的倍数而造成读框移动的突变类型。

06.042 错义突变 missense mutation
基因碱基序列变化致使该基因编码产物氨基酸序列的改变并影响蛋白质功能活性的突变类型。

06.043 定点突变 site-directed mutagenesis
又称“位点专一诱变”。使 DNA 分子内的特定位点发生突变的一种方法。

06.044 插入突变 insertional mutation
外源 DNA 片段插入特定目标基因并引起后者功能失活或改变的突变类型。

06.045 极性突变 polarity mutation
转座因子插入到一个操纵子的前端基因时，不仅造成插入处基因的失活，而且使启动子远端基因表达水平明显降低的突变类型。

06.046 同义突变 synonymous mutation
编码同一氨基酸的密码子的核苷酸改变但不改变编码的氨基酸,即不改变基因产物的突变。

06.047 沉默突变 silent mutation
一种不引起表型变化的突变类型。

06.048 回复突变 reverse mutation
使突变体所涉及的野生型性状得以回复的第二次突变过程。

06.049 渗漏突变 leaky mutation
一种只引起相关基因部分失活而突变性状表现得不完全、呈现一定程度野生型表型的突变类型。

06.050 扇形突变 sectoring, sector mutation
又称“角变”。(1)菌落形态的局部变异,常呈折扇形。(2)在含不同细胞核群的真菌菌落上形成形态不同的扇形区域的现象。

06.051 诱变 mutagenesis, induced variation, induced mutation
通过物理、化学诱变剂,生物因子,核酸重组技术等诱发一个或多个基因发生突变的过程,其变种发生频率显著高于自发突变。

06.052 诱变剂 mutagen
能促进细胞或生物个体的突变发生并使突变频率高于自发突变的物理、化学或生物因子。

06.053 突变体 mutant
经一次或多次突变而得到的携带突变基因的生物个体或群体。

06.054 条件致死突变体 conditional lethal mutant
在允许条件下保持正常生长表型,但在受限或非允许条件下表现为致死或生长抑制的突变体。

06.055 抗反馈突变体 feedback-resistant mutant
失去反馈抑制表型的突变体。

06.056 隐蔽突变体 cryptic mutant
又称“转运系统突变体”。转运系统中一个或多个元件发生突变的个体。某些特定底物由于不能进入细胞而不能被利用。

06.057 条件突变体 conditional mutant
允许条件下呈现野生型性状而限制条件下表现异常的突变体。

06.058 温敏突变体 temperature sensitive mutant
只在某一温度范围内才呈现突变性状的突变体。

06.059 宿主范围突变体 host-range mutant, hr mutant
能吸附并感染对野生型病毒有抗性的宿主细胞的病毒突变体。

06.060 渗漏突变体 leaky mutant
突变性状表现得不完全的突变体。

06.061 原养型 prototroph
一般指营养缺陷型突变体经回复突变或重组后产生的菌株,其营养要求在表型上与野生型相同。

06.062 营养缺陷型 auxotroph
丧失合成一种或多种必需生长因子能力的菌株。

06.063 多重营养缺陷型 polyauxotroph
丧失合成多种必需生长因子能力的菌株。

06.064 营养特需型 idiotroph
又称“特需营养要求型”。失去合成前体能力的抗生素产生菌的突变体,加入该前体时才能合成原株所产生的抗生素。

06.065 分离变异 dissociation

特定细菌菌株子代细胞中出现的表型改变。

06.066　互补[作用]　complementation
又称"遗传回补"。一个基因使细胞中功能缺失的同源基因表型得以正常化的相互补充作用。

06.067　选择标记　selective marker
一种用于选择重组子的标记,带有该标记的重组子比亲本菌株更具生长优势。常见的有药物抗性和营养缺陷型标记等。

06.068　光复活[作用]　photoreactivation
细胞经紫外线照射在DNA中形成嘧啶二聚体,再经300～600 nm光照后嘧啶二聚体被切割成单体,受损DNA被修复的现象。

06.069　交叉复活　cross reactivation
当一个正常病毒存在时,一个缺陷病毒通过与前者发生重组形成感染性子代病毒颗粒的现象。

06.070　暗修复　dark repair
在黑暗条件下通过酶促修复由紫外线引起的DNA损伤。

06.071　切除修复　excision repair
切除DNA一条链上受损伤片段,以其互补链为模板合成正常DNA片段修复DNA损伤的方式。

06.072　重组修复　recombination repair
DNA复制后修复,必须通过DNA复制过程中两条DNA链的重组交换而完成DNA的修复方式。

06.073　SOS修复　SOS repair
DNA受到严重损伤、细胞处于危急状态时所诱导的一种DNA修复方式。

06.074　全局调控　global regulation
微生物对外界环境刺激等做出全面响应的一种复杂的调控网络。如大肠杆菌在环境中有葡萄糖作为碳源时,优先利用葡萄糖而抑制利用其他糖类的基因的调节方式。

06.075　基因沉默　gene silencing
在转录或翻译水平上基因表达被抑制或终止的现象。

06.076　DNA复制　DNA replication
以亲代DNA分子为模板,经多种酶的作用,合成具有相同序列的新的子代DNA分子的过程。使模板包含的遗传信息被复制。

06.077　操纵子　operon
原核生物中由启动子、结构基因、调节基因和操纵基因组成的一个完整转录功能单位。

06.078　乳糖操纵子　*lac* operon, lactose operon
大肠杆菌中控制β-半乳糖苷,特别是乳糖降解为可利用碳源的负调控型遗传单位,由编码β-半乳糖苷酶、半乳糖苷透性酶和半乳糖苷乙酰转移酶等基因组成。

06.079　半乳糖操纵子　*gal* operon
大肠杆菌中控制半乳糖降解为可利用碳源的遗传单位,其编码半乳糖激酶、半乳糖转移酶和半乳糖差向异构酶。

06.080　阿[拉伯]糖操纵子　*ara* operon
又称"*ara*操纵子"。细菌中控制阿拉伯糖(一种戊糖)降解成为可利用碳源的正调控型操纵子。

06.081　组氨酸操纵子　*his* operon
鼠伤寒沙门氏菌中与组氨酸合成相关的操纵子。

06.082　色氨酸操纵子　*trp* operon
细菌中负责多步骤合成色氨酸的遗传单位。

06.083　麦芽糖操纵子　*mal* operon
细菌中控制几个与麦芽糖吸收和分解有关酶基因表达的遗传单位。

06.084　操纵基因　operator

又称"操作子"。与阻遏蛋白相结合并调控基因或操纵子转录起始的特定 DNA 序列。

06.085 结构基因 structural gene
一般指编码蛋白质的基因。广义上也包括编码 RNA 的基因。

06.086 启动子 promotor, promoter
DNA 分子上与 RNA 聚合酶结合形成转录起始复合物并起始 mRNA 合成所必需的保守序列。

06.087 终止子 terminator
转录过程中为 RNA 聚合酶提供终止信号，促进转录终止的一段 DNA 序列。可分为不依赖于释放因子 ρ 和依赖于 ρ 因子两类。

06.088 调节基因 regulatory gene
调控结构基因表达的基因。如编码激活蛋白或阻遏蛋白的基因。

06.089 调节蛋白 regulatory protein
由调节基因编码的具有调节其他基因表达的蛋白质。

06.090 转录单元 transcription unit
由同一套启动子序列，使连锁在一起的几个结构基因同时转录的单元。

06.091 严紧因子 stringent factor
又称"应急因子"。原核生物中由 *recA* 编码的蛋白质，可结合于核糖体启动严紧控制，在氨基酸饥饿状态下可以终止基因转录。

06.092 ρ 因子 rho-factor
原核生物中由 *rho* 编码的一种转录终止所需的蛋白质亚基，其与 RNA 聚合酶核心酶相结合而辅助终止子实现对转录的终止作用。

06.093 σ 因子 sigma-factor
原核生物中与 RNA 聚合酶核心酶相结合，特异性识别启动子并起始转录作用的蛋白质亚基。σ 因子本身并无催化活性。

06.094 别构蛋白 allosteric protein
又称"变构蛋白"。具有两个或多个拓扑学上不同的结合部位的蛋白质。别构效应物与这些部位的结合导致蛋白质构象的改变。

06.095 酵母双杂交系统 yeast two-hybrid system
通过报道基因表达与否，来检测与酵母转录调节蛋白中的 DNA 结合结构域及转录激活结构域分别融合的两种蛋白质是否发生相互作用的实验系统。

06.096 基因转移 gene transfer
通过接合、转化、转导以及细胞融合等方式使某一基因或某些基因从供体细胞向受体细胞转移并使后者的基因型和表型发生相应的变化的过程。

06.097 接合[作用] conjugation
供体菌与其近缘受体菌的完整细胞经性菌毛直接接触而传递大片段 DNA 的现象。

06.098 致死接合 lethal zygosis
细菌接合后因质粒转入而导致受体菌死亡的现象。

06.099 转化 transformation
某一基因型的受体细胞从外界摄入另一基因型的 DNA 并使其遗传特性发生相应改变的过程。

06.100 转化体 transformant
又称"转化子"。接受了外源遗传物质(如质粒 DNA 等)使遗传特性发生了改变的菌株。

06.101 共转化 cotransformation
两个或多个 DNA 分子同时转化受体细胞，或位于同一个 DNA 片段上的两个或多个基因的同时转化。

06.102 同型转化 autogenic transformation
在受体细菌中出现与同一种供体细菌相同

性状的转化现象。

06.103 异型转化 allogenic transformation

在受体细菌中出现与同一种供体细菌不同性状的转化现象。

06.104 转染 transfection

起初指外源基因通过病毒或噬菌体感染细胞或个体的过程。现在常泛指外源 DNA（包括裸 DNA）进入细胞或个体导致遗传改变的过程。

06.105 转染子 transfectant

通过转染而获得外源基因并表达特定性状的受体细胞。

06.106 转导 transduction

由病毒介导的细胞间进行遗传物质交换的一种方式。把供体菌的 DNA 小片段通过交换与整合，导入受体菌基因组中，使受体菌获得供体菌的部分遗传性状的过程。

06.107 普遍性转导 generalized transduction

噬菌体的一种转导方式，可将供体菌染色体上任何 DNA 片段转入受体菌的过程。

06.108 局限性转导 restricted transduction

又称"特异性转导（specialized transduction）"。噬菌体的一种转导方式，噬菌体只将携带的供体菌染色体的特定 DNA 片段导入受体菌的过程。

06.109 共转导 cotransduction

同一个噬菌体同时转导两个以上外源基因的过程。

06.110 转导子 transductant

通过转导而接受和表达外源基因的受体细胞。

06.111 转座因子 transposable element

又称"转座元件"。生物体内非游离的、能自主复制或自剪切，并能在该生物体基因组内不断移动位置的功能性 DNA 片段。

06.112 转座子 transposon

转座因子中的一种，具有完整转座因子的功能特征并能携带内、外源基因组片段，在基因组内移动或在同种或异种微生物之间传播，可赋予受体细胞一定的表型特征。

06.113 插入序列 insertion sequence, IS element

能在基因或基因组内及基因或基因组间改变自身位置的一段 DNA 序列。

06.114 肠杆菌基因间重复共有序列 enterobacterial repetitive intergenic consensus sequence, ERIC sequence

在大肠杆菌中发现的染色体转录区域中以 126 bp 为一个单元的重复序列，位于多顺反子的基因间区或开放阅读框上游或下游的非翻译区内。

06.115 基因外重复回文序列 repetitive extragenic palindrome, REP

由大小为 35bp 的多核苷酸组成的高度保守的反向重复序列，并能形成茎环结构。

06.116 内转录间隔区序列 internal transcribed spacer sequence, ITS

位于 16S ~ 23S rDNA 基因间的区域，含保守序列和高度变异的标识序列，是微生物（尤其是真菌）分类与鉴定的重要指征。

06.117 种间同源基因 orthologous gene

又称"直系同源基因"。不同种中起源于同一祖先的基因。

06.118 种内同源基因 paralogous gene

又称"旁系同源基因"。进化过程中，同一生物体中起源于同一祖先基因复制的基因。

06.119 原生质体融合 protoplast fusion

通过同种或异种原生质体融合产生一种新菌株的技术。

06.120 核配 karyogamy

真菌有性生殖过程中完成质配后两性核接合产生合子的过程。

06.121 质配 plasmgamy
真菌有性生殖过程中两个异性的、单核或多核的原生质体结合的过程。

06.122 酵母人工染色体 yeast artificial chromosome, YAC
含有酵母复制元件,能在酵母菌中繁殖,可克隆大片段外源 DNA 的克隆载体。

06.123 细菌人工染色体 bacterial artificial chromosome, BAC
由大肠杆菌单拷贝 F 质粒衍生而成的,可用于克隆基因组大片段 DNA 及构建基因组文库的克隆载体。

06.124 噬菌体人工染色体 phage artificial chromosome, PAC
以噬菌体 DNA 为骨架,与着丝粒和端粒等构建成的染色体类型的克隆载体。

06.125 附加体 episome
又称“游离基因”。细菌染色体外可独立复制的质粒,也能可逆地整合在宿主染色体中作为附加基因与其一起复制。

06.126 载体 vector
在分子克隆中用于携带外源基因或 DNA 片段转移进入宿主细胞,并可自我复制的运载单位。

06.127 质粒 plasmid
微生物细胞内稳定地独立存在于染色体外,能自我复制并传递到子代的双链 DNA 分子。

06.128 黏粒 cosmid
全称“黏端质粒”。含有 λ 噬菌体 *cos*(黏性末端)位点的人工构建的克隆载体,可被包装入噬菌体颗粒而有效地导入受体细菌。

06.129 噬粒 phasmid, phagemid
一种能按照质粒或者细菌噬菌体方式进行复制的克隆载体。

06.130 质粒相容性 plasmid compatibility
复制和分配模式不相同的两个或多个质粒共存于同一细胞并稳定遗传的特性。

06.131 质粒不相容性 plasmid incompatibility
又称“质粒不亲和性”。同一类型质粒不能在同一细胞中共存的特性。

06.132 质粒获救 plasmid rescue
一种通过构建同源辅助质粒,使携带外源 DNA 的质粒能与之重组,在进入细菌细胞内不被破坏的技术。

06.133 质粒迁移作用 plasmid mobilization
质粒 DNA 从供体细胞转移至受体细胞的过程。

06.134 泛主质粒 promiscuous plasmid
一类能够在多种微生物间进行转移并稳定遗传的质粒。

06.135 隐蔽性质粒 cryptic plasmid
一类不表现功能或尚未发现其表型效应的质粒。

06.136 严紧型质粒 stringent plasmid
在微生物细胞内复制受到严格控制、分子量较大的低拷贝质粒。

06.137 松弛型质粒 relaxed plasmid
在微生物细胞内复制不受严格控制、分子量较小的高拷贝质粒。

06.138 毛根诱导质粒 root-inducing plasmid, Ri plasmid
又称“Ri 质粒”。来自土壤杆菌属(*Agrobacterium*)的接合型质粒,其转移 DNA 上的基因可诱发宿主形成多毛状根。

06.139 肿瘤诱导质粒 tumor-inducing plasmid, Ti plasmid

又称“Ti 质粒”、“致瘤质粒”。存在于根癌土壤杆菌(*Agrobacterium tumefaciens*)染色体外的一种环状双链 DNA 质粒,当该菌感染植物细胞后,其质粒上的转移 DNA 小片段被整合于宿主染色体中,并能诱导宿主产生冠瘿碱而诱生冠瘿肿瘤。

06.140 共整合质粒 cointegrating plasmid

由大肠杆菌质粒和土壤杆菌 Ti 质粒的转移 DNA 区段重组改造而成的一类质粒。

06.141 抗性质粒 resistance plasmid, R plasmid

又称“R 质粒”。由一种或数种抗生素抗性基因决定因子和抗性转移因子所构成的一类质粒。

06.142 抗性决定因子 resistance determining factor

又称“R 因子”、“耐药性决定因子”。抗性质粒的组成结构之一,承载一个或成簇排列的多个药物抗性基因。

06.143 抗性转移因子 resistance transfer factor, RTF

又称“耐药性转移因子”。抗性质粒的结构组成之一,其编码的蛋白质为启动质粒在细胞间的接合转移所必需。

06.144 致育因子 fertility factor

又称“F 因子”、“性因子(sex factor)”。一种大肠杆菌质粒,介导性菌毛的形成和遗传物质向受体细胞的接合转移并发生基因重组。

06.145 大肠杆菌素生成因子 colicinogenic factor, Col factor

又称“Col 因子”。大肠杆菌中可移动的遗传因子,具有产生大肠杆菌素的基因,某些还具有促成细菌结合的基因。

06.146 巨大质粒 megaplasmid

在根瘤菌属(*Rhizobium*)中发现的一种其分子量为(2.0~3.0)×10^8D,比一般质粒大几十倍至几百倍的质粒,其上有一系列与共生固氮相关的基因。

06.147 降解性质粒 degrading plasmid

在假单胞菌属(*Pseudomonas*)中发现的一种质粒,可为一系列能降解复杂物质的酶编码。

06.148 质粒图谱 plasmid profile, plasmid pattern

反映原核生物质粒 DNA 的存在样式特征的电泳图谱,可作为种以下分类与鉴定的一个指征。

06.149 质粒指纹图 plasmid fingerprint

用限制性内切酶处理质粒 DNA 分子后,在琼脂糖凝胶上电泳得到的图谱。根据该图谱可区分微生物种以下的分类单元。

06.150 限制修饰系统 restriction modification system

原核生物细胞中的限制性内切酶和 DNA 甲基化修饰酶系统。前者选择性地降解外源 DNA,后者则使宿主 DNA 的限制性位点被甲基化而不被降解,是原核生物细胞的一种保护机制。

06.151 感受态 competence

微生物生活周期中的特定阶段或理化因子处理的受体细胞呈现为易于接受外源 DNA 的暂时性生理状态。

06.152 感受态细胞 competent cell

经理化因子处理后,处于易于从环境中接受外源 DNA 状态的细胞。

06.153 电穿孔 electroporation

一种利用受控电脉冲瞬时电击细胞,以在质膜上形成可逆性微孔,继而促进 DNA 等大分子或亲水性分子进入细胞的方法。可用于细胞融合和外源基因的导入。

06.154 中断杂交 interrupted mating
一种用来研究细菌接合生殖的实验方法，即让两种菌株在培养液中混合通气培养，互相接触，形成接合管，每隔一定时间搅拌中断接合管并取样，即可得到接收了不同长度的供体染色体片段的受体细菌。

06.155 DNA 混编 DNA shuffling
又称“DNA 洗牌技术”。对一组进化上相关的 DNA 序列进行重新组合而创造新基因的手段，是分子定向进化的一种方法。如将不同种属或同一基因家族不同来源的基因或 DNA 混合，用酶或超声等方法切成短片段，再重新随机连接组装，用预定的功能标记来筛选所期望的基因或 DNA。此法可有效积累优异突变，排除有害突变和中性突变，实现目的蛋白家族的共进化。

07. 微生物生态学

07.001 趋性 taxis
微生物接近或离开某刺激源的定向运动。

07.002 趋激性 topotaxis
微生物朝着某一刺激而运动的特性。

07.003 趋磁性 magnetotaxis
具有磁小体的微生物在磁场作用下借助鞭毛定向运动的特性。

07.004 趋避性 phobotaxis
微生物避开不利环境因子而运动的特性。

07.005 趋光性 phototaxis
因光源方向或强度的影响而引起微生物趋向光源运动的特性。

07.006 趋化性 chemotaxis
因环境中化学物质分布梯度而引起微生物朝向化学物质存在方向定向运动的特性。

07.007 趋氧性 oxygentaxis
因环境中氧浓度变化而引起微生物向适合其氧浓度方向运动的特性。

07.008 向化性 chemotropism
因环境中化学物质分布梯度而引起微生物向适合其化学物质浓度定向生长的现象。

07.009 向光性 phototropism
因光源的方向或强度影响而引起的微生物定向生长的现象。

07.010 向氧性 oxytropism
因氧浓度影响而引起的微生物定向生长的现象。

07.011 种群 population
在一定空间中生活，相互影响，能不断繁殖的同种个体的集合。

07.012 群落 community
在相同时间聚集在一定地域或生境中各种生物种群的集合。

07.013 生境 habitat
生物所生存的空间范围与环境条件的总和。

07.014 生态位 niche
生物在生物群落生态系统中的作用和地位，以及与栖息、食物，天敌等多种环境因子的关系。

07.015 区系 flora
一定区域内或一定生境中各种生物种群相互松散聚集的总体。

07.016 微生物区系 microflora
某一特定环境中，适宜某些微生物生长繁殖，不适合它种微生物生长生存而形成的相对稳定的微生物种群集合。

07.017 土著区系 indigenous flora
一定生境中自然形成的固有微生物种群相互松散聚集的群体。

07.018 土著微生物 autochthonous microbe
在某一生境中未经人为作用，本来就存在于该系统内，具有生存、生长、繁殖和代谢活动能力的微生物。其种类和数量一般不受外源碳源的加入或环境因子的明显影响。

07.019 暂居微生物 transient microbe
某环境中只能在短期内分离到的非土著外来微生物。

07.020 菌群失调 dysbacteriosis
在某种因子影响下，某一生境中的微生物菌群之间保持的平衡被破坏的现象。

07.021 群落演替 community succession
一种群落被另一种群落所取代，或次生群落逐次取代前一群落的序列变化过程。

07.022 原生演替 primary succession
微生物种群在从未被生物定居过的生境中定居演化的过程。

07.023 次生演替 secondary succession
发生在被生物占用过的生境，或具有演替历史的生境中的演替过程。

07.024 异养演替 heterotrophic succession
在生态系统发育早期，初级生产力总量或总光合量小于群落总呼吸量的演替方式。

07.025 自养演替 autotrophic succession
在生态系统发育早期，初级生产力总量或总光合量大于群落总呼吸量的演替方式。

07.026 顶极演替 climax succession
演替过程处于最终相对稳定的状态。

07.027 顶极群落 climax community
处于演替的最终相对稳定阶段的微生物群落。

07.028 优势种 dominant species
群落中占优势的能决定群落性质或外貌的物种。

07.029 伴生种 companion
在群落中，除优势种外，对群落作用和影响不大的物种。

07.030 富营养化 eutrophication
水体中因有机质和含氮、磷等元素的化合物含量过高而引起水体蓝细菌和藻类过度生长繁殖并导致水质恶化的现象。

07.031 水华 bloom
淡水水体富营养化而引起其中的蓝细菌和绿藻等微生物异常增殖的现象。

07.032 赤潮 red tide
又称"红潮"。因海洋水体的富营养化而导致其中浮游生物爆发性急剧繁殖造成海水颜色异常的现象。

07.033 指示菌 indicator
对环境中的某些物质或环境条件改变较敏感，并能发生可检测之特征性反应的细菌。

07.034 生物富集 bioconcentration
又称"生物浓缩"。生物体在体表或体内积累环境中某些元素或难分解化合物，使其浓度高于环境中该物质浓度的现象。

07.035 环境自净 environmental self-purification, environmental self-cleaning
生态系统的一种自我调节机制，通过其自身的物理、化学和生物学作用使污染环境逐渐恢复到原来状态的过程。

07.036 生态平衡 eubiosis, ecological balance
生态系统处于相互制约，维持稳定的状态。此时，系统中能量和物质的输入和输出接近于相等，即系统中的生产过程与消费和分解过程处于平衡状态。

07.037　微生态平衡　microeubiosis

微生态系统中,各菌群间以及它们与环境间维持相对稳定有序的作用状态。

07.038　微生态失调　microdysbiosis

由于微生态平衡状态被破坏而引起的生态系统紊乱状态。

07.039　原生态　primary ecology

在自然状态下,未受人为影响和干预的原始种群或生物集群状态。

07.040　微环境　microenvironment

肉眼看不到的、微尺度的生物生存环境。

07.041　微生物垫　microbial mat

水体中由微生物群落的代谢活动形成的黏性层状微生物细胞与有机物沉积薄层。

07.042　微生物[食物]环　microbial loop

水体中被自养微生物固定的有机营养物通过异养微生物、原生动物和后生动物等利用所形成的微型生物摄食关系。

07.043　活的非可培养状态　viable but non-culturable, VBNC

某些细菌在不良环境下的一种休眠状态,其菌体缩小成球状,在常规培养条件下不能恢复生长,但存在代谢活性和致病性。

07.044　气溶胶　aerosol

固体微粒和液体微滴稳定地悬浮于气体介质中形成的相对稳定的分散体系,是微生物在气体中存在的主要载体。

07.045　菌胶团　zoogloea

细菌的荚膜物质相互融合包埋多个菌体构成的行使群体分解代谢功能的胶状物,常呈片状或团状。

07.046　嗜二氧化碳微生物　capnophile, capnophilic microorganism

生长需要高于大气中所含的二氧化碳或这种高含量的二氧化碳能促进其生长的微生物。

07.047　嗜高渗微生物　osmophile, osmophilic microorganism

只在高渗透压条件下正常生长的微生物。

07.048　嗜热微生物　thermophile, thermophilic microorganism

常温下不生长,在 70℃以上高温条件下才能正常生长的微生物。

07.049　极端嗜热微生物　extremothermophile

最高生长温度>70℃,最适生长温度>65℃,最低生长>40℃的微生物。

07.050　超嗜热微生物　hyperthermophile, hyperthermophilic microorganism

最高生长温度>110℃,最适生长温度 80～110℃,最低生长温度>55℃的微生物。

07.051　嗜冷微生物　psychrophile

常指在 0℃下能够生长,在 15℃左右生长最适的微生物。

07.052　嗜极微生物　extremophile

只在各种极端恶劣环境如高温、高压、低温、高渗、高辐射等环境中正常生活的微生物。

07.053　嗜酸微生物　acidophile, acidophilic microorganism

生长最适 pH3～4 以下,中性条件不能生长的微生物。

07.054　嗜碱微生物　alkalinophilic microorganism, alkaliphile

能专性生活在 pH10～11 的碱性条件下而不能生活在中性条件下的微生物。

07.055　嗜盐微生物　halophilic microorganism, halophile

必须在高盐浓度下才能良好生长的微生物。

07.056　嗜压微生物　barophile, piezophile, barophilic microorganism

必须生长在高静水压环境中的微生物。

07.057　嗜中性微生物　neutrophilic microorganism

必须在中性 pH 条件下才能良好生长的微生物。

07.058　嗜中温微生物　mesophilic microorganism

最适生长温度在 20 ~ 40℃，低于 5℃ 不能生长的微生物。

07.059　嗜旱微生物　xerophilic microorganism

适于在干旱，即低水活度条件下生长的微生物。

07.060　兼性嗜冷微生物　facultative psychrophilic microorganism

可在低温下生长，但也可以在 20℃ 以上生长的微生物。

07.061　耐热微生物　thermoduric microorganism

最高生长温度 45 ~ 55℃，最低生长温度 <30℃ 的微生物。

07.062　耐冷微生物　psychrotolerant microorganism

能在低温下生长，但最适生长温度为 20 ~ 40℃ 的微生物。

07.063　耐压微生物　barotolerant microorganism

能够耐受高压但在常压下生长最适的微生物。

07.064　耐氧微生物　aerotolerant microorganism

在高氧分压条件下能够存活或只能勉强生长的微生物。

07.065　耐酸微生物　aciduric microorganism, acid-tolerant microorganism

能在高酸条件下生长，但最适 pH 接近中性的微生物。

07.066　耐碱微生物　alkalitolerant microorganism

能在中性条件甚至酸性条件下良好生长，但在高碱性条件下也能生长的微生物。

07.067　耐盐微生物　halotolerant microorganism

能在高盐度环境下生活，又能在低盐度环境下生活的微生物。

07.068　极端耐盐微生物　extremohalotolerant microorganism

只生长在极端高盐环境中，最适生长盐浓度达 2.5 ~ 5.2mol/L 的微生物。

07.069　抗辐射微生物　radioresistant microorganism

在较强辐射环境中能正常生长的微生物。

07.070　贫营养微生物　oligotrophic microorganism

在低浓度有机质（1 ~ 15mg 碳/L）培养基上可生长的微生物。

07.071　未培养微生物　uncultured microorganism

自然状态下存在，而应用目前人工培养技术尚不能分离培养的微生物。

07.072　土壤调理剂　soil adjustment microbe inoculant

加入土壤中用以改善土壤理化性状及其生物活性，从而促进植物生长，改善土壤环境质量的微生物制剂。

07.073　微生物接种剂　microbial inoculant

又称“菌剂”。用于农业生产的活菌制剂，将其接种于作物种子或根、茎、叶表面，使作物表现抗性或增加植物营养等功能。如为植物提供营养的菌肥制剂，用于防治植物病虫害或消除杂草的生物农药制剂，以及分解秸秆的腐熟菌剂等。

07.074 腐熟菌剂 composting microbial inoculant

接种动、植物残骸或排泄物，经发酵使其腐殖化、无害化、资源化的微生物活体制剂。

07.075 微生态制剂 microecologics

又称“益生菌剂”。用于促进人畜宿主或植物寄主上正常菌群生长代谢的活菌制剂。可调整微生态失调。

07.076 益生素 probiotics

微生态制剂中能对宿主产生一种或多种功能性保健效应的活微生物制剂。

07.077 益生原 prebiotics

又称“益生元”。微生态制剂中如寡糖等一些不被宿主消化吸收却能有选择地促进其体内益生菌的代谢和繁殖，从而促进宿主健康的有机物质。

07.078 合生原 synbiotics

又称“合生元”。兼有益生菌和益生元两种成分和特性的混合剂。

07.079 悉生生物 gnotobiote

人为地接种了某种或某些已知纯种微生物的无菌动物或植物。

07.080 悉生动物 gnotobiotic animal

又称“已知菌动物”。带有或接种上一至数种已知微生物的无菌动物。

07.081 无菌植物 germ-free plant

在无菌环境中培育的不携带微生物的植物。

07.082 无菌动物 germ-free animal

在无菌环境中饲养的不携带微生物和寄生虫的动物。

07.083 无特定病原动物 specific pathogen free animal, SPFA

不携带特定病原体的实验动物。

07.084 根际 rhizosphere

由植物根系与土壤微生物之间相互作用所形成的圈状地带。它以植物的根系为中心聚集了大量的细菌、真菌等微生物和蚯蚓、线虫等土壤动物。

07.085 根际微生物 rhizospheric microorganism

生活在根系邻近土壤，依赖根系的分泌物、外渗物和脱落细胞而生长，一般对植物发挥有益作用的正常菌群。

07.086 叶际微生物 phyllospheric microorganism

生活在叶表面的微生物。

07.087 附生微生物 epibiont

生活在植物地上部分表面，主要借植物外渗物和分泌物为营养的微生物。

07.088 光合细菌 photosynthetic bacteria, PSB

一类能够进行光合作用的原核生物的总称。

07.089 自生固氮微生物 free-living nitrogen fixer

不与其他生物共生即可独立进行固氮的微生物。

07.090 共生固氮微生物 symbiotic nitrogen fixer

只有与其他生物形成特殊共生结构的情况下才能进行固氮或有效固氮的微生物。

07.091 联合固氮微生物 associative nitrogen fixer

生活在植物根部表面和黏质鞘套内或根部皮层细胞之间，不进入细胞内部，不形成共生结构的自生固氮微生物。

07.092 丛枝状菌根 arbuscular mycorrhiza

内生菌根在植物皮层细胞内连续发生双叉

分枝而形成的灌木状结构物。

07.093 根肿 tumor
植物根部因病原微生物侵入增粗变大而形成的瘤状物,其中没有专化的共生组织。

07.094 类菌体 bacteroid
根瘤菌在根瘤含菌组织中存在时的特称,菌体细胞比游离培养体大,通常不规则,具有共生固氮能力,成熟的类菌体一般不能分裂繁殖。

07.095 类菌体周膜 peribacteroid membrane
根瘤中一层包围大量根瘤菌类菌体并提供良好固氮条件的薄膜。

07.096 菌胞 mycetocyte, bacteriocyte
全称“含菌细胞”。从昆虫肠道中观察并分离到活体微生物的特化细胞。

07.097 含菌体 mycetome, bacteriome
昆虫体内一种含有共生微生物的特化结构。

07.098 共生生物 symbiont
参与构成共生关系的生物。

07.099 伴生真菌 companion fungus
附着于其他生物体,未与被附着物形成共生关系的真菌。

07.100 侵染线 invasive line
共生菌或病原菌侵入植物后形成的线状组织。

07.101 共生体 symbiote
几种生活在一起的生物,互相依赖,彼此不能分离,若分离则生长不良,并形成特殊共生结构的生物集合体。

07.102 聚生体 consortium
一种以上微生物聚集在一起,具有相对固定依存关系的共同生存小体。

07.103 外共生体 ectosymbiont
生活在宿主体表(包括消化道和外分泌腺排泄道)内表面而未进入宿主细胞或组织内的共生体。

07.104 内共生体 endosymbiont
生活在宿主的细胞或组织内的共生体。

07.105 共生 symbiosis
两种生物共居一处,通过相互分工合作,并形成独特结构的相互依赖的生存关系。

07.106 内共生 endosymbiosis
发生在宿主细胞内的共生关系,细胞内的外源共生物(如叶绿体、线粒体等)可以为非细胞结构的核酸与蛋白质。

07.107 互利共生 mutualism
又称“互惠共生”。两物种以彼此相互依赖为生存之必要条件的相互关系。

07.108 偏害共生 amensalism
又称“偏害共栖”。两个物种生活在一起时,一个物种的存在可以对另一物种起到抑制作用,而自身却不受影响的共生现象。

07.109 偏利共生 commensalism
又称“偏利共栖”。一种生物因另一种生物的存在或活性而得利,而后者从前者没有得到相应的利益或害处的共生现象。

07.110 互养共栖 syntrophism
又称“互营”。两种或多种能单独生活的微生物共居一处,通过各自的代谢活动而相互营养共同生存的现象。

07.111 代谢共栖 metabiosis
又称“互生”。两种可独立生活的生物同处一起时,通过各自的代谢活动彼此互利,或偏利于一方的生存关系,两者之间不形成独特结构。

07.112 无关共栖 neutralism
两种生活在一处的微生物,彼此生存互不影响的生存方式。

07.113　协同共栖　synergism

两种生活在一处的生物,互利互惠但并非对另一方有专一性要求的松散生存方式。

07.114　腐生[现象]　saprophytism

某些微生物借吸收环境中的低分子有机物或分解动植物残体获取营养而生活的现象。

07.115　寄生　parasitism

一种小型生物生活在另一种较大型生物的体内(包括细胞内)或体表,从中获取营养生长繁殖,使后者蒙受损害甚至死亡的一种相互关系。

07.116　单主寄生　autoecism

在一种寄主上就能完成其生活史的寄生方式。

07.117　转主寄生　heteroecism

必须在两种或两种以上寄主上生活才能完成其生活史的寄生方式。

07.118　专性寄生　obligatory parasitism

寄生物只能依靠寄主生物才能延续生存的现象。

07.119　捕食[作用]　predation

一种生物直接捕捉、吞食另一种生物而获取营养的现象。

07.120　协同作用　synergism

两种或多种抗生素混合使用时,其抗菌作用高于各自单独使用时的现象。

07.121　拮抗作用　antagonism

(1)由某种生物所产生的特定代谢产物可抑制它种生物的生长发育甚至致其死亡的现象。(2)两种或多种抗生素混合使用时,其抗菌作用低于各自单独使用时的现象。

07.122　卫星现象　satellitism

一种微生物在另一种微生物菌落邻近处才能旺盛生长繁殖的现象。

07.123　异种克生[现象]　allelopathy

植物、微生物释放的化学物质影响其他生物生长发育的现象。

07.124　生物多样性　biodiversity

地球上所有生物类群层次结构(物种多样性)、基因和功能(遗传多样性)以及由这些生物与环境相互作用所构成的生态系统(生态多样性)的多样化状态。

07.125　多样性指数　diversity index

用来测度分类单元多样程度和考察每一单元相对多度的指数。用以作为判断群落或生态系统稳定性指标。

07.126　微生物生态系统　microbial ecosystem

微生物与其生存的环境构成的不可分割的相互关联、相互影响的整体。

07.127　微生态系统　microecosystem

肉眼看不见的,由不同种类微生物组成的生物群内及其与环境相互作用构成的生态整体。

07.128　单极生态系统　monopolar ecosystem

地球上最初出现的以微生物为主体的分解者的原始生态系统。

07.129　双极生态系统　dipolar ecosystem

包含有以微生物为主体的分解者和以植物为主体的生产者的原始生态系统。

07.130　三极生态系统　tripolar ecosystem

同时包含有以微生物为主体的分解者、以植物为主体的生产者和以动物为主体的消费者的完整生态系统。

07.131　生物地球化学循环　biogeochemical cycle

组成生物的化学元素在生物体内与外界环境之间的流转过程。

07.132　碳循环　carbon cycle

碳元素在地球的大气圈、水圈、生物圈、土壤圈和岩石圈间进行转移和交换的过程。

07.133 氮循环 nitrogen cycle
氮元素在地球的大气圈、水圈、生物圈、土壤圈和岩石圈间进行迁移和转化的过程。

07.134 硫循环 sulfur cycle
硫元素在地球的大气圈、水圈、生物圈、土壤圈和岩石圈间迁移和转化的过程。

07.135 磷循环 phosphorus cycle
磷元素在地球的大气圈、水圈、生物圈、土壤圈和岩石圈间进行迁移和转化的过程。

07.136 铁循环 iron cycle
铁元素在地球的大气圈、水圈、生物圈、土壤圈和岩石圈间进行迁移和转化的过程。

07.137 生物矿化[作用] biomineralization
有机物经微生物作用转化为无机物的过程。

07.138 固氮作用 nitrogen fixation
分子氮经固氮生物固氮酶的催化而转化成氨或含氮化合物的过程,是氮循环的重要阶段。

07.139 生物固氮作用 biological nitrogen fixation
固氮生物通过固氮酶将大气中的分子态氮还原成氨的过程。

07.140 共生固氮作用 symbiotic nitrogen fixation
由根瘤菌与豆科植物或弗氏放线菌与非豆科植物等特异性共生形成细菌与植物共生体进行的固氮作用。

07.141 非共生固氮作用 asymbiotic nitrogen fixation
又称"自生固氮作用(free-living nitrogen fixation)"。固氮微生物不与其他生物发生共生关系,而能独立地生长繁殖进行的固氮作用。

07.142 联合固氮作用 associative nitrogen fixation
由某些具有固氮能力的细菌进入某些植物根表或根系细胞间隙形成松散联合但不形成特殊结构的固氮作用。

07.143 光同化作用 photo-assimilation
生物在光合作用过程中将外源无机物和有机物转化为细胞成分与胞外产物的过程。

07.144 产氧光合作用 oxygenic photosynthesis
以光为能源,以水作为还原二氧化碳的氢供体合成有机物并产生氧气的过程。

07.145 不产氧光合作用 anoxygenic photosynthesis
利用还原态无机物(如硫化氢、氢气等),而不是水作为还原二氧化碳的氢供体进行的、不产生氧气的循环式光合磷酸化的过程。

07.146 好氧不产氧光合作用 aerobic anoxygenic photosynthesis
在有氧条件下以有机物、硫化物或氨等作为供氢体,通过细菌叶绿素捕获光能合成有机物并且不释放氧气的过程。

07.147 氨化作用 ammonification
含氮有机化合物通过微生物分解有机氮化物产生氨的过程。

07.148 硝化作用 nitrification
硝化细菌将氨氧化为亚硝酸和硝酸的过程。

07.149 反硝化作用 denitrification
反硝化细菌将硝酸盐逐步还原成亚硝酸盐、氮氧化物和分子态氮的过程。

07.150 硝酸盐还原作用 nitrate reduction
微生物将硝酸盐还原为亚硝酸盐、氮氧化物直至氮分子的过程。

07.151 同化性硝酸盐还原作用 assimilatory nitrate reduction

硝酸盐被生物体还原成铵盐并进一步合成各种含氮有机物的过程。

07.152 异化性硝酸盐还原作用 dissimilatory nitrate reduction

某些兼性厌氧微生物利用硝酸盐作为呼吸链的最终氢受体,将其还原成亚硝酸、氮氧化物直至氮分子的过程。

07.153 亚硝酸氨化作用 nitrite ammonification

微生物将亚硝酸通过异化性还原经羟氨转变成氨的过程。

07.154 铵盐同化作用 assimilation of ammonium

微生物以铵盐作为氮源合成有机含氮化合物的过程。

07.155 硫酸盐还原作用 sulfate reduction

微生物将硫酸盐还原为亚硫酸盐、硫氧化物直至硫化氢的过程。

07.156 同化性硫酸盐还原作用 assimilatory sulfate reduction

微生物使硫酸盐最终被还原成巯基态固定在蛋白质等有机化合物中的过程。

07.157 异化性硫酸盐还原作用 dissimilatory sulfate reduction

硫酸作为厌氧菌呼吸链的末端电子受体而被还原为亚硫酸或硫化氢的过程。

07.158 脱硫作用 desulfuration

腐生微生物在厌氧条件下把含硫有机化合物转化成含硫气体的过程。

07.159 硫化作用 sulfur oxidation

硫化氢或硫化亚铁、元素硫被微生物氧化为硫或硫酸的过程。

07.160 异化性硫还原作用 dissimilatory sulfur reduction

脱硫单胞菌属等的一些菌种将硫还原成硫化氢的过程。

07.161 生物量 biomass

泛指某一系统中的一切生物物质的总量,即单位面积或单位体积中生物物质的质量数。

07.162 生物质 biomass

泛指某一系统中特定的生物物质。

08. 应用微生物学

08.001 生物转化 bioconversion, biotransformation

利用生物酶改变有机化合物分子部分结构的过程。

08.002 生物致劣 biodeterioration

由生物的生命活动造成物质的物理或化学性质改变而降低质量的现象。

08.003 菌种退化 strain degeneration

微生物群体中性能弱化的细胞占一定比例后导致生产性能下降的现象。

08.004 菌种改良 strain improvement

应用微生物遗传与变异理论,在已经自然变异、人工诱变或杂交后的微生物群体中选出所需要的优良菌种的过程。

08.005 诱变育种 mutation breeding

用诱变因子处理微生物的细胞群体,以诱发遗传突变,从中选出所需突变体的过程。

08.006 筛选 screening

从大量样本中选择具有所需性能或特征的微生物的操作。

08.007　菌丝球　mycelium pellet

丝状真菌和放线菌在液体培养基内进行通气搅拌或振荡培养时,菌丝体相互紧密纠缠形成的颗粒状悬浮物。

08.008　微生物传感器　microbial sensor, microbiosensor

利用微生物作为感应元件制成的小型化的、能专一和可逆地对某种物质发生应答反应,并能产生一个与该物质浓度成比例的分析信号的传感器。

08.009　微生物浸矿　microbial leaching

又称"细菌沥滤(bacterial leaching)"、"生物湿法冶金(biohydrometallurgy)"。利用微生物的氧化还原特性使矿物中某些组分以可溶或沉淀的形式与原物质分离的过程;或利用微生物的代谢产物与矿物反应而得到有用组分的过程;或利用对金属离子的吸附等性能获得金属的过程。

08.010　生物燃料　biofuel

利用可再生的生物质制造的燃料。包括固体生物质、液体燃料(如生物柴油、生物乙醇等)和生物气体燃料(如甲烷、氢等)。

08.011　微生物燃料电池　microbial fuel cell

一种利用微生物酶的催化作用转化化学能为电能的生物电化学装置。

08.012　生物杀虫剂　bioinsecticide

利用生物或其代谢产物毒杀、诱杀或抑制害虫正常生长发育的生物制品。

08.013　生物聚合物　biopolymer

由生物细胞产生的由多个相同或相似结构单位组成的生物大分子。

08.014　生物塑料　bioplastics

由生物合成的具有可塑性的生物聚合物,通常易被生物降解。

08.015　生物[被]膜　biofilm

又称"生物幕"。黏附于特定载体上的无恒定结构的膜状微生物聚生体。

08.016　生物炼制　biorefinery

以生物质为主要原料,利用生物和化学转化技术生产燃料、能源和化学品的集成技术体系。

08.017　生物表面活性剂　biosurfactant

由生物产生的具有表面活性特征的化合物。

08.018　生物放大　biomagnification

生物体内某些物质、元素或难分解的化合物的浓度随着食物链的延长和营养等级的增加而增加的现象。

08.019　生物负荷　bioburden

被测试的单位材料或产品上承载活体微生物的总数。

08.020　生物淤积　biofouling

水生生物在固液界面聚集的现象,可导致材料腐蚀和构件性能下降。

08.021　生物技术　biotechnology

综合应用生命科学和现代技术生产各种产品或提供社会服务的方法或手段。

08.022　代谢工程　metabolic engineering

在对代谢流分布量化分析的基础上,利用基因工程等手段,定向修饰、改造细胞代谢途径,以改变生物的代谢特征或创建新的代谢途径、生产新的代谢产物的技术。

08.023　发酵　fermentation

(1)在生物技术领域指利用微生物产生特定产物的过程。(2)在生物化学、生理学等领域指无氧条件下生物体内由一系列氧化还原反应参与的获得能量的代谢过程。

08.024　同型发酵　homofermentation

产生一种主要终产物的发酵。

08.025　异型发酵　heterofermentation

产生不止一种主要终产物的发酵。

08.026 发酵[能]力 fermentation capacity
微生物发酵底物的能力。

08.027 可发酵性 fermentability
某物质可被微生物发酵的特性。

08.028 混菌发酵 mixed fermentation
利用一种以上微生物在同一发酵体系中的协同参与而完成的发酵类型。

08.029 同型乳酸发酵 homolactic fermentation
产乳酸细菌发酵葡萄糖主要生成乳酸的发酵类型。

08.030 异型乳酸发酵 heterolactic fermentation
细菌发酵葡萄糖生成乳酸的同时还产生二氧化碳、乙醇或乙酸等化合物的发酵类型。

08.031 混合酸发酵 mixed acid fermentation
某些细菌利用葡萄糖生成甲酸、乙酸、乳酸和琥珀酸等物质的过程。

08.032 厌氧发酵 anaerobic fermentation
厌氧微生物在无氧情况下进行的代谢活动。

08.033 前发酵 primary fermentation
酒类等酿造食品的第一阶段发酵,包括复杂化合物水解成小分子化合物及其进一步转化的过程。

08.034 后发酵 secondary fermentation
酿酒发酵的第二阶段,经前发酵固体物质被清除后的发酵醪液在密闭容器内继续进行的发酵过程。

08.035 浅盘发酵 shallow tray fermentation
使培养基表面更多与空气接触的静置培养方法,可使好氧微生物更多增殖或形成更多产物。

08.036 深层发酵 submerged fermentation
利用发酵罐进行的液态发酵方式。

08.037 固态发酵 solid state fermentation
又称"固体发酵"。使微生物在固形物为主的培养基中生长代谢的发酵过程。

08.038 液态发酵 liquid state fermentation
又称"液体发酵"。培养基呈液态的微生物发酵过程。

08.039 主发酵 main fermentation
酒类酿造过程中酵母生长繁殖产生乙醇的发酵阶段;或发酵工业生产过程中直接提供产品的工序。

08.040 连续发酵 continuous fermentation
以相同的流速排放发酵液和补充新原料,维持容器内恒定体积的发酵方式。

08.041 分批补料发酵 fed-batch fermentation
又称"半连续发酵"。在微生物分批发酵过程中,间歇或连续地补加一种或多种营养成分的发酵技术。

08.042 分批发酵 batch fermentation
又称"[灌]批发酵"。一次性投放原料并一次性排放产物的发酵方式。

08.043 敞口发酵 open fermentation
在不密闭容器中进行的发酵方式。

08.044 上面发酵 top fermentation
采用上面酵母进行的啤酒发酵,因发酵过程中絮状物浮在液体上层而得名。

08.045 下面发酵 bottom fermentation
采用下面酵母进行的啤酒发酵,因发酵过程中絮状物沉在液体下层而得名。

08.046 上面酵母 top yeast
啤酒酿造中完成发酵后大量细胞悬浮在液面的酵母菌。

08.047 下面酵母 bottom yeast

啤酒酿造中完成发酵后大量细胞凝集而沉淀于容器底部的酵母菌。

08.048 发酵单位 fermentation titer
单位体积发酵物中所含有的活性发酵产物的量。

08.049 发酵液 fermentation broth
液体培养基经微生物发酵后的混合物。

08.050 转化得率 conversion yield
发酵目标产物量与起始发酵基质的量之比。

08.051 补料速率 feed rate
在发酵培养过程中单位时间内添加营养物质的量。

08.052 氧消耗速率 oxygen consumption rate
发酵过程中单位体积发酵液在单位时间内消耗氧的量。

08.053 接种量 inoculum size
启动发酵时加入接种物的量。

08.054 生物反应器 bioreactor
利用生物功能进行生化反应的装置或生物有机体。

08.055 固定床反应器 fixed bed reactor
一种活菌体或酶固定于一个固定载体系统的生物反应器。

08.056 发酵罐 fermenter, fermentor
具备灭菌和控制发酵条件等功能的微生物深层液体培养设备。

08.057 补料罐 feed tank
向正在运转的发酵罐中追加原料的装置。

08.058 柱式发酵罐 column fermenter
又称"塔式发酵罐"。高径比约为6~10的中空圆筒状发酵装置。

08.059 泡罩塔发酵罐 bubble column fermenter
主要由泡罩、升气管、溢流堰、降液管及塔板组成的一种柱式发酵罐。

08.060 螺旋桨式环形发酵罐 propeller loop fermenter
以螺旋桨式搅拌器为液体环流提供动力的环形发酵罐。

08.061 搅拌釜式发酵罐 stirred tank fermenter
利用搅拌桨强化传质和传热作用的发酵罐。

08.062 瓦尔德霍夫发酵罐 Waldhof fermenter
内装旋转轴、通风器、导流筒和溢流管等配套装置的圆柱形发酵罐。

08.063 气升式发酵罐 airlift fermenter
借无菌压缩空气提升发酵液使之实现循环混合和传质传热过程的发酵罐。

08.064 流化床反应器 fluidized bed reactor
借液体流动使床内固定化酶或固定化细胞悬浮于流体中的反应器。

08.065 环流发酵罐 loop fermenter
利用泵或压缩空气使液体循环的发酵罐。

08.066 喷射环流发酵罐 jet loop fermenter
利用泵喷射液体使之循环的发酵罐。

08.067 加压循环发酵罐 pressure cycle fermenter
通过加压形成循环液流的发酵罐。

08.068 厌氧发酵罐 anaerobic fermenter
具有消除氧气并防止氧气进入或不供氧气的发酵罐。

08.069 种子发酵罐 seed fermenter
发酵生产过程中用于培养接种主发酵罐菌种的小型发酵罐。

08.070 透析培养装置 dialysis culture unit
根据溶液中不同大小分子或离子透过半透

膜扩散的原理,实现补充反应底物和除去反应产物或废物的培养装置。

08.071　恒浊器　turbidostat
可使反应处于稳定状态时细胞浓度保持恒定的反应装置。

08.072　恒化器　chemostat
通过控制培养基中营养物质浓度或向其中加入物质的速度,调节微生物增殖速度相对恒定的连续培养装置。

08.073　恒梯度器　gradostat
能使培养基中限制性底物浓度呈现恒定的梯度变化的特殊培养装置。

08.074　空气过滤器　air filter
发酵过程中用于空气除菌的气体净化设备。

08.075　通气量　air flow
单位时间内通过单位体积培养液的空气体积。

08.076　稀释率　dilution rate
连续操作的反应器中,单位时间内进料流量与反应器内液体体积之比。

08.077　临界稀释率　critical dilution rate
连续操作的反应器中,数值上等于反应器中菌体最大比生长速率的稀释率。

08.078　醋化作用　acetification
发酵中将乙醇氧化为乙酸的过程。

08.079　糖化作用　saccharification
大分子糖类水解为单糖或寡糖的过程。

08.080　糖化剂　sacchariferous agent
发酵工业生产中用于糖化作用的催化剂。

08.081　醪液　mash
发酵工业中原料经微生物发酵的液态混合物。

08.082　单细胞蛋白　single cell protein, SCP
用作饲料或食品的富含蛋白质的微生物菌体加工物。

08.083　固定化细胞　immobilized cell
游离的微生物细胞被固定在适当载体中的制品。

08.084　共固定化作用　coimmobilization
将多种完整微生物细胞或酶固定在同一载体中的过程。

08.085　酸败　spoilage, rancidity
(1)由于微生物大量增殖,使发酵环境产生过量有机酸而导致发酵过程异常甚至停止的现象。(2)油脂或富含油脂食品存贮过程中,由于微生物或脂肪氧化酶作用产生游离脂肪酸、过氧化物和低分子酸类、醛类、酮类等分解产物的过程。

08.086　平[罐]酸败　flat sour spoilage
罐头不膨胀而发生酸败的现象。

08.087　平罐酸败菌　flat sour bacteria
引起平罐酸败现象的微生物。

08.088　防霉　anti-mildew, anti-mouldiness
防止霉菌在各种器材或食品上大量生长引发变质的措施。

08.089　防腐　antisepsis
防止微生物在各种器材或食品上大量生长引发腐败的措施。

08.090　霉变　mould deterioration
物质因受霉菌污染、侵蚀而发生变质的现象。

08.091　腐败　putrefaction
主要由微生物等生物因子造成的有机物品或材料变质的现象。

08.092　腐蚀　corrosion
因各种物理、化学、生物因子引起的对物体表面造成侵蚀和破坏的过程。

08.093 变质 deterioration
物品或材料固有成分及特征发生不良改变的现象。

08.094 白腐 white rot
由于特定微生物的大量侵蚀,使木材中深色木质素等物质被降解而余下白色纤维的现象。

08.095 褐腐 brown rot
由于特定微生物的大量侵蚀,木材中纤维素和半纤维素被降解,而余下木质素使木材变为红褐色的现象。

08.096 超滤 ultrafiltration
利用孔径比微滤膜更小,只能透过小分子量的溶剂及溶质的膜,在压力差下过滤的方法。

08.097 生物农药 bio-pesticide
利用生物体或其代谢产物开发的农用抗病虫害制剂。

08.098 微生物肥料 microbial fertilizer
又称"菌肥"。利用微生物有机体开发的具有促进植物生长或减少植物病害的微生物制剂。

08.099 磷细菌肥料 phosphorus bacteria inoculant
由能够降解有机磷或溶出矿物中不溶性磷的细菌制成的为作物提供可溶性磷素营养的微生物肥料。

08.100 硅酸盐细菌 silicate bacteria
能分解长石和云母等硅酸盐类矿物溶出其中磷和钾的细菌。

08.101 钾细菌肥料 potassium bacteria inoculant
由硅酸盐细菌开发的为作物提供钾素营养的微生物肥料。

08.102 腐熟菌 composting microbe
将植物秸秆和其他废弃有机物通过复杂的生物化学作用转变成便于植物吸收的肥料的多种微生物。

08.103 固氮菌剂 azotogen
由能固定氮素的细菌开发的微生物肥料。

08.104 微生物农药 microbial pesticide
利用微生物有机体的活体或其代谢产物防治农业有害生物的微生物制剂。

08.105 微生物杀虫剂 microbial insecticide
利用微生物有机体的活体或其代谢产物制成的杀虫制剂。

08.106 病毒杀虫剂 viral insecticide
利用病毒制成的杀虫剂。

08.107 细菌杀虫剂 bacterial insecticide
利用细菌活体或其代谢产物制成的杀虫制剂。

08.108 真菌杀虫剂 fungal insecticide
利用真菌活体或其代谢产物制成的杀虫制剂。

08.109 互接种族 cross inoculation group
能被同一种根瘤菌引起结瘤而共生的多种豆科植物。

08.110 根瘤 root nodule
含内共生固氮细菌的植物根系上生长的瘤状突起组织。

08.111 根瘤菌剂 rhizobium inoculant, nitragin
由根瘤菌制成的能促进豆科植物结瘤固氮的微生物肥料。

08.112 植物杀菌素 phytocidin
由植物产生的对微生物具有抑制和杀灭作用的物质。

08.113 植物促生根际菌 plant growth promoting rhizobacteria, PGPR

生存于高等植物根部周围能分泌植物促生物质,促进作物生长的微生物,可用于开发微生物肥料。

08.114　昆虫病原体　entomopathogen
对昆虫具有致病性的微生物。

08.115　浸渍　retting
又称"脱胶"。将麻类秸秆浸渍于水中,利用分解果胶等物质的微生物活动从麻类秸秆中分离出木质素和纤维素,获得麻纤维的初加工技术。

08.116　微生物防治　microbial control
人类有意识地利用微生物或其产物控制或消除有害生物的方法。

08.117　青贮饲料　silage
将草类和玉米等青绿多汁植物置于一定设施中,在缺氧状态下经微生物发酵加工制成的酸性饲料。

08.118　沼气　biogas
在缺氧条件下,通过多种厌氧微生物共同作用使有机物分解而产生的以甲烷为主要成分的可燃气体。

08.119　沼气发酵　biogas fermentation
厌氧条件下,有机物通过微生物的一系列生化反应形成以甲烷为主的产气发酵过程。

08.120　生物修复　bioremediation
又称"生物整治"、"生物恢复"。利用处理系统中的生物,主要是微生物的代谢活动减少被污染环境污染物的浓度或使其无害化,使污染环境复原的过程。

08.121　生物降解[作用]　biodegradation
由微生物及其酶类引起的,将有机化合物逐步分解成更小分子的过程。

08.122　大肠菌值　colititer
采用规定方法定量检测到 1 个大肠菌群细胞所需的水样毫升数,为大肠菌指数的倒数。

08.123　大肠菌指数　coli-index
1L 水中含有的大肠菌群的菌数,用以表示水受污染的程度。

08.124　污水处理　sewage treatment
采用物理学、化学或生物学方法,对污水中的各种污染物进行絮凝、沉淀、转化、降解,以达到减少污水中各种污染物的浓度或无害化的过程。

08.125　需氧量　oxygen requirement
一定温度、一定时间内微生物利用有机物进行生物氧化所消耗的氧气数量。

08.126　生化需氧量　biochemical oxygen demand, BOD
应用生物学方法,即在20℃培养5 天后样品中的污染物被氧化所需要消耗的氧气量,通常表示样品中生物可氧化的污染物总量。

08.127　化学需氧量　chemical oxygen demand, COD
采用化学强氧化剂(通常用重铬酸钾)对样品进行氧化处理所消耗的氧化剂总量,通常表示样品中所含的被化学氧化剂可氧化的污染物总量。

08.128　总需氧量　total oxygen demand
氧化样品中所有可氧化物质所需要消耗的氧总量。

08.129　溶解氧量　dissolved oxygen, DO
溶解于水或溶液中的氧气浓度。

08.130　悬浮物　suspend solid, SS
(1)悬浮于大气、水或溶液中的固体颗粒物。
(2)悬浮在水体中、无法通过 0.45 μm 滤纸或过滤器的有机或无机颗粒物。

08.131　总有机碳　total organic carbon, TOC
水体中溶解有机碳、颗粒有机碳和挥发性有

机碳的总和。

08.132 顽拗物 recalcitrant compound
分子结构稳定、难以被降解或转化的一类化合物。

08.133 活性污泥 activated sludge
由多种微生物(包括细菌、丝状真菌)、原生动物等组成的共生体系以及各种无机颗粒和胶体等组成的具有特定代谢功能的复合体系,有絮状、颗粒状活性污泥之分。

08.134 活性污泥法 activated sludge process
应用活性污泥进行污水处理的方法。

08.135 氧化沟法 oxidation ditch process
活性污泥法的一种变型,其曝气池为封闭的首尾相连的循环流曝气沟渠,污水渗入其中被净化处理。

08.136 生物转盘法 biodisc process
又称"旋转生物接触氧化法"。借助一系列部分浸没于污水中的圆盘装置不断旋转而维持良好的通气效果及与污水的充分接触,从而利用在圆盘上形成的生物膜达到氧化处理污水目的的方法。

08.137 生物滤池 biofilter
由碎石或塑料制品等惰性填料构成的生物处理构筑物。污水与填料表面上生长的微生物膜间隙接触,使污水得到净化。

08.138 曝气法 aeration process
采用通气方法强行提高溶解氧含量进行污水处理的过程。

08.139 曝气池 aeration basin
曝气法处理污水工艺中的处理设施。

08.140 氧化塘 oxidation pond, lagoon
敞开式好氧处理污水的单元。

08.141 生物[氧化]塘 biological oxidation pond
利用天然自净能力(植物、微生物代谢作用),或借人工曝气等措施以强化天然自净能力处理废水的单元的统称。

08.142 堆肥 compost
以植物残体为主,加入一定量人、畜粪尿和草木灰或石灰、土等混合堆积,经好气微生物分解而成的农家肥料。

08.143 堆肥化处理 composting
对废弃有机物进行堆置,通过微生物发酵使之无害化并腐熟,形成具有植物营养功能物质的过程。

08.144 甲烷形成作用 methangenesis
厌氧条件下,甲烷产生菌利用有机物的分解产物产生甲烷的过程。

08.145 乙酸形成作用 acetogenesis
又称"酸化作用"。大分子有机物经过微生物的一系列降解作用形成以乙酸为主要产物的过程。

08.146 发光细菌 luminescent bacteria
可借助自身所含荧光物质将化学能转化为光能而发光的细菌。

08.147 生物发光 bioluminescence
生物体自身发生的以光辐射形式释放生物氧化能量的现象。

08.148 腺苷三磷酸生物发光 ATP bioluminescence
根据微生物细胞经化学试剂处理后释放到细胞外的腺苷三磷酸(ATP)与萤光素和萤光素酶反应后发光强度推算微生物数量的技术,可作为物品被微生物污染的指标。

08.149 黏附 adherence
微生物附着于呼吸道、消化道、泌尿生殖道等黏膜上皮细胞表面或间质的现象。

08.150 弥散性黏附 diffused adherence
细菌细胞单个分散黏附在细胞表面的现象。

08.151　集聚性黏附　aggregative adherence
细菌细胞大量堆积黏附在细胞表面的现象。

08.152　局灶性黏附　localized adherence
多个细菌细胞黏附在某个局部细胞表面的现象。

08.153　肠致病性大肠埃希氏菌　enteropathogenic *Escherichia coli*, EPEC
早期命名的所有能引起腹泻的大肠埃希氏菌的总称。现仅包括不具有侵袭力,不产生热稳定和热不稳定毒素、不具有集聚性黏附特征的,能够引起腹泻的大肠埃希氏菌。

08.154　肠出血性大肠埃希氏菌　enterohemorrhagic *Escherichia coli*, EHEC
引起出血性肠炎及溶血性尿毒综合征的大肠埃希氏菌。

08.155　肠侵袭性大肠埃希氏菌　enteroinvasive *Escherichia coli*, EIEC
具有侵袭力、产生痢疾样症状的大肠埃希氏菌。

08.156　肠产毒性大肠埃希氏菌　enterotoxigenic *Escherichia coli*, ETEC
产生热稳定毒素和(或)热不稳定毒素的大肠埃希氏菌。

08.157　产志贺氏毒素大肠埃希氏菌　Shiga toxin-producing *Escherichia coli*, STEC
产生志贺氏毒素的大肠埃希氏菌。

08.158　肠道病原体　enteric pathogen
引起肠道感染的病原体。

08.159　C 反应蛋白　C reactive protein
急性感染病原体后,机体产生的一种能与肺炎球菌 C 多糖反应形成复合物的蛋白质。

08.160　假膜　pseudomembrane
又称"伪膜"。感染部位由渗出性纤维蛋白包裹白喉棒杆菌等病原体形成的表面膜性结构。

08.161　标准血清　standard serum
经标定的特异性免疫血清。

08.162　抗血清　antiserum
含有特异性抗体的血清。

08.163　抗毒素　antitoxin
对毒素具有中和作用的特异性抗体。

08.164　结核菌素　tuberculin
结核分枝杆菌产生的一种细菌素。

08.165　结核分枝杆菌增殖抑制因子　mycobacterial growth inhibitory factor, MycoIF
结核分枝杆菌抗原成分激活 T 细胞产生的可特异抑制巨噬细胞内结核分枝杆菌繁殖的细胞因子。

08.166　旧结核菌素　old tuberculin, OT
结核分枝杆菌培养物加热浓缩滤液中非纯化的一类蛋白质。

08.167　致热原　pyrogen
简称"热原"。能引起宿主发热的物质。

08.168　病原体　pathogen
能使人、宿主动物或植物等发生疾病的细菌、病毒、真菌、寄生虫等。

08.169　带[病]毒者　carrier
携带病毒但不出现临床症状的个体。

08.170　带菌者　carrier
携带病原菌,但没有临床症状的个体。

08.171　机会致病菌　opportunistic pathogen
又称"条件致病菌"。只有在寄居部位发生改变、机体免疫功能下降或其他条件改变时,才能够引起疾病的细菌或真菌。

08.172　内源感染　endogenous infection
生活在机体内的微生物,在某一条件下,当机体免疫力下降时,而使机体表现出病态的现象。亦指由机会致病菌引起的感染。

08.173 正常菌群 normal flora
定居在宿主体表和与环境相通部位、对宿主有益或无害的微生物。

08.174 皮肤坏死毒素 dermatonecrotoxin
能够引起皮肤组织坏死的毒素。

08.175 毒素 toxin
微生物产生的对他种生物体有毒性的产物。

08.176 类毒素 toxoid
经处理后失去毒性而保留原有免疫原性的外毒素。

08.177 产毒力 toxigenicity
微生物产生对生物体有损伤作用物质的能力。

08.178 毒力 virulence
病原体能够使宿主致病的能力。

08.179 毒力因子 virulence factor
病原体表达或分泌的与致病性相关的物质。

08.180 毒力基因 virulence gene
与生成毒力因子相关的基因。

08.181 毒力岛 pathogenicity island, PAI
又称"致病性岛"。通过水平转移获得的与细菌毒力相关的基因簇。

08.182 基因组岛 genomic island
微生物基因组中可水平转移的基因簇。

08.183 侵袭力 invasiveness
病原体侵入宿主的能力。

08.184 致病性 pathogenicity
病原体能够使宿主致病的性能。

08.185 感染性 infectivity
病原体感染宿主的性能。

08.186 感染剂量 infective dose, ID
病原体感染宿主并使其发病的数量。

08.187 半数感染量 median infective dose, ID_{50}
规定时间内,通过指定感染途径,使50%试验对象感染所需要的病原体的数量。

08.188 最小感染量 minimal infecting dose, MID
能引起试验对象出现被感染症状的病原体最低数量。

08.189 鞭毛抗原 flagellar antigen
具有抗原性的鞭毛成分。

08.190 菌体抗原 O antigen
又称"O抗原"。革兰氏阴性菌的细胞表面脂多糖。

08.191 菌苗 bacterial vaccine
用于预防或治疗细菌传染病的细菌制剂。

08.192 疫苗 vaccine
通过刺激宿主产生特异性免疫反应,预防、治疗或控制传染病的制剂。

08.193 活疫苗 live vaccine
用活病原体制成的疫苗。

08.194 活菌苗 live bacterial vaccine
用活细菌制成的疫苗。

08.195 单价疫苗 univalent vaccine
只针对某一个型或群病原体的疫苗。

08.196 多价疫苗 polyvalent vaccine
针对3种或更多型或群病原体的疫苗。

08.197 三联疫苗 triple vaccine
针对三种病原体的疫苗。

08.198 联合疫苗 combined vaccine
由两种或两种以上疫苗混合而制成的疫苗。

08.199 亚单位疫苗 subunit vaccine
以病原体的某个或某些免疫原成分制备的疫苗。

08.200　卡介苗　Bacille Calmette-Guérin vaccine, BCG vaccine

以两位法国学者卡尔梅特(Calmette)和介朗(Guérin)命名、由活的牛结核分枝杆菌无毒菌株制备的菌苗,主要用于人类结核病的免疫预防。

08.201　复种　revaccination

又称"疫苗再接种"。对已接种疫苗人员的再次免疫接种。

08.202　疫苗疗法　vaccinotherapy

通过接种疫苗以治疗某些疾病的方法。

08.203　减毒[作用]　attenuation

使病原体对宿主毒力降低的过程。

08.204　弱毒株　low virulent strain

与参比菌株或毒株相比毒力较低的菌株或毒株。

08.205　减毒株　attenuated strain

与原菌株或毒株相比毒力减弱的菌株或毒株。

08.206　抑菌作用　bacteriostasis

抑制细菌生长繁殖的现象。

08.207　杀孢子剂　sporicide

用于杀灭微生物各类孢子的制剂。

08.208　杀病毒剂　virucide

用于杀灭病毒的制剂。

08.209　杀菌剂　bactericidal agent

具有选择毒性能杀死微生物的制剂。

08.210　抑菌剂　bacteriostatic agent

具有选择毒性的能抑制微生物生长的制剂。

08.211　抗菌剂　antibacterial agent

用于杀灭细菌或抑制其活动的制剂。

08.212　抗真菌剂　antimycotics, antifungal agent

用于杀灭真菌或抑制其活动的制剂。

08.213　抑真菌剂　fungistat

用于抑制真菌生长繁殖的制剂。

08.214　杀真菌剂　fungicide, mycocide

用于杀灭真菌的制剂。

08.215　洁净剂　sanitizer

兼具清洁和杀菌作用的制剂。

08.216　消毒剂　disinfectant

(1)为杀灭或抑制病原菌而用于处理人畜组织(特别是皮肤)的化合物。(2)用于消毒的各种化学制剂之总称。

08.217　化学治疗剂　chemotherapeutic agent

用于治疗微生物感染疾病的化学制剂。

08.218　药物敏感性　drug susceptibility

病原体对药物的敏感性。

08.219　临界杀菌浓度　critical killing dilution

消毒剂杀灭某种细菌的最低浓度,是判断消毒剂灭菌能力的指标。

08.220　敏化细菌　sensitized bacteria

与抗体或补体结合后处于更易于被其他杀菌物质杀灭或灭活状态的细菌。

08.221　硫磺样颗粒　sulfur granule

致病造成化脓性损害而流出的分泌物中由菌丝簇形成的淡黄色颗粒。

08.222　反应素　reagin

过敏原诱导产生的能够结合肥大细胞表面的一种嗜细胞抗体。

08.223　亲菌素　bacteriotropin

在特异免疫过程中含量增加并使相应细菌更易于被吞噬的抗体。

08.224　攻击素　aggressin

病原微生物产生的、能够增加其侵袭性的物

质。

08.225 抑殖素 ablastin

特异抑制处于上鞭毛期的路氏锥虫在脊椎动物宿主内繁殖的抗体。

08.226 生物安全 biosafety, biological safety, biosecurity

(1)促进从事生物医学研究的工作人员按安全的程序进行安全的实验室操作和正确使用防护设备与设施的措施,以预防职业性获得性感染或将有害微生物释放到环境中,危害环境和人类健康。(2)最早用于农业,指对遗传修饰生物的管理;在动物健康领域,指预防疾病的管理;在军控领域,又称"生物安保",指预防故意盗抢、破坏或人为释放有害生物及其产物的措施。

08.227 生物安全实验室 biosafety laboratory

为保证安全操作微生物,按照生物安全防护水平标准建设的实验室。

08.228 生物剂 bioagent, biological agent

对人和动、植物体有伤害或致死作用的病原微生物制剂。包括自然存在的或人工构建及改造的,能够进行基因修饰、细胞培养和生物体内寄生的,可能致人、动物感染、过敏或中毒的一切微生物及其生物活性物质。

08.229 生物威胁 biothreat

用有害生物剂伤害人或动、植物的行为。

08.230 生物危害 biohazard

生物剂通过直接感染或污染环境对人类健康或环境造成现实或潜在的不良后果。

08.231 实验室相关感染 laboratory-associated infection

实验室操作失误或违反操作规程而导致的感染。

08.232 生物气溶胶 bioaerosol

生物粒子悬浮于空气中形成的胶体系统,即含有生物性粒子的气溶胶。包括细菌、病毒以及致敏花粉、霉菌孢子和蕨类孢子等,除具有一般气溶胶的特性以外,还具有传染性、致敏性等。

08.233 生物恐怖 bioterrorism, bioterror

蓄意使用生物剂威胁人或动、植物安全,引起社会广泛恐慌或影响社会安定以达到政治或信仰目的的行为。

08.234 生物战 biological warfare, biowar

又称"细菌战"。应用生物武器实施的军事行动。

08.235 生物战剂 biological warfare agent

在战争中用来伤害人或动、植物的致病微生物及其所产生的毒素。

08.236 生物武器 biological weapon, bioweapon

由生物战剂装料和施放装置组成的特殊武器,一般包括战剂、弹体、施放装置、推进装置、定时装置和爆破装置等部件。

08.237 外来病 exotic disease

在境外存在或流行而在境内尚未证实存在或已消灭的疾病。

08.238 有害废物 hazardous waste

使用过的或在使用过程中产生的危害生物安全的废弃物。包括培养物、传染性因子保藏物及其相关的生物材料,人源病理材料、血液及其产品和体液、感染动物及其排泄物和受到污染的各类器材等。

08.239 生物安全防护 biosafety containment

用有效物理手段阻隔生物剂扩散以避免生物危害的安全防护措施。

08.240 一级防护 primary containment

对生物安全实验室内人员与环境采取的安全防护措施。

08.241　二级防护　secondary containment
为防止传染性病原体污染实验室外环境采用的生物安全防护措施。

08.242　生物安全柜　biological safety cabinet, BSC
实验室内用于安全操作病原微生物及其材料的封闭、负压通风的操作台。

08.243　安全罩　safety hood
为减少对操作者的直接接触和防止污染环境而覆盖在实验设施上的负压排风罩。

08.244　气锁　airlock
设置在实验室不同区域之间的缓冲密闭小室。小室一门锁定后,另一个门才能开启。

08.245　缓冲间　buffer room
设置在各实验室相邻区域具有通风系统,并具有互锁功能门的过渡密闭室。

08.246　个人防护装备　personal protective equipment, PPE
用于保护操作人员的器材,包括手套、外套、防护服、鞋套、呼吸器、面罩、靴子、护目镜等。

08.247　实验室分区　laboratory area
生物安全实验室中按危害因子污染概率大小分割的区域,分为清洁区、半污染区和污染区。

08.248　清洁区　cleaning area
生物安全实验室中无被致病危害因子污染风险的区域。

08.249　半污染区　semi-contamination area
又称"过渡区"。生物安全实验室中具有被致病危害因子轻微污染风险的区域。

08.250　污染区　contamination area
生物安全实验室中被致病危害因子污染风险最高的区域。

08.251　传递窗　pass-box
用于保证生物安全操作设计的用于传递物料和工具的通道。

08.252　零泄漏　zero leaking
用粒子计数扫描法检验到生物安全实验室第一和第二道过滤器的粒子数分别低于3pts/L 和 2pts/L 的状态。

08.253　高效空气过滤器　high efficiency particulate air filter, HEPA filter
在额定风量和有效滤过面积下,对直径≥0.3μm的粒子捕集效率在 99.97% 以上,气流阻力在 245Pa 以下的空气净化装置。

08.254　净化　cleaning
去除生物和非生物的所有污染类型的过程。

08.255　生物危害评估　biological risk assessment
对实验微生物和毒素可能给人或环境带来的危害所进行的估测。

08.256　遗传修饰生物体　genetically modified organism, GMO
通过基因工程技术获得遗传物质与相应性状改变的生物体。

08.257　生物安全防护等级　biological safety level, BSL
为保证安全操作而对实验室隔离措施和技术、安全装备和实验室设施的安全性程度的评估标准。依安全性要求共分 4 个等级。

08.258　防护服　protective clothing
用于保护操作者免受危害的专用配套服装。

08.259　防护呼吸器　protective respirator
提供操作者呼吸必需的空气,又能防止通过空气吸入有害物质造成伤害的呼吸装置。

08.260　正压服　positive pressure suit
装备生命支持供气系统,维持内部气压大于大气压的全身保护防护服装。

08.261　酿造　brewing

利用微生物发酵制取食品的过程。

08.262　陈酿　aging

又称"后熟"。酿造酒类和食醋等发酵食品工艺中，为改善产品品质而将完成主发酵的产品在特定环境中储存的过程。

08.263　曲　qu

用粮食或粮食的加工副产物培养微生物所制成的含有大量活菌体及其酶类的发酵剂。

08.264　麸曲　bran qu

以麸皮为原料，接种纯种微生物制备的一类糖化剂和发酵剂。

08.265　大曲　daqu

一种以麦类和豆类为原料，经破碎、加水压块后在适宜条件下使其内部微生物大量繁殖而用于酿造酒、醋和酱等的固态发酵剂。

08.266　小曲　xiaoqu

一种以大米或米糠为主要原料，有时添加中草药，经破碎、加水制成小圆球、饼状或块状，在适宜条件下使其内部微生物大量繁殖而主要用于酿造黄酒的固态发酵剂。

08.267　日本酒曲　koji

在蒸煮的大米中接种纯种米曲霉，在一定温度下培养成的酿造清酒用发酵剂。

08.268　红曲　hongqu, fermentum rubrum

以大米为原料固体培养产红色素和多种生理活性物质的红曲菌（*Monascus* spp.）制成的发酵产品。

08.269　起子　starter

又称"引子"。制造馒头、面包等发酵食品的微生物接种剂。

08.270　活性干酵母　active dry yeast

为便于运输和储存而经低温干燥处理且保持高发酵活性的酵母菌。

08.271　酒母　seeding yeast

酒精发酵生产时专门培养的酵母菌培养物。

08.272　酒药　jiuyao, wine medicament

以大米等谷物为原料，并添加某些植物性中药，加水溲成小块，在适宜条件下使霉菌和酵母菌在其中生长而制成，多用于黄酒的酿制。

08.273　麦角　ergot

麦角菌侵染禾本科植物的子房形成的紫黑色、具有真菌结构的菌核。

08.274　麦角中毒　ergotism

人畜误食被麦角污染的粮食后引起的以血管和神经损害为特征的中毒。

08.275　食品级细菌　food-grade bacteria

法定允许用于食品生产的细菌。

08.276　酸奶　yogurt

通过接种德氏乳杆菌保加利亚亚种（*Lactobacillus bulgaicus*）和嗜热链球菌（*Streptococcus thermophilus*）等为主的产乳酸细菌而制成的发酵乳制品。

08.277　食源性病原菌　foodborne pathogen

通过摄食而进入人体，使人患感染性或中毒性疾病的微生物。

08.278　食源性疾病　foodborne disease

食品中致病因子进入人体引起的感染性、中毒性疾病。

08.279　弯曲杆菌病　campylobacteriosis

由空肠弯曲杆菌感染引起的以消化道症状为主的疾病。

08.280　李斯特氏菌病　listeriosis

由李斯特氏菌感染引起的以消化道症状为主的疾病。

08.281　沙门氏菌病　salmonellosis

由沙门氏菌感染引起的以消化道症状为主

的疾病。

08.282 定植 colonization
微生物在一定环境(如肠道)中长期存活并繁殖的过程。

08.283 交叉污染 cross contamination
食品生产、加工及销售过程中,污染了包括致病微生物在内各种有害因子的食品与清洁食品直接接触,使有害因子转移扩散到清洁食品中的过程。

08.284 粪-口传播 fecal-oral transmission
病原菌随患者或带菌者的粪便排出,又通过各种途径再被易感者食入的疾病传播途径。

08.285 产毒微生物 toxigenic microorganism
能产生对宿主有损伤性物质的微生物。

08.286 不耐热肠毒素 heat-labile enterotoxin, LT
由肠产毒性大肠埃希氏菌产生的对热不稳定的肠毒素。

08.287 耐热肠毒素 heat-stable enterotoxin, ST
由肠产毒性大肠埃希氏菌产生的对热稳定的肠毒素。

08.288 紧密黏附蛋白 intimin
又称"紧密黏附素"。肠致病性大肠埃希氏菌和肠出血性大肠埃希氏菌产生、由 *eae* 基因编码的毒力因子,协助细菌黏附并侵袭肠道上皮细胞。

08.289 肉毒食物中毒 botulism
进食被肉毒毒素污染的食品所致的中毒性疾患。

08.290 水活度 water activity
表示微生物可实际利用的游离水含量的指标。用同温同压下某物质中水的蒸汽压与纯水蒸汽压的比值表示。

08.291 大肠菌群 coliform
一群与粪便污染有关,需氧及兼性厌氧,在37℃能分解乳糖产酸产气的革兰氏阴性无芽孢杆菌,包括大肠埃希氏菌、柠檬酸杆菌、产气克雷伯氏菌和阴沟肠杆菌等。

08.292 商业无菌 commercial sterility
使食品中不存在活的具有公共卫生意义的微生物。

08.293 无菌检验 sterile test
检测样品是否存在可培养的微生物的操作。

08.294 需氧菌平板计数 aerobic plate count, APC
常规条件下在培养皿中用非选择性固体培养基检测样品中微生物总量的方法。

08.295 防腐剂 antiseptic, preservative
抑制微生物生长繁殖,防止食品腐败变质的化合物。

08.296 乳酸链球菌素 nisin
由某些乳酸菌产生的小分子肽类化合物,是一种防腐剂。

09. 微生物学技术

09.001 显微镜 microscope
一类通过光学或电子光学原理将物像高倍放大以便肉眼观察的仪器。

09.002 显微术 microscopy
利用显微镜和制片、染色等方法观察细胞微细结构的技术。

09.003 光学显微镜 light microscope
一类利用光学原理将微小物像进行高倍放

大以便肉眼观察的仪器。

09.004　立体显微镜　dissecting microscope, stereoscopic microscope
又称"实体显微镜"、"解剖显微镜"。一种工作距离较大、放大倍数较低的光学显微镜,主要用于观察动、植物组织或器官。

09.005　单目显微镜　monocular microscope
只有一个目镜筒的光学显微镜。

09.006　双目显微镜　binocular microscope
装有两个目镜筒的光学显微镜。

09.007　倒置显微镜　invert microscope
物镜置于镜台下方的光学显微镜,适于培养细胞的显微观察和显微操作。

09.008　明视野显微镜　bright-field microscope
光线通过聚焦镜汇聚到样品上,因而形成一个锥形的明亮光束并通过样品进入物镜的显微镜。用于观察经染色或本身具备颜色的细胞、组织片等标本。

09.009　暗视野显微镜　dark-field microscope
一种能使观察标本和背景间形成强烈明暗对比度的显微镜。常用于观察微小的活菌体及其运动状态。

09.010　暗视野遮光板　opaque disc
暗视野显微镜为改变光线途径形成暗视场特备的光学装置。

09.011　相差显微镜　phase contrast microscope
利用光的衍射和干涉现象将透过标本的光线光程差或相位差转换成肉眼可分辨的振幅差显微镜。可提高密度不同物质图像的明暗区别,用于观察未经染色的细胞结构。

09.012　相[差]板　phase [diffraction] plate
相差显微镜中将相位差转变成振幅差的装置。

09.013　相环　phase ring
相板的圆玻璃片上起移相和调幅作用的环形装置。

09.014　环状光阑　annular diaphragm
与相板和聚光镜等组合构成相差显微镜光学系统的不同直径的环形装置。

09.015　微分干涉相差显微镜　differential interference contrast microscope, DICM
又称"[分辨]干涉差显微镜"。依据偏振光干涉原理,使形成的图像具有较强立体感的显微镜。

09.016　荧光显微镜　fluorescence microscope
装备有激发光源、暗视野聚光镜和特殊滤光片,用以观察能发射荧光标本的显微镜。

09.017　电子显微镜　electron microscope
简称"电镜"。以高能电子束为光源照明样品,以电磁透镜对电子束聚焦和放大而成像的显微镜。具有原子量级的分辨力,可观测样品超微结构,主要有透射电子显微镜和扫描电子显微镜等。

09.018　透射电子显微镜　transmission electron microscope, TEM
电子枪发射的高能电子束穿透样品时产生散射电子,通过电磁透镜作用而形成样品高分辨率图像的电子显微镜。

09.019　扫描电子显微镜　scanning electron microscope, SEM
高能电子束在制备样品表面做光栅扫描,激发出二次电子、背散射电子、X 射线等多种信号,可用于对样品表面形貌成像及化学元素组成分析的电子显微镜。

09.020　激光扫描共聚焦显微镜　confocal scanning laser microscope, CLSM, LSCM
激光束聚焦于样品,通过物镜收集反射光或是激发的荧光,再通过共轭光阑(针孔)阻挡离焦光线而成像的显微镜。其特点是可以分别获得样品不同深度层面的像，通过计算机辅助可进行样品的三维像重构。

09.021 扫描探针显微镜 scanning probe microscope, SPM

利用物理探针在样品表面超近距离光栅扫描，并记录探针-样品表面相互作用与探针坐标之间的函数关系的一类显微镜的总称。包括原子力显微镜、横向力显微镜、扫描隧道显微镜等。

09.022 原子力显微镜 atomic force microscope, AFM

带有极细尖端探针悬臂的显微镜，当探针在非常接近样品表面扫描时，探针尖端与样品表面原子之间的作用力造成悬臂垂直偏转并遵守胡克定律，利用该原理可以对样品表面高分辨率成像、测量及显微操作，可观察大分子在体内的活动变化。

09.023 横向力显微镜 lateral force microscope, LFM

与原子力显微镜原理相似，可测量悬臂水平偏转的显微镜，这种偏转的数量级由摩擦系数、样品表面形态等所决定。

09.024 扫描隧道显微镜 scanning tunneling microscope, STM

利用探针尖端非常接近物体表面时产生的隧道电流的量子隧道效应而成像的一种扫描探针显微镜，其分辨率可达原子水平。在生物学中可观察大分子和生物膜的分子结构。

09.025 弹道电子发射显微镜 ballistic electron emission microscope, BEEM

一种配备有三个传送图像末端的扫描隧道显微镜，可用于研究弹道电子通过材料-材料界面的输送。主要应用于研究金属-半导体肖特基二极管以及金属-绝缘体-半导体系统的界面。

09.026 扫描近场光学显微镜 scanning near-field optical microscope, SNOM

一类有扫描功能的光学显微镜，将探测器放置在离样品表面大大小于光波波长的距离扫描成像，即可突破远场的分辨率极限，获得高的空间、谱学及时间分辨力的显微镜。可用于样品表面纳米结构观测。

09.027 场离子显微镜 field ion microscope, FIM

一种投射式显微镜，将金属样品尖端置于超高真空中并充入成像气体氦或氖等，对金属尖端施加正高电压时，吸附于尖端的气体原子被电离形成正离子并被尖端所排斥，以近乎垂直于尖端表面的方向投射至探测器而形成单个原子像。

09.028 超薄切片术 ultramicrotomy

将待观测样品制作成超薄切片的技术，包括取材、分割、固定、脱水、渗透、包埋、超薄切片和切片染色等步骤。

09.029 超薄切片 ultrathin section

被切割成厚度小于0.1μm的透射电子显微镜观测样品。

09.030 冷冻蚀刻 freeze etching

样品因急速深冻而断裂，其断裂面在真空条件下升华暴露出结构，向断面喷镀蒸汽铂和碳形成复型膜，在膜上显示该断面结构的复制形态的技术。

09.031 透镜 lens

显微镜光学放大系统的基本元部件，分为凸透镜（正透镜）和凹透镜（负透镜）两大类。

09.032 消色差透镜 achromatic lens

由若干组曲面半径不同的一正一负胶合透镜组成的透镜，可校正光谱线中红光和蓝光的轴向色差。

09.033 全消色差透镜 apochromatic lens

由多组光学玻璃和荧石制成的高级透镜组

组合而成的透镜,可校正红、蓝、黄光的轴向色差,消除二级光谱。

09.034 目镜 ocular
显微镜镜筒上部接近观察者眼睛的部件,可将物镜放大后的倒立实像进一步放大为倒立的虚像。

09.035 补偿目镜 compensative eyepiece
用以补偿校正残余色差使图像更清晰的特制目镜。

09.036 物镜 objective
(1)在光学仪器中最先对实际物体成像的光学部件。(2)在电子显微镜中,用于形成样品的第一次放大图像的电子透镜。

09.037 低倍物镜 low power objective
焦距16mm,放大倍数为10倍的物镜。

09.038 高倍物镜 high power objective
焦距4mm,放大倍数为40~50倍的物镜。

09.039 油浸物镜 oil immersion objective
简称“油镜”。观察样品时为提高显微镜的数值孔径和分辨率而需在镜头与盖玻片间滴加折射率与载玻片相似的香柏油等所用的物镜。

09.040 显微镜集光器 microscope condenser
显微镜中调节照射到观察样品上光线的装置,包括聚光镜、孔径光阑等。

09.041 镜台测微计 stage micrometer
又称“镜台测微尺”、“物镜测微计(objective micrometer)”。中央刻有标准长度的特制载玻片,用于校准目镜测微计每小格的长度。

09.042 目镜测微计 ocular micrometer
又称“目镜测微尺”。放在显微镜目镜内用于测定观察样品长度和宽度的标尺。

09.043 显微操作 micromanipulation
在显微镜下用显微操作装置对微细样品进行的操作。

09.044 显微操作器 micromanipulator
安装在高倍复式显微镜上用以控制显微操作的机械装置。

09.045 光学镊子 optical tweezer
利用光的力学效应使微生物或其他微小物体受光束束缚而被移动的工具。

09.046 标本 specimen
通过各种方法制备的易于观察和保存初始状态的生物体。

09.047 载物台 stage
又称“镜台”。显微镜中用以放置被观察样品的部件。

09.048 显微照片 photomicrograph
用显微摄影装置拍摄的显微镜视野中所观察到的物像照片。

09.049 分辨率 resolution, resolving power
又称“分辨力”。能清楚区分被检物体细微结构最小间隔的能力,即分清相邻两个物点间最小距离的能力。

09.050 数值孔径 numerical aperture
由显微镜物镜的镜口角和玻片与镜头间介质的折射率决定其分辨率性能的物理指标。

09.051 放大率 magnification
显微镜下人眼所观察到的图像对原样品大小的比值,一般以物镜和目镜放大倍数的乘积计数。

09.052 反差 contrast
被观察物区别于背景的差异程度。

09.053 盖玻片 cover glass
用显微镜观察时覆盖载玻片上样品的方形薄玻璃片。

09.054 载玻片 slide
用显微镜观察时,放置待观察样品的长方形

玻璃片。

09.055 凹玻片 concave slide, hollow-ground slide, depression slide
中央有一圆形凹窝的较厚载玻片,可用于被观测物品的悬滴液。

09.056 水浸片 wet-mount slide
用压滴法制作于载玻片上可用于显微镜观察的样品片。

09.057 香柏油 cedar oil
一种折射率高且与载玻片十分相近的植物油,滴加到显微镜的油浸物镜与盖玻片间可提高其数值孔径和分辨率。

09.058 双层瓶 double bottle
一种由内瓶和外瓶套合而成的玻璃容器。通常内瓶中盛香柏油,外瓶中盛擦净香柏油用的溶剂。

09.059 涂片 smear
将标本涂布在载玻片上制成薄膜,以备镜检的操作。

09.060 初染 primary stain
鉴别染色时用第一种染料对样品进行染色的操作。

09.061 媒染 mordant dyeing
鉴别染色时用特定化合物促进染料分子与被染样品牢固结合的操作。

09.062 媒染剂 mordant
鉴别染色时和染料一起使用、固定染料颜色的盐类化合物。

09.063 脱色 decolorization
鉴别染色时用适当溶剂褪去样品中部分部位着色的操作。

09.064 悬滴法 hanging drop method
在凹玻片凹孔中放置的液滴内培养微生物,便于实时直接用显微镜观察微生物生长状况的培养方法。

09.065 压滴法 press-drop method
将菌悬液滴于载玻片上,加盖玻片后及时在显微镜下观察微生物活体的方法。

09.066 热固定 heat fixation
借微火加热将微生物样品固定在载玻片上的操作。

09.067 化学固定 chemical fixation
借化学试剂将微生物样品固定在载玻片上的操作。

09.068 样品封固剂 mounting medium
用于密封显微镜样品或涂片的材料。

09.069 镜检 microscopic examination
在显微镜下观察样品的操作。

09.070 染色 staining
用染色剂赋予微生物样品特定颜色,便于在显微镜下进行观察和识别的技术。

09.071 染色反应 staining reaction
染色剂与样品之间发生的反应,可用于观察和鉴别样品。

09.072 简单染色 simple staining
仅用一种染色剂对微生物涂片染色后即可观察的方法。

09.073 负染[色法] negative staining
又称“背景染色法”。(1)用深色染料与微生物样品混合涂片和风干后直接在显微镜下观察的方法,可使不被染色的细菌或其荚膜在深色背景下清晰可见。(2)制备电子显微镜样品,使图像呈现负反差的技术。

09.074 鉴别染色 differential staining
一类可将不同细胞中的不同结构染成不同颜色,借以鉴别不同菌种或不同细胞结构的复合染色方法。

09.075 结构染色 structural staining

对微生物细胞结构进行染色便于在显微镜下识别的方法。

09.076 两极染色 bipolar staining
杆状细菌经染色后细胞两端着色较深的染色方法,用于鉴别某些细菌。

09.077 齐-内染色 Ziehl-Neelsen staining
曾称“萋-尼染色”。一种用于鉴别结核分枝杆菌等抗酸性细菌的染色方法。

09.078 抗酸细菌染色 acid-fast staining
用于鉴别各种抗酸性细菌的染色方法。

09.079 革兰氏染色 Gram staining
用结晶紫和藏红或品红等染料,经过一系列步骤将细菌染成紫色或红色,以确定其为革兰氏阳性菌和阴性菌两大类的染色方法,最常用于鉴定细菌。

09.080 利夫森鞭毛染色 Leifson flagella staining
曾称“赖夫松鞭毛染色”。一种可使细菌鞭毛染成红色的染色方法。

09.081 芽孢染色 endospore staining
使细菌芽孢与菌体分别着色而呈现鲜明颜色差异的染色方法。

09.082 鲁氏碘液 Lugol iodine solution
以碘和碘化钾配成的水溶液,用作革兰氏染色的媒染剂,也用于淀粉颗粒的染色。

09.083 吕氏亚甲蓝 Loeffler methylene blue
又称“吕氏美蓝”、“吕氏甲烯蓝”。在1%的亚甲蓝乙醇溶液中加入0.01%氢氧化钾配成的染色剂,用于活细胞染色或作为氧化还原指示剂。

09.084 石炭酸品红 carbolfuchsin
由碱性品红的乙醇溶液与酚的水溶液混合配成的红色染料,可用于革兰氏染色。

09.085 孔雀[石]绿溶液 malachite green solution
染料孔雀绿的乙醇溶液,用于芽孢染色。

09.086 科斯特染色 Koster staining
用于检验哺乳动物组织中布鲁氏菌的染色方法。样品用碱性蕃红花红染色后水洗,并用稀硫酸处理,再水洗后用酚甲烯蓝复染。

09.087 墨汁荚膜染色 India-ink capsule staining
用墨汁染色突显细菌荚膜的一种背景染色方法。

09.088 奈瑟染色 Neisser staining
一种异染粒染色方法,用甲苯胺蓝、亚甲蓝等染料染色,异染颗粒染成深蓝到紫红色,而菌体呈淡蓝色,常用于鉴定白喉棒杆菌。

09.089 阿氏染色 Albert staining
全称“阿尔倍德染色”。用含苯胺蓝与甲基绿的染液鉴定白喉棒杆菌的染色方法。

09.090 麦氏染色 Macchiavello staining
用碱性品红、柠檬酸、亚甲蓝顺序染色鉴定立克次氏体的染色方法。

09.091 瑞氏染色 Wright staining
又称“伊红-亚甲蓝染色(eosin-methylene blue staining)”。用由伊红和亚甲蓝组成的复合染料染色细菌的方法。

09.092 福尔根染色 Feulgen staining
对DNA做原位染色的细胞化学方法。

09.093 荧光染色 fluorescent staining
用荧光标记的特定化合物作为染色剂对样品染色,根据荧光检测特定微生物或化合物的方法。

09.094 染色剂 stain
能使生物体着色的化学物质。

09.095 培养基 culture medium

由人工配制、适合微生物生长繁殖或代谢物产生的混合营养基质。

09.096 基本培养基 minimal medium
含有某些微生物野生型菌株生长所需基本营养物质的培养基。

09.097 基础培养基 basal medium
无须添加特定成分即可供无特定营养需求的微生物生长的培养基。

09.098 天然培养基 natural medium
又称"非化学限定培养基(chemically undefined medium)"。用动物、植物或微生物组织等天然成分或其提取物制成的化学成分难以确定的培养基。

09.099 合成培养基 synthetic medium
又称"化学限定培养基(chemically defined medium)"、"确定成分培养基(defined medium)"。用高纯化学试剂配制成的确知其全部成分与含量的培养基。

09.100 半合成培养基 semi-synthetic medium
主要以化学试剂配制,同时加有天然成分的培养基。

09.101 固体培养基 solid medium
以琼脂等凝固剂和天然固体形态的材料制备而成的外观呈固体状态的培养基。

09.102 半固体培养基 semi-solid medium
只加入少量凝固剂而维持一定形状,便于观察微生物运动或某些特定性状的机械强度较小的培养基。

09.103 液体培养基 liquid medium
不加凝固剂而保持液态的培养基。

09.104 加富培养基 enriched medium
加入某些特殊营养物质,以使有特定营养要求的微生物得以良好生长的培养基。

09.105 富集培养基 enrichment medium
又称"增菌培养基"。加入特定营养物质,使样品中数量较少的目标微生物优势生长增殖的培养基。

09.106 完全培养基 complete medium
可满足各种营养缺陷型菌株生长的培养基。

09.107 选择性培养基 selective medium
根据微生物的特殊营养要求或对某化学、物理因子的抗性而设计,使混合菌群中目标菌生长增殖而其他菌被抑制的培养基。

09.108 补加培养基 supplemented medium
只能满足相应的营养缺陷型突变株生长需要而添加了特定成分的培养基。

09.109 营养琼脂 nutrient agar
以琼脂为固化剂,用牛肉膏、蛋白胨和氯化钠等生长必需营养成分配制的培养基,常用于培养细菌。

09.110 营养肉汤 nutrient broth
含牛肉膏、蛋白胨和氯化钠等成分的液体培养基,常用于培养细菌。

09.111 远藤培养基 Endo medium
肠道细菌乳糖发酵的鉴别培养基,常用于检测食品和水体中肠道菌群和其他肠杆菌。

09.112 麦芽汁培养基 malt extract medium
以麦芽汁或饴糖为主要营养成分的天然培养基,常用于培养酵母菌和霉菌。

09.113 瘤胃液-葡萄糖-纤维二糖琼脂培养基 rumen fluid-glucose-cellobiose agar medium, RGCA medium
又称"RGCA培养基"。加有经处理的瘤胃液,并用半胱氨酸和硫化钠做还原剂,以葡萄糖和纤维二糖为碳源的固体培养基,用于分离瘤胃中的厌氧菌。

09.114 伯克培养基 Burk medium
含多种无机盐和蔗糖而不含氮元素的培养

基,用于培养固氮菌。

09.115 沙氏葡萄糖琼脂 Sabouraud dextrose agar

以蛋白胨和葡萄糖配制成的培养基,主要用于培养真菌。

09.116 吕氏血清培养基 Loeffler serum medium

又称"吕夫勒血清培养基"。含动物血清的培养基,用于培养白喉棒杆菌。

09.117 血琼脂 blood agar

加有去纤维蛋白动物血液的培养基,用于培养葡萄球菌、链球菌等以及细菌溶血试验。

09.118 伊红-亚甲蓝琼脂 eosin-methylene blue agar, EMB agar

又称"EMB琼脂"。一种因长成的菌落特征差异明显而用于初步鉴别不同类群肠杆菌的固体培养基。

09.119 沙门-志贺氏琼脂 Salmonella-Shigella agar

又称"SS琼脂"。以柠檬酸为主要碳源的选择培养基,用于培养沙门氏菌和志贺氏菌。

09.120 麦氏培养基 MacConkey medium

又称"麦康凯培养基"。以乳糖为主要碳源的培养基,用于鉴别肠道致病细菌。

09.121 庖肉培养基 cooked meat medium

直接用去脂肪碎牛肉制成的天然培养基,用于培养各种厌氧菌。

09.122 马铃薯葡萄糖琼脂 potato dextrose agar, PDA

以马铃薯为主要原料制备的半合成培养基,常用于培养各种真菌。

09.123 豆芽汁培养基 bean sprouts extract medium

以豆芽煮汁为主要原料制备的半合成培养基,常用于培养酵母菌和霉菌。

09.124 [蛋白]胨酵母膏葡萄糖培养基 peptone-yeast extract-glucose medium, PYG medium

以蛋白胨、酵母膏和葡萄糖为主要原料制成的培养基,常用于培养异氧细菌。

09.125 蛋白胨汁 peptone broth

用蛋白胨和氯化钠配制成的液体培养基,常用于细菌生理生化特性的鉴定。

09.126 高氏1号培养基 Gause medium No. 1

含多种无机盐和可溶性淀粉的合成培养基,常用于培养放线菌。

09.127 葡萄糖-天冬酰胺琼脂 glucose-asparagine agar

以添加天冬酰胺为特征的固体培养基,常用于培养放线菌。

09.128 酵母膏-甘露醇培养基 yeast extract-mannitol medium

以添加甘露醇为特征的培养基,常用于培养根瘤菌。

09.129 阿什比无氮培养基 Ashby nitrogen-free medium

不含氮源的培养基,用于从土壤中分离好氧性自生固氮菌。

09.130 马丁培养基 Martin medium

加入孟加拉红、链霉素和金霉素抑制细菌和放线菌的选择培养基,用于从含真菌较少的土壤样品中分离真菌。

09.131 水解酪蛋白培养基 casein hydrolysate medium

以酪蛋白水解物为主要成分的培养基。

09.132 恰佩克培养基 Czapek medium

曾称"察氏培养基"。含有蔗糖、硝酸钠、磷酸氢二钾、硫酸镁、氯化钾、硫酸铁的合成培养基,常用于培养真菌。

09.133 牛脑心浸出液培养基 brain-heart infusion medium

以牛脑和牛心浸出物为主要原料配制的培养基,用于培养细菌和病原真菌。

09.134 酵母膏麦芽汁培养基 yeast extract-malt extract broth, YM broth

由酵母膏和麦芽汁组成的液体培养基,用于培养酵母菌。

09.135 氧化发酵试验培养基 oxidation-fermentation test medium

半固化营养琼脂柱,含有高浓度糖和低浓度蛋白胨,用于检测微生物氧化或发酵代谢。

09.136 休-利夫森培养基 Hugh-Leifson medium

由蛋白胨、无机盐、较高浓度葡萄糖,以及pH指示剂配成的半固化琼脂培养基,用于检测微生物对糖类利用时是否有分子态氧参与反应。

09.137 硅胶培养基 silica-gel basal medium

加有硅胶粉的无氮源无机培养基,用于培养专性化能自养菌。

09.138 卢里亚-贝尔塔尼培养基 Luria-Bertani medium, LB medium

又称"LB培养基"。由胰胨、酵母膏和氯化钠配制的培养基,常用于培养大肠杆菌。

09.139 脱氧胆酸盐-柠檬酸盐琼脂 deoxycholate-citrate agar, DCA

以脱氧胆酸钠和柠檬酸钠为特征成分的培养基,用于选择性培养沙门氏菌等肠道细菌。

09.140 连四硫酸盐肉汤 tetrathionate broth

以硫代硫酸钠、碘和碘化钾为特征成分的富集培养基,用于培养粪便或污水中数量过低的沙门氏菌。

09.141 木糖-赖氨酸-脱氧胆酸盐琼脂 xylose-lysine-deoxycholate agar, XLD agar

以木糖、赖氨酸、脱氧胆酸钠和乳糖为主要原料配制的培养基,用于初步鉴别肠道杆菌类细菌。

09.142 赫克通肠道菌琼脂 Hektoen enteric agar, HE agar

以蛋白胨、酵母膏、胆盐、硫代硫酸钠等制成的培养基,用于从含正常菌群数极高的粪便中直接检出沙门氏菌和志贺氏菌。

09.143 亚硫酸铋琼脂 bismuth sulfite agar

以亚硫酸铋为特征成分的培养基,用于专一性鉴别伤寒沙门氏菌。

09.144 西蒙斯柠檬酸盐琼脂 Simmons citrate agar

以柠檬酸钠为碳源的合成培养基,通过指示剂颜色变化确定细菌是否利用柠檬酸。

09.145 三糖铁琼脂 triple-sugar-iron agar, TSI agar

用葡萄糖、乳糖、蔗糖和硫酸铁铵等配制的培养基,用于初步鉴别不同类群的肠杆菌。

09.146 德曼-罗戈萨-夏普培养基 de Man, Rogosa and Sharpe medium, MRS medium

由牛肉膏、蛋白胨、酵母膏、葡萄糖、乙酸钠和吐温80等配制的培养基,用于培养乳酸菌。

09.147 胰胨蛋白胨酵母膏葡萄糖琼脂 tryptone-peptone-yeast extract-glucose agar, TPYG agar

由胰胨、蛋白胨、酵母膏、葡萄糖和吐温80等配成的培养基,主要用于培养双歧杆菌和乳酸菌。

09.148 胰胨植胨酵母膏琼脂 trypticase-phytone-yeast extract agar, TPY agar

由植胨、酵母膏、葡萄糖和吐温80等配制的培养基,主要用于培养双歧杆菌和乳酸菌。

09.149 戈罗德卡娃琼脂 Gorodkowa agar
以葡萄糖和蛋白胨为主要成分的培养基,用于酵母菌产生子囊孢子。

09.150 分离培养基 isolation medium
用于从各种采集样品中分离特定微生物的培养基,其成分与含量因分离对象而异。

09.151 鉴别培养基 differential medium
根据培养特征区分微生物的培养基。

09.152 测定培养基 assay medium
用于定量检测微生物生长对特定基质(如生长因子、抑制剂等)依存程度的培养基。

09.153 琼脂斜面 agar slant
又称"斜面培养基(slope medium)"。为扩大微生物的生长表面而制成的斜面状态的固体培养基。

09.154 平板培养基 plate medium
简称"平板"。培养皿中的固体培养基。

09.155 穿刺培养基 stab medium
试管中的柱形固体培养基,用于穿刺接种观察细菌运动性的试验。

09.156 聚硅酸盐平板 polysilicate plate
以聚硅酸盐为凝聚剂固化的固体平板。

09.157 梯度平板 gradient plate
又称"药物梯度平板(pharmaceutical gradient plate)"。药物浓度呈梯度分布的琼脂平板。由含药物的上半个斜面和不含药物的下半个斜面分两次制成。

09.158 传递用培养基 transport medium
暂时保存并限制微生物生长,供携带样品用的培养基。

09.159 琼脂 agar
俗称"洋菜"。从石花菜(*Gelidium* spp.)、江篱(*Gracilaria* spp.)等红藻中提取的半乳聚糖硫酸酯的钙盐聚合物,广泛用于微生物固体培养基的制备。

09.160 牛肉膏 beef extract
精牛肉的热水浸提液经过滤和浓缩制成的营养料。

09.161 牛肉汁 beef broth
又称"肉汤"。将切碎的新鲜精牛肉冷水低温浸提36h以上,经煮沸、过滤和适当浓缩后制成的营养料。

09.162 麦芽汁 malt extract, malt wort
大麦芽经自身所含的酶催化将其中淀粉等糖化后制备的水浸提滤液。

09.163 酵母膏 yeast extract
酿酒酵母细胞裂解后的水提取物浓缩制剂,是培养微生物的重要营养源。

09.164 酵母提取粉 yeast extract powder
酿酒酵母细胞裂解后的水提取物干燥而成的粉状制剂,是培养微生物的重要营养源。

09.165 酪蛋白氨基酸 casamino acid
酪蛋白的不完全酸水解物,是培养微生物的常用氮营养源。

09.166 [蛋白]胨 peptone
蛋白质可溶性水解产物的通称,是培养基的常用氮源。

09.167 胰胨 tryptone
酪蛋白经胰蛋白酶水解的产物,是培养基的常用氮源。

09.168 植胨 phytone
全称"植物蛋白胨"。大豆蛋白水解产物,是培养基的常用氮源。

09.169 糖蜜 molasses
制糖废液,是发酵工业中常用的培养基原料。

09.170 玉米浆 corn steep liquor

玉米淀粉加工厂浸泡玉米后的褐色废液，是培养基的常用原料。

09.171 培养 cultivation
人为地为特定微生物提供适宜条件使其生长繁殖的过程。

09.172 传代[培养] transfer of culture, subculturing
将培养物转种于新鲜培养基中，使其持续生长繁殖的过程。

09.173 盲传 blind passage
将标本接种试验动物或培养基中但未见任何生长迹象，取样继续传代培养，以期获得阳性培养结果的操作方法。

09.174 分部培养 fractional cultivation
对取自不同部位(节段)或组分的标本分别进行分离培养的方法。

09.175 滚管培养 rolling tube cultivation
又称"亨盖特培养(Hungate cultivation)"。一种厌氧培养法，预制作还原性固体培养基，加温融化，降温至50℃时在厌氧手套箱中接种，迅速平放于瓷盘中(滚管机)滚动，待培养基均匀分布并在管壁形成凝固层，充氮气置换氧(空)气，移至培养箱中培养。

09.176 肉汤培养 broth cultivation
将接种物接种到肉汤培养基中培养微生物的方法。

09.177 平板接种 plating
在固体琼脂平板上接种微生物的操作。

09.178 平板划线 plate streaking
用接种环在固体培养基表面连续划线，逐步使接种物随所划之线分散，便于形成单个菌落的操作。

09.179 涂布培养法 spread plate method
将接种物均匀涂布在琼脂平板表面上进行培养的方法。

09.180 斜面培养 slant cultivation
将接种物接种到试管内固体培养基斜面上进行培养的方法。

09.181 需氧培养 aerobic cultivation
在有氧条件下培养微生物的方法。

09.182 厌氧培养 anaerobic cultivation
在无氧条件下培养微生物的方法。

09.183 振荡培养 shake cultivation
液体培养基经接种后在培养箱内摇动，以增加微生物与氧气接触机会的培养方法。

09.184 摇合培养 shake cultivation
将微生物接种到尚未凝固的固体培养基中，充分摇匀后静置固化，从而获得厌氧性细菌纯培养物的方法。

09.185 分批培养 batch cultivation
一次性在特定量液体培养基中接入足量接种物完成的培养方式，其生长规律符合微生物的典型生长曲线。

09.186 连续培养 continuous cultivation
培养过程中不断供给营养物质和除去代谢物，使微生物能以恒定速率持续生长的培养方法。

09.187 混合培养 mixed cultivation
又称"混菌培养"。同时将两种或多种已知微生物在同一培养基中进行培养的方法。

09.188 静置培养 static cultivation
在静置状态下培养微生物的方法。

09.189 深层培养 submerged cultivation
在立柱形容器中盛装一定深度的液体培养基并在其中培养微生物的方法。

09.190 双相培养 biphasic cultivation
采用下层为固体培养基，上层为液体培养基的体系来培养微生物的方法。

09.191 同步培养 synchronous cultivation

使一个微生物群体中的所有个体在同一时间内处于相同的某一细胞生长周期的培养方法。

09.192　共培养　co-cultivation
又称“协同培养”。将两种或两种以上具有共生或互补关系的微生物在同一体系中培养的方法。

09.193　透析培养　dialysis cultivation
在容器中用多孔性膜将液体培养基分隔出两个空间,在其中一个空间内培养微生物,从另一个空间获取目标产物的培养方法。

09.194　原位培养　*in situ* cultivation
直接在欲研究特定部位添加营养要素,扩大其中某些微生物数量的方法,主要用于特定环境的生物修复。

09.195　浅盘培养　shallow tray culture
为改善静置培养的通气状况而采用培养基厚度小而表面积大的方式培养微生物的方法。

09.196　组织培养　tissue culture
体外培养获得的动、植物组织或细胞群体的技术方法。

09.197　纯培养　pure cultivation
获得由单一个体生长繁殖的微生物群体的过程。

09.198　分离　isolation
从混合菌群或样品中获得微生物纯培养物的操作过程。

09.199　液体稀释分离法　isolation by dilution in liquid
将待分离物用液体按梯度稀释后培养的方法。

09.200　菌丝尖端切割分离法　hypha tip isolation
取菌丝尖端进行培养以分离不产生孢子的丝状真菌纯培养物的方法。

09.201　单孢子分离法　single spore isolation
通过分离单个孢子以获得真菌纯培养物的方法。

09.202　单细胞分离法　single cell pickup method
通过挑取单个细胞以分离微生物纯培养物的方法。

09.203　无菌　asepsis, sterile
(1)机体组织、物体上或环境中不存在潜在有害微生物的状态。(2)不存在任何微生物的状态。

09.204　污染　contamination
活体微生物或其代谢产物由外界混入特定环境或食物,并在其中生长繁殖,引起特定环境或食物质量恶化的现象。

09.205　污染物　contaminant
(1)引起污染的微生物。(2)引起特定环境或食物质量恶化的物质。

09.206　去污染　decontamination
去除污染或其影响的过程。

09.207　菌株　strain
由微生物单一细胞或病毒个体通过无性繁殖形成的纯培养物及其后代。

09.208　接种物　inoculum
又称“种子培养物”。能在培养基、组织培养或动、植物等介质中进一步生长增殖的少量微生物原种。

09.209　接种　inoculation
将接种物加入培养基、组织培养或动、植物等介质中使其增殖的操作。

09.210　接种针　inoculating needle
由一段金属丝和绝缘柄连接成的微生物接种用具。

09.211　接种环　inoculating loop

接种微生物的工具，类似接种针，但针顶端弯曲成 3 ~4mm 直径的环状，便于接种取样和平板划线纯种分离。

09.212　接种铲　inoculating shovel

用于大面积接种的、取样面为铲形的接种用具。

09.213　接种钩　inoculating hook

由顶端呈钩状的一段金属丝和绝缘柄连接成的接种用具。

09.214　接种箱　inoculation hood

为微生物接种操作提供无菌环境的封闭箱体。

09.215　接种室　inoculation chamber

为微生物接种操作提供无菌环境的封闭房间。

09.216　涂布器　spreader, glass spreader

用于在琼脂平板上涂布接种的玻璃制 L 形接种用具。

09.217　超净台　super-clean bench, laminar flow cabinet

又称“洁净工作台”。利用过滤空气的持续吹拂，对工作台面及操作空间起清洁作用的装置，为培养细菌与细胞提供洁净操作空间。

09.218　印影接种法　replica plate inoculating

将母平板上的菌落保持原来相应位置转印在子平板上的接种方法。

09.219　鸡胚接种　chick embryo inoculation

一种用于培养病毒的方法，常接种在鸡胚的尿囊膜、尿囊腔、羊膜腔和卵黄囊等部位。

09.220　无菌操作　aseptic technique

又称“无菌技术”。整个操作过程严格杜绝微生物污染特定环境或物品的技术。

09.221　穿刺　stab

用接种针取少量接种物以无菌操作法刺入试管内半固体培养基直立柱中的接种方法。

09.222　富集　enrichment

使含多种微生物的样品中某些或某种数量少的目标微生物显著增加的方法。

09.223　富集偏差　enrichment bias

富集处理前后样本中微生物的种类(或某种微生物的数量)出现差异的现象。利用此现象，可通过富集处理，有利于分离某种数量大大增加的微生物。

09.224　选择性富集　selective enrichment

通过控制有利的培养条件或添加特定物质使分离样品中的目标微生物获得优势生长的现象。

09.225　选择性抑制　selective inhibition

通过控制不利的培养条件或添加特定物质使分离样品中非目标微生物的生长受到抑制而使目标微生物优势生长的现象。

09.226　纯化　purification

从含有多种微生物的样品中获得单一微生物的操作过程。

09.227　细胞系　cell line

通过纯系化或选择法从原代培养细胞获得的遗传性状相同且可稳定传代的细胞群体。

09.228　菌悬液　suspension

含有微生物细胞的悬浮液。

09.229　培养物　culture

接种于培养基内，在合适条件下形成的含特定种类或种群的微生物或细胞群体。

09.230　纯培养物　pure culture

经人工培养获得的由单一个体生长繁殖所获得的微生物群体。

09.231　纯性培养物　axenic culture

遗传性状具有一致性的培养物。

09.232 二元培养物 two-component culture
由两种具有寄生或捕食等关系的微生物培养后形成的混合培养物。

09.233 原始培养物 primary culture
直接从自然界分离的初始培养物。

09.234 原代培养物 primary culture
从组织分离获得的第一代细胞培养物。

09.235 储用培养物 stock culture
又称"储用菌种"。为保证试验和生产获得稳定结果而备用的种子培养物。

09.236 模式培养物 type culture
模式菌株生长繁殖形成的培养物。

09.237 稳定态 steady state
微生物细胞浓度维持恒定时的生长状态。

09.238 生长谱测定[法] auxanography
测定某种微生物的最适生长所需条件(如营养成分、pH、气体等)的方法。

09.239 生长谱 auxanogram
利用生长谱测定法测定到的某种微生物生长状况的集合表现。

09.240 杯碟法 cylinder plate method
又称"管碟法"。采用不锈钢小管测定抗生素抑菌浓度的方法。

09.241 螺旋平板计数器 spiral plate counter
测定样品中微生物数量的自动化仪器。通过机械旋转将液体样品按浓度递减的方式接种于固体培养基表面,生长后通过对培养基上菌落分散适度的区域计数来判定微生物数量。

09.242 菌落计数器 bacterial colony counter
自动测定固体培养基上生长出的菌落或菌斑数量,从而反映样品中微生物数量的仪器。

09.243 计数室 counting chamber
一种特制的载玻片,其上刻制有精确容量的小方格,用于计数特定容量液体内的细胞数量。

09.244 平板计数 plate counting
又称"菌落计数(colony counting)"。用经过梯度稀释的样品某一稀释度液接种平板,生长后计数菌落数量,从而换算出样品中微生物活细胞数量。

09.245 麦克法兰比浊管 McFarland turbidity tube
一组盛有不同浓度硫酸钡悬浊液的试管,每一浊度对应于一定的细菌数量。用作菌液中细菌数量估计的比照标准。

09.246 最大概率法 most probable number method, MPNM
又称"最大可能数法"、"最大或然数法"。一种估测活菌数量的方法,即将待测菌样做10倍系列稀释,取其中3个适合稀释度中的菌液各接种5支培养管,根据其是否生长,由最大概率表查出活菌数量范围,用以计算测定样品中的活菌数量。

09.247 滴度 titer
病毒、噬菌体以及抗体、抗原等生物活性物质的计量指标。通常用具有可检测活性的最高稀释倍数作为其计量值。

09.248 菌落形成单位 colony forming unit, CFU
根据固体培养基上形成的菌落数量,测定样品中活菌浓度的单位。

09.249 生物测定 bioassay
根据微生物对某种化合物的利用能力,检测样品中相应物质的存在及其含量的方法。

09.250 抗生素敏感试验 antibiotic sensitivity test
检测受试菌被一系列不同抗生素抑制或杀

灭程度的方法。

09.251 菌种保藏 culture preservation
用适宜方法将微生物的代谢速率降至最低，使其长期存活、不被污染、不易衰退、原有生物学特性稳定，便于以后使用的储存过程。

09.252 传代保藏 periodic subculture preservation
又称“定期移植”。定期将保藏的菌种移植于新鲜的适宜培养基培养，将生长与繁殖状态良好的培养物置适当条件下存放，定期取出再转接、培养与保藏的方法。

09.253 悬液保藏 preservation in suspension
将菌体(或孢子)悬浮于蒸馏水、溶液或液体培养基中保藏菌种的方法。

09.254 载体保藏 preservation in carrier
将菌种吸附于滤纸、瓷珠等灭菌惰性物质上，经干燥后置低温下保藏菌种的方法。

09.255 真空干燥保藏 preservation by vacuum dry
将菌种装入玻璃管或塑料管，经真空抽除水分并隔绝氧的菌种保藏方法。

09.256 冷冻[真空]干燥保藏 lyophilization preservation
又称“冻干保藏”(freeze-drying preservation)。将菌体（或孢子）悬浮于适宜的保护剂中，经预冻后在高真空状态下以升华方式除去水分，熔封管口的菌种长期保藏方法。

09.257 斜面保藏 preservation on slope
将生长良好的斜面菌种直接置适宜条件下(通常为4℃)保藏的方法。

09.258 液体石蜡保藏 preservation in liquid paraffin
用无菌的液体石蜡封埋斜面上培养物的菌种保藏方法。

09.259 麸皮保藏 preservation on bran
将培养物混匀于无菌麸皮中，集聚成团，减压干燥或风干的菌种保藏方法。

09.260 砂土保藏 preservation on sand-soil
将微生物培养物混合于无菌砂土中，并经真空干燥后密封的菌种保藏方法，多用于产芽孢或孢子微生物的保藏。

09.261 砂土管 sand-soil tube
盛有经砂土保藏的菌种的玻璃管。

09.262 超低温保藏 cryopreservation
又称“深低温保藏”。培养物在保护剂存在条件下，经适宜降温后置<-70℃环境中长期保藏菌种的方法。

09.263 液氮保藏 liquid nitrogen cryopreservation
将加有保护剂的培养物装入无菌冷冻管中密封，经适宜降温后置液态氮或其气相中长期保藏菌种的方法。

09.264 灭菌 sterilization
采用理化方法，使任何物体内外一切微生物永远丧失其生长繁殖能力或死亡的措施。

09.265 灭菌器 sterilizer
用于灭菌的装置。

09.266 高压灭菌器 autoclave
利用高蒸汽压和高温对物体进行灭菌的装置。

09.267 双扉高压蒸汽灭菌器 double-door autoclave
采用通道室，具有连锁对开门，加压蒸汽灭菌的装置。一般用于实验材料和废弃材料的灭菌处理，兼作生物安全实验室保证清洁区与半污染区和污染区的彻底隔离。

09.268 高压蒸汽灭菌 autoclaving
又称“加压蒸汽灭菌”。利用高压灭菌器进行高温湿热灭菌的方法。

09.269　连续高压蒸汽灭菌　continuous autoclaving

在管道输送过程中对流动物料进行瞬时加热(135～140℃)的方法，以达到快速、有效灭菌的目的。

09.270　常压蒸汽灭菌　steam sterilization under normal pressure

在正常大气压条件下以蒸汽灭菌的方法。

09.271　流通蒸汽灭菌器　Arnold steam sterilizer

用于消毒灭菌的铝或不锈钢制成的小型带隔蒸锅，通过蒸汽对内装物品进行消毒灭菌。

09.272　烧灼灭菌　incineration

直接用火焰焚烧物体以彻底杀灭其中微生物的方法。通常用于实验室中接种环、接种针等器具的灭菌；医疗卫生部门中被病原菌严重污染的衣物或尸体等物件的灭菌。

09.273　煮沸灭菌　boiling sterilization

将待灭菌器具放入水中，加热煮沸后维持一定的时间，达到灭菌效果的过程。

09.274　超高温灭菌　ultrahigh temperature sterilization, UHTS

用130～150℃的高温瞬时灭菌的方法。

09.275　连续灭菌　continuous sterilization

待灭菌液体物料在流动输送的同时通过加热、保温和冷却而被灭菌的方法。这种灭菌方式有利于减少物料中有关成分的破坏。

09.276　干热灭菌　hot air sterilization, dry heat sterilization

在密闭容器中用加热至160℃左右的热空气保持3～4 h进行灭菌的方法。

09.277　间歇灭菌　factional sterilization

又称“分步灭菌”、“丁达尔灭菌(tyndallization)”。将待灭菌物料在80～100℃下蒸煮15～60min，杀灭所有微生物营养体后置室温或37℃下保温过夜，待物料中残存的芽孢或孢子萌发后再以同法蒸煮和保温过夜，重复3次，即可在较低的灭菌温度下实现彻底灭菌的方法。

09.278　棉塞　cotton plug

既可维持通气又可阻止微生物出入培养容器的棉纤维塞，多用于试管和三角瓶培养。

09.279　过滤除菌　filtration sterilization

用适当的过滤装置除去液体或气体中的微生物，达到灭菌目的的方法。

09.280　辐射灭菌　radiosterilization

利用电磁辐射杀灭物料上微生物的方法。不同辐射源及辐射剂量其杀菌效果有很大差异。

09.281　消毒　disinfection

用化学、物理或生物的方法消除可能致病或产生有害作用的微生物的过程。

09.282　巴氏消毒　pasteurization

全称“巴斯德消毒”。专用于牛奶等不宜进行高温灭菌的液态食品的低温湿热消毒方法，由法国微生物学家巴斯德发明。如，将牛奶在62～65℃下维持30min消毒，经巴氏消毒后的牛奶食用安全，不失牛奶风味。

09.283　高温瞬时消毒　high temperature short time method, HTST

一种改良的巴氏消毒方法，即采用较高的温度和极短的时间即可对物料完成消毒的措施。如对牛奶消毒可采用72℃下维持15s即可。

09.284　热[致]死时　thermal death time, TDT

在一定温度下，杀死水悬浮液中某纯种微生物群所需的最短时间。

09.285　热[致]死点　thermal death point,

TDP

又称“热致死温度”。在中性水悬液中，加热10 min可杀死全部微生物所需的最低温度。

09.286　十倍减少时间　decimal reduction time

特定温度下杀死样品中90%的微生物、芽孢或孢子所需的时间。

09.287　致死剂量　lethal dose

使试验微生物群体全部死亡的某种药物的剂量，是评价药物生物毒性强弱的一种指标。

09.288　半数致死量　50% lethal dose, LD_{50}

在一定条件下，待检测化合物能杀死50%试验微生物时的剂量，是评价药物生物毒性强弱的一种指标。

09.289　最小致死量　minimum lethal dose, MLD

又称“最低致死量”。在一定条件下，待检药物能致使试验微生物群体100%死亡的最低剂量，是评价药物生物毒性强弱的一种指标。

09.290　致死浓度　lethal concentration, LC

在一定条件下，待检药物引起受试微生物全部死亡的浓度，是评价药物药效强弱的一种指标。

09.291　最低抑制浓度　minimum inhibitory concentration, MIC

在一定条件下，待检药物抑制特定微生物的最低浓度，是评价药物药效强弱的一种指标。

09.292　圆片扩散法　disk-diffusion method

在含测试微生物的平板表面贴上含有药物的圆形滤纸片，检验药物向周围扩散，根据抑菌圈大小评价药物对测试微生物作用效果的检测方法。

09.293　牛津单位　Oxford unit

完全抑制50 mL肉汤培养基中牛津菌株生长的最低青霉素含量。

09.294　牛津菌株　Oxford strain

常用于抗生素敏感试验的金黄色葡萄球菌(*Staphylococcus aureus*)菌株NCTC 6571。

09.295　曼德勒滤器　Mandler filter

以硅藻土为主要原料烧结而成的烛形细菌滤器。

09.296　赛氏[细菌]滤器　Seitz filter

又称“赛氏漏斗”。在银质漏斗上安装一次性石棉或棉纤维板的细菌过滤器。

09.297　烧结玻璃滤器　sintered glass filter

带有用石英烧结而成的过滤板的玻璃器具，其6号滤器可用于滤除细菌。

09.298　素陶滤器　unglazed porcelain filter

由未涂釉的素烧瓷为滤板的细菌滤除器具。

09.299　膜滤器　membrane filter

又称“微孔膜滤器”(millipore membrane filter)。用具有一定孔径的膜(如醋酸纤维素膜和尼龙膜等)制成的滤器，可用于过滤除菌或从混悬液中收集微生物或沉淀物，或从溶剂中分离大分子等。

09.300　膜过滤技术　membrane filter technique

在加压条件下用微孔滤膜去除液体中微生物细胞、孢子或其他颗粒物的方法。

09.301　紫外线灯　ultraviolet lamp

又称“杀菌灯”。在石英玻璃管内充满氩气和汞，借高压或低压电流激发以紫外波段为主的电磁辐射灯管。

09.302　杜氏发酵管　Durham fermentation tube

倒置于盛有液体培养基的试管中的小试管，用于观察糖发酵后是否产生气体。

09.303 培养皿 Petri dish

一种圆柱形、浅底、带盖的玻璃或塑料器皿，用于培养细菌、细胞之用。

09.304 弗氏[细胞]压碎器 French cell press

一种利用高压挤压原理制成的商品化细胞破碎匀浆器。

09.305 X[细胞]压碎器 X [cell] press

一种商品化的细胞破碎装置，它将细胞悬液冷冻至-25 ~ -30℃，再迫使细胞通过狭窄的高压阀小孔，冰晶体受高压作用而发生相变，细胞受到剪切作用而破碎。

09.306 培养箱 incubator

又称"恒温箱"。内部温度可控的封闭箱体，用于培养微生物或其他生物。

09.307 电烤箱 electric oven

用于干烤消毒灭菌的封闭箱体，通过电热加温，内部温度可控，可达到180℃以上。

09.308 烛罐 candle jar

一种盖子可通过凡士林密封的玻璃罐，点燃蜡烛，消耗罐内氧气，产生二氧化碳环境，供培养兼性厌氧微生物之用。

09.309 厌氧培养箱 anaerobic incubator

供厌氧培养专用的商品化装置，箱内提供厌氧环境、温度等，并自动调节。

09.310 通风曲槽 aeration qu-trough

用于固体原料好氧培养霉菌的工业设备。

09.311 摇床 shaker

借助机械振摇，使液体培养基中的微生物有更多机会接触空气的装置。

09.312 厌氧罐 anaerobic jar

通过物理或化学方法造成密闭容器内的厌氧环境，供培养厌氧微生物之用的密闭容器。

09.313 厌氧手套箱 anaerobic glove box

可在维持高度厌氧环境中进行人工操作的密闭装置。操作者的双手通过橡皮袖套进入箱内操作，不至破坏箱内厌氧环境。

09.314 克氏[扁]瓶 Kolle flask

一种扩大与空气接触表面积的微生物或细胞培养器具。

09.315 糖发酵试验 carbohydrate fermentation test

检测微生物能否利用糖类以及分解糖类后产酸、产气的试验。

09.316 糖产气试验 gas production test from carbohydrate

检测微生物利用糖类后能否产生气体的试验。

09.317 碳源同化试验 carbon source assimilation test

以某种糖类为唯一碳源培养微生物，检测微生物能否利用该碳源的试验。

09.318 产氨试验 ammonia production test

检测微生物能否分解含氮化合物(如尿素)释放出氨的试验。

09.319 硝酸盐还原试验 nitrate reduction test

检测微生物能否还原硝酸盐为亚硝酸盐的试验。

09.320 硝酸盐产气试验 gas production test from nitrate

检测微生物是否能在厌氧条件下还原硝酸盐为亚硝酸盐并进一步还原为氮气的试验。

09.321 明胶液化试验 gelatin liquefaction test

又称"明胶水解试验(gelatin hydrolysis test)"。检测微生物能否产生明胶酶使明胶液化的试验。

09.322　硫化氢[产生]试验　hydrogen sulfide production test, H_2S production test

检测微生物能否分解含硫氨基酸或无机硫化物产生硫化氢的试验。

09.323　石蕊牛奶试验　litmus milk test

以加入酸碱指示剂和氧化还原指示剂石蕊的脱脂牛奶为培养基,检测微生物利用牛奶后的酸碱变化、氧化还原电位变化和能否降解酪蛋白等生化特性的试验。

09.324　淀粉水解试验　starch hydrolysis test

在含淀粉培养基中培养微生物,观察加入碘液后是否显蓝色,判断微生物能否利用淀粉的试验。

09.325　科瓦奇氧化酶试剂　Kovács oxidase reagent

曾称"柯氏氧化酶试剂"。含1%盐酸二甲基对苯二胺或盐酸四甲基对苯二胺的溶液,用于检测微生物是否产生氧化酶。

09.326　科瓦奇试剂　Kovács reagent

曾称"柯氏试剂"。含5%盐酸对-二甲基氨基苯甲醛的异戊醇溶液,用于检测细菌是否产生色氨酸酶。

09.327　氧化酶试验　oxidase test

用柯氏氧化酶试剂检测微生物是否含有氧化酶的试验。

09.328　吲哚、甲基红、伏-波、柠檬酸盐试验　IMViC test

简称"IMViC 试验"。吲哚试验(I)、甲基红试验(M)、伏-波试验(VP)和柠檬酸盐试验(C)等四项试验的总称。

09.329　吲哚试验　indole test

用含对-二甲基氨基苯甲醛试剂的培养基,检测细菌是否分解色氨酸产生吲哚的试验。

09.330　甲基红试验　methyl red test

用甲基红做指示剂检测细菌是否分解葡萄糖产生酸性物质的试验。

09.331　伏-波试验　Voges-Proskauer test, VP test

简称"VP 试验"。检测细菌分解葡萄糖,产生丙酮酸,并使丙酮酸脱羧生成乙酰甲基甲醇的试验,阳性者呈红色。

09.332　柠檬酸盐试验　citrate test

检测细菌能否分解柠檬酸盐使培养基变碱并使指示剂溴麝香草酚蓝变色的试验。

09.333　科氏试验　Kolmer test

用于检测梅毒螺旋体的补体结合试验。

09.334　蓝氏链球菌分群试验　Lancefield streptococcal grouping test

根据C多糖抗原差异对链球菌进行血清学分群的试验。

09.335　亚甲蓝还原试验　methylene blue reduction test

又称"美蓝还原试验"。检测细菌还原亚甲蓝为无色物的试验。

09.336　刃天青试验　resazurin test

检测细菌还原刃天青为无色物的试验。

09.337　叠氮蓝B染色试验　diazonium-blue B stain test

用叠氮蓝B对丝状真菌和酵母菌进行染色,鉴别担子菌和子囊菌酵母菌的试验。

09.338　溶菌酶抗性试验　lysozyme resistant test

用含溶菌酶的培养基检测细菌对溶菌酶抗性的试验。

09.339　乙醇氧化试验　ethanol oxidation test

以溴酚蓝为指示剂,检测培养基中乙醇被细菌氧化成乙酸的试验。

09.340　糊精结晶生成试验　dextrin crystal formation test

在富含淀粉的培养基中培养细菌后用碘液检测呈蓝色结晶态糊精的试验。

09.341 叠氮化钠抗性试验 sodium azide resistant test

用含不同浓度叠氮化钠的培养基检测微生物对叠氮化钠抗性的试验。

09.342 果胶水解试验 pectin hydrolysis test

用含聚果胶酸钠的固体培养基检测微生物能否水解果胶的试验。

09.343 乙酸氧化试验 acetate oxidation test

用含有乙酸钙的培养基检测微生物能否因氧化乙酸而在菌落周围出现白色晕圈的试验。

09.344 初始生长 pH 试验 initial growth pH test

用不同 pH 的培养基检测 pH 对微生物初始生长影响的试验。

09.345 氰化钾试验 cyanide test, KCN test

用含氰化钾和 2,3,5-三苯基四唑盐酸盐(TCC)的培养基检测微生物对氰化钾耐受性的试验。

09.346 氯化三苯基四氮唑法 triphenyl tetrazolium chloride method, TTCM

又称"TTC 法"。根据对氯化三苯基四氮唑的还原作用检测微生物死、活的试验。

09.347 耐盐性试验 halotolerent test

用含不同浓度氯化钠的培养基检测微生物对盐耐受性的试验。

09.348 无机氮利用试验 inorganic nitrogen utilization test

用添加不同无机含氮化合物的培养基检测微生物利用无机氮源能力的试验。

09.349 需氧性试验 oxygen requirement test

在不同氧分压条件下培养微生物,检测其生长对氧的依赖程度的试验。

09.350 果聚糖产生试验 leven production test

以锥虫蓝和亚碲酸钾为指示剂检测在含蔗糖的培养基中微生物是否产生果聚糖的试验。

09.351 葡糖酸盐氧化试验 gluconate oxidation test

将微生物培养在含葡糖酸盐的培养基中,利用斐林试剂检测微生物是否氧化葡糖酸盐的试验。

09.352 脲酶试验 urease test

在含尿素的培养基中以酚红为指示剂检测微生物脲酶活性的试验。

09.353 纤维素水解试验 cellulolytic test

用富含纤维素的琼脂培养基检测微生物降解纤维素能力的试验。

09.354 酪蛋白水解试验 casein hydrolysis test

用脱脂牛奶平板检测微生物能否水解酪蛋白的试验。

09.355 磷酸酯酶试验 phosphatase test

用含酚酞二磷酸盐的培养基检测微生物磷酸酯酶活性的试验。

09.356 O/129 试验 O/129 test

用 O/129(2,4 二氨基-6,7-二异丙基喋啶)药敏纸片在琼脂平板上鉴别弧菌属、假单胞菌属和气单胞菌属对 O/129 耐受性的试验。

09.357 苯丙氨酸脱氨酶试验 phenylalanine deaminase test

以含苯丙氨酸的培养液检测微生物苯丙氨酸脱氨酶活性的试验。

09.358 脂肪酶试验 lipase test

在含脂肪培养基中,以维多利亚蓝为指示剂检测微生物脂肪酶活性的试验。

09.359 卵磷脂酶试验 lecithinase test

用含卵磷脂的培养基检测微生物卵磷脂酶活性的试验。

09.360 赖氨酸脱羧酶试验 lysine decarboxylase test

用含赖氨酸的培养基,以溴甲酚紫为指示剂检测微生物赖氨酸脱羧酶活性的试验。

09.361 丙二酸盐利用试验 malanate utilization test

用含丙二酸盐的培养基,以溴麝香草酚蓝为指示剂检测微生物利用丙二酸盐能力的试验。

09.362 β-半乳糖苷酶试验 β-galactosidase test

用含邻-硝基酚-β-D-半乳糖苷的培养基检测微生物β-半乳糖苷酶活性的试验。

09.363 凝固酶试验 coagulase test

将待测微生物与血浆混合检测微生物凝固酶活性的试验。

09.364 荧光色素试验 fluorochrome test

用含甘油的培养基培养微生物,检测其产荧光色素能力的试验。

09.365 过氧化氢酶试验 catalase test

又称"触酶试验"。将3%~10%过氧化氢溶液加到培养后的微生物菌体上,检测其过氧化氢酶活性的试验。

09.366 精氨酸双水解酶试验 arginine dihydrolase test

用含精氨酸的培养基,以酚红为指示剂检测微生物精氨酸双水解酶活性的试验。

09.367 七叶苷水解试验 aesculin hydrolysis test, esculin hydrolysis test

用含七叶苷(6,7-二羟香豆素的6-β-D-葡糖苷衍生物)和柠檬酸铁的培养基检测微生物水解七叶苷能力的试验。

09.368 甲酸盐-延胡索酸盐试验 formate-fumarate test

检测微生物分解氧化甲酸盐和还原延胡索酸盐能力的试验。

09.369 API细菌鉴定系统 API bacterial identification system

法国生物梅里埃公司(bioMérieux Inc.)出产的,以分析资料索引(Analytical Profile Index, API)缩写命名的,可以同时测定20项以上生化指标的微生物数值分类分析鉴定系统。

09.370 API细菌鉴定卡 API bacterial identification card

法国生物梅里埃公司(bioMérieux Inc.)出产的用于检测微生物生化反应的试剂盒。

09.371 荚膜膨胀试验 quellung test

将产荚膜的细菌和特异性抗荚膜血清混合后,在显微镜下观察荚膜肿胀变厚的试验。

09.372 [马]鼻疽菌素试验 mallein test

皮内注射马鼻疽菌素诊断鼻疽病的试验。

09.373 痘疱试验 pock assay

将痘病毒接种鸡胚尿囊膜检测痘病毒毒性的试验。

09.374 埃姆斯试验 Ames test

用鼠伤寒沙门氏菌(*Salmonella typhimurium*)组氨酸营养缺陷型菌株检测样本致癌性的试验。

09.375 奥普托欣试验 Optochin test

用奥普托欣,即乙基氢化脱甲奎宁(ethylhydrocupreine)的抑菌性能鉴别肺炎链球菌与其他α溶血性链球菌的方法。

09.376 抗链球菌溶血素O试验 anti-streptolysin O test

简称"抗O试验"。以β链球菌溶血素O为抗原,检测待测血清中相应抗体滴度,用于辅助诊断风湿热的试验。

09.377　麻风菌素试验　lepromin test

皮内注射麻风菌素,判断机体对麻风杆菌的敏感性和免疫力的试验。

09.378　结核菌素试验　tuberculin test

皮内注射结核菌素检测机体对结核杆菌敏感性和免疫力的试验。

09.379　锡克试验　Schick test

皮内注射白喉毒素检测机体对白喉免疫力的试验。

09.380　埃莱克试验　Elek test

用白喉棒杆菌与含待测血清的试纸条在固体培养基上检测被检血清中是否含有白喉毒素抗体的试验。

09.381　生长抑制试验　growth inhibition test, GIT

在培养基中加入某种特异性抗体,接种待检微生物后根据其生长现象鉴定该微生物的试验。

09.382　代谢抑制试验　metabolic inhibition test, MIT

在含特异性抗体和指示剂的培养基中培养微生物,根据 pH 变化,判断微生物的代谢与生长是否受到抑制的试验。

09.383　外斐反应　Weil-Felix reaction

以变形杆菌为抗原与被检血清进行的凝集反应,用于诊断立克次氏体感染。

09.384　性病研究实验室试验　Venereal Disease Research Laboratory test, VDRL test

又称"VDRL 试验"。以胆固醇为载体,包被牛心肌拟脂质构成 VDRL 颗粒,在玻片上与待检血清进行凝集反应,用于筛查梅毒病的试验。

09.385　快速血浆反应素试验　rapid plasma reagin test, RPR test

以胆固醇为载体包被牛心肌拟脂质构成 VDRL 颗粒,与待检血清在专用纸卡反应圈内进行凝集反应,用于筛查梅毒病的试验。

09.386　血清学特异性　serological specificity

血清中含有特异性抗体而被赋予的特定免疫反应特性。

09.387　血清学鉴定　serological identification

用已知抗体(或抗原)鉴定对应抗原(或抗体)的试验。

09.388　血细胞凝集　hemagglutination, HA

简称"血凝"。(1)用特异性抗体(或抗原)包被红细胞,通过凝集反应检测相应抗原(或抗体)的试验。(2)病毒与带有相应受体的红细胞发生作用后出现的凝聚现象。

09.389　血凝试验　hemagglutination test

根据红细胞凝集现象,检测相应特异性抗体(或抗原),或红细胞上是否存在某病毒受体的试验。

09.390　血凝抑制　hemagglutination inhibition

用特异性抗体封闭相应抗原后不再发生相应红细胞凝集的现象。

09.391　免疫吸附血凝测定　immune adherence hemagglutination assay, IAHA

用吸附了抗原(或抗体)的红细胞,根据凝集现象来检测相应抗体(或抗原)的试验。

09.392　梅毒螺旋体抗体微量血凝试验　microhemagglutination assay for antibody to *Treponema pallidum*, MHA-TP

用于检测患者血清中的抗梅毒螺旋体抗体的一种微量间接血凝试验。

09.393　溶血试验　hemolytic test, haemolysis test

以红细胞为指示物,检测标本或细菌是否带有引起红细胞裂解物质的试验。

09.394　溶血作用　hemolysis

泛指红细胞不正常裂解的现象。

09.395 普法伊费尔[溶菌]现象 Pfeiffer phenomenon

曾称“费菲[溶菌]现象”。由特异抗体和补体引起的霍乱弧菌快速裂解的现象。

09.396 血细胞吸附 hemadsorption, HD

(1)某些动物红细胞表面存在某些病毒的天然受体,二者吸附后出现血球凝集现象,借此可用于定量检测病毒。(2)某些病毒感染宿主细胞后使宿主细胞膜上携带病毒编码的血凝素,赋予感染细胞吸附人和某些动物红细胞的现象,借此可用于定量检测该病毒。

09.397 凝集反应 agglutination reaction

颗粒性抗原与相应抗体结合形成团块的现象。

09.398 直接凝集反应 direct agglutination

颗粒性抗原与相应抗体特异结合后直接发生肉眼可见的凝集反应。

09.399 间接凝集反应 indirect agglutination

可溶性抗原(或抗体)与颗粒性载体结合形成致敏颗粒,再与相应抗体(或抗原)反应,生成肉眼可见的凝集反应。

09.400 凝集试验 agglutination test

借助凝集反应判断是否有颗粒性抗原与相应抗体发生结合反应的试验。

09.401 协同凝集试验 coagglutination test

根据葡萄球菌A蛋白与IgG的Fc片段结合后仍保持Fab片段特异性结合抗原的特点设计的一种凝集试验。

09.402 玻片凝集 slide agglutination

在载玻片上进行的凝集反应,便于快速检测。

09.403 凝集原 agglutinogen

凝集反应中的抗原。

09.404 凝集素 agglutinin

(1)凝集反应中的抗体。(2)具有专一结合糖基的能力,并能使红细胞或其他细胞凝集的蛋白质,广泛分布动物、植物或微生物中。

09.405 鲎凝集素 limulin

鲎血液中的变形细胞冻融后释放出来的可被内毒素凝固的物质。

09.406 鲎试验 limulus amoebocyte lysate test, LAL test, limulus assay

利用鲎凝集素检测内毒素的试验。

09.407 沉淀反应 precipitation

可溶性抗原与特异性抗体结合后出现沉淀物的现象。

09.408 沉淀试验 precipitation test

借助沉淀反应判断是否有可溶性抗原与相应抗体发生结合反应的试验。

09.409 沉淀原 precipitinogen

沉淀反应中的抗原。

09.410 沉淀素 precipitin

沉淀反应中的抗体。

09.411 环状沉淀反应 ring precipitation

又称“阿斯科利试验(Ascoli test)”。在玻璃小管中,可溶性抗原与相应抗体相对扩散并在两液界面处发生结合反应,出现环形排列的白色沉淀物的现象。

09.412 絮状[沉淀]反应 flocculation precipitation

抗原与抗体在溶液中发生结合反应后形成肉眼可见絮状物的现象。

09.413 絮状[沉淀]试验 flocculation test

根据絮状沉淀反应结果来判断抗原与抗体是否发生特异结合反应的试验。

09.414 免疫扩散 immunodiffusion

可溶性抗原与相应抗体在琼脂介质中扩散,

相遇时发生结合反应生成沉淀物形成沉淀线,借此判断抗原抗体反应是否发生的方法。

09.415 单向免疫扩散 simple immunodiffusion

又称"单向琼脂扩散(simple agar diffusion)"。将一定量的抗体混于琼脂凝胶中制成琼脂板,在适当位置打孔后将抗原加入孔中扩散,抗原在扩散过程中与琼脂板中抗体相遇,形成以抗原孔为中心的沉淀环的现象。

09.416 双向免疫扩散 double immunodiffusion

又称"双向琼脂扩散(double agar diffusion)"。在琼脂凝胶中打小孔,将抗原、抗体溶液分别加入两小孔内,二者相互扩散,相遇时发生结合反应而形成沉淀线的现象。

09.417 免疫电泳 immunoelectrophoresis

蛋白电泳与双向免疫扩散相结合的技术,可用于分析样品中抗原的性质。将待检血清标本进行琼脂凝胶电泳,血清中的各蛋白组分被分成不同的区带,然后与电泳方向平行挖一小槽,加入相应的抗血清,与已分成区带的蛋白抗原成分进行双向琼脂扩散,在各区带相应位置形成沉淀弧。

09.418 对流免疫电泳 counter immunoelectrophoresis

在琼脂凝胶介质中,将抗原、抗体溶液分别加入两小孔内,再施加电场,使抗原、抗体相对定向扩散,相遇时发生结合反应而形成沉淀线的现象。

09.419 琼脂糖凝胶电泳 agarose gel electrophoresis

以琼脂糖制备的凝胶作为支持物进行的电泳技术。

09.420 脉冲电场凝胶电泳 pulsed-field gel electrophoresis

凝胶电泳过程中,以脉冲式电流作用于凝胶,且电流方向也不断变化的一种分离大分子量DNA的电泳技术。

09.421 火箭电泳 rocket electrophoresis

将一定量的抗体均匀分布在琼脂糖凝胶中,在凝胶中挖槽,加入相应抗原,施加电场进行电泳后可见火箭状的沉淀峰的电泳技术,沉淀峰高度与抗原浓度成正相关。

09.422 中和试验 neutralization test

用特异性抗体抑制相应抗原生物学活性的试验。

09.423 毒素中和试验 toxin neutralization test

用含抗毒素的免疫血清中和毒素毒性的试验。

09.424 病毒中和试验 viral neutralization test

用抗病毒的免疫血清中和病毒对细胞感染性的试验。

09.425 补体结合试验 complement fixation test

绵羊红细胞与其特异性抗体(溶血素)形成抗原抗体复合物,激活补体,介导的溶血反应。可进行补体定量测定,也可作为抗原抗体反应强度的指示系统,用于抗原或抗体的定量测定。以往多用于病毒学检测。

09.426 瓦色曼试验 Wasserman test

用于检查梅毒抗原的补体结合试验。

09.427 免疫标记技术 immunolabelling technique

用荧光素、放射性核素、酶、发光剂或电子致密物质等示踪物来标记抗体或抗原,借助示踪物来检测抗原抗体反应的技术。

09.428 免疫荧光技术 immunofluorescence technique

用荧光素标记抗体(或抗原),检测相应抗原(或抗体)的免疫标记技术。

09.429 荧光抗体技术 fluorescent antibody technique
用荧光素标记抗体,检测相应抗原的免疫荧光技术。

09.430 直接荧光抗体技术 direct fluorescent antibody technique, direct fluorescent antibody test
直接用荧光素标记的抗体(第一抗体)检测相应抗原的方法。

09.431 间接荧光抗体技术 indirect fluorescent antibody technique, indirect fluorescent antibody test
先用第一抗体与相应抗原发生结合反应,再用荧光素标记的第二抗体(抗第一抗体的抗体)检测抗原抗体反应的方法。

09.432 免疫定位 immunolocalization
利用免疫标记技术,并借助光学显微镜或电镜观察示踪物,在组织或亚细胞水平确定抗原抗体复合物存在位置的技术。

09.433 酶标记免疫定位 enzyme labelling immunolocalization
以酶作为标记物的免疫定位技术,即抗原抗体反应后借助酶催化的底物显色,显示抗原抗体复合物存在的位置。

09.434 免疫亲和层析 immunoaffinity chromatography
将抗原(或抗体)固定在层析填料上,利用抗原抗体结合,特异性分离或获得抗体(或抗原)物质的技术。

09.435 免疫生物传感器技术 immunobiosensor technique
抗原抗体结合反应与传感器相结合的技术。它利用传感器记录、检测和分析抗原抗体反应的结果。

09.436 免疫组织化学 immunohistochemistry
用示踪物标记抗体与组织或细胞内的抗原反应,结合形态学检查,对抗原进行定性、定量和定位检测的技术。

09.437 免疫印迹 immunoblot, Western blot
先用电泳技术将蛋白质分离成不同条带,转移至固相载体上,再用示踪物标记的抗体进行显色反应,使目的条带可见的技术。

09.438 放射免疫测定 radioimmunoassay
以放射性核素作为标记物,利用放射性核素的高灵敏性和抗原抗体反应的特异性进行定量测定的技术。

09.439 免疫电镜术 immunoelectron microscopy
将免疫标记与电镜相结合,先用示踪物(如胶体金)标记抗体,再检测相应抗原在组织或细胞内的分布情况的定位技术。

09.440 发光免疫测定 luminescent immunoassay
将化学发光反应与免疫反应相结合的检测方法,它是借助化学发光的可见性来检测抗原抗体是否发生结合反应的技术。

09.441 血浆凝固酶试验 plasma coagulase test
利用凝固酶能使血浆中的纤维蛋白原转变为不溶性纤维蛋白并导致血浆凝固的特点,以此鉴定细菌致病性的试验。一般认为产生血浆凝固酶的葡萄球菌是致病性葡萄球菌。

09.442 酶免疫测定 enzyme immunoassay
以酶为标记物,利用酶对底物的催化显色,反映抗原抗体反应是否发生的免疫测定技术。

09.443 酶联免疫吸附测定 enzyme-linked immunosorbent assay, ELISA

酶免疫测定与固相原理相结合的检测方法，即使已知的抗原抗体在固相载体表面(酶联检测板孔)完成反应,洗涤去除游离成分,再用酶(通常为辣根过氧化物酶)标记的抗体进行反应,洗涤去除游离酶标抗体,最后通过酶作用于底物显色来判断结果。

09.444　双抗体夹心法　double antibody sandwich method

一种酶联免疫吸附测定法,即用已知抗体包被固相载体,加入待测抗原反应,洗涤去除游离成分,再用酶(或核素)标记的抗体参与反应,形成抗体-抗原-酶标抗体三明治样双抗体反应体系。

09.445　间接免疫吸附测定　indirect immunosorbent assay

一种酶联免疫吸附测定法,即将已知的抗原吸附到固相载体表面,洗涤去除游离成分,再用酶标记的第二抗体参与反应,最后通过酶作用于底物显色来判断结果,用于定量检测未知抗体。

09.446　免疫血清　immune serum

用抗原免疫动物后获得的含有特异性抗体的血清。

09.447　卡恩试验　Kahn test

曾称"康氏试验"。用于检测血清中梅毒螺旋体抗体的免疫沉淀试验。由于其敏感性较差,近年已淘汰使用。

09.448　肥达试验　Widal test

全称"肥达凝集试验(Widal agglutination test)"。用于检测沙门氏杆菌感染的试管凝集反应。用已知的伤寒沙门氏菌O抗原、H抗原和甲、乙型副伤寒沙门氏菌H抗原,与患者血清做定量凝集试验,以测定患者血清中有无相应抗体存在,作为伤寒、副伤寒诊断的参考。

09.449　溶[细]菌反应　bacteriolytic reaction

细菌与相应特异抗体结合后在补体参与下导致的菌细胞的溶解反应。只在某些细菌(如霍乱弧菌)中出现。

09.450　弗氏佐剂　Freund adjuvant

一种经典的免疫佐剂,为油包水(抗原在水相)乳剂,包括弗氏不完全佐剂(石腊油+羊毛脂)和弗氏完全佐剂(石腊油+羊毛脂+卡介苗)。

09.451　弗氏完全佐剂　Freund complete adjuvant, FCA

以杀死的结核(分枝)杆菌与羊毛脂制成的混悬液,是一种常用的免疫佐剂。

09.452　弗氏不完全佐剂　Freund imcomplete adjuvant, FIA

只有石蜡油和羊毛脂,缺少灭活的结核菌的弗氏佐剂。

09.453　中和抗体　neutralizatial antibody

能抑制相应生物活性物质作用的抗体。

09.454　分型　typing

根据某一特定性状对种内微生物加以分类。

09.455　多位点序列分型　multilocus sequence typing, MLST

根据基因组多个持家基因位点的序列多态性,对微生物进行分型的方法。

09.456　分子分型　molecular typing

在分子水平上对种内微生物进行分型的方法。

09.457　血清分型　serotyping

基于诊断血清免疫反应对种内微生物进行分型的方法。

英 汉 索 引

A

abiogenesis 自然发生说，＊无生源说 01.050
abjunction ［孢子］切落 03.550
ablastin 抑殖素 08.225
7-ACA 7-氨基头孢菌酸 05.285
acarbose 阿卡波糖 05.389
acervulus 分生孢子盘 03.350
acetate oxidation test 乙酸氧化试验 09.343
acetification 醋化作用 08.078
acetogenesis 乙酸形成作用，＊酸化作用 08.145
N-acetylmuramic acid *N*-乙酰胞壁酸 05.013
N-acetylmuramyl dipeptide *N*-乙酰胞壁酰二肽 05.017
N-acetyltalosominuronic acid *N*-乙酰氨基塔罗糖醛酸 05.008
achromatic lens 消色差透镜 09.032
acid-fast bacillus 抗酸杆菌 03.030
acid-fast staining 抗酸细菌染色 09.078
acidophile 嗜酸微生物 07.053
acidophilic microorganism 嗜酸微生物 07.053
acid-tolerant microorganism 耐酸微生物 07.065
aciduric microorganism 耐酸微生物 07.065
aclacinomycin 阿克拉霉素，＊阿克拉比星 05.333
acropetal development 向顶发育 03.547
acrospore 顶生孢子 03.485
actidione 放线酮 05.390
actinomycetes 放线菌 03.088
actinomycin D 放线菌素 D 05.351
actinospectacin ＊放线壮观素 05.430
activated sludge 活性污泥 08.133
activated sludge process 活性污泥法 08.134
active dry yeast 活性干酵母 08.270
active transport 主动转运 05.273
adherence 黏附 08.149
adhesin 黏附蛋白，＊黏附素 05.070
adhesive disc ＊黏着盘 03.209
adriamycin 阿霉素，＊亚德里亚霉素 05.334
adsorption 吸附 04.074
adsorption site 附着位点，＊接触位点 04.081
adventitious septum 偶发隔膜 03.197
aecidiosorus 春孢子器，＊锈［孢］子器 03.424
aecidiospore 春孢子，＊锈孢子 03.523
aeciospore 春孢子，＊锈孢子 03.523
aecium 春孢子器，＊锈［孢］子器 03.424
aeration basin 曝气池 08.139
aeration process 曝气法 08.138
aeration qu-trough 通风曲槽 09.310
aerial hypha 气生菌丝 03.175
aeroaquatic fungi 需氧水生真菌 03.138
aerobe 需氧菌 05.156
aerobic anoxygenic photosynthesis 好氧不产氧光合作用 07.146
aerobic cultivation 需氧培养 09.181
aerobic plate count 需氧菌平板计数 08.294
aerobic respiration 需氧呼吸，＊有氧呼吸 05.210
aerobiosis 需氧生活 05.212
aerosol 气溶胶 07.044
aerotolerant microorganism 耐氧微生物 07.064
aesculin hydrolysis test 七叶苷水解试验 09.367
aethalium 复囊体，＊黏菌体 03.223
aflatoxin 黄曲霉毒素 05.098
AFM 原子力显微镜 09.022
AFT 黄曲霉毒素 05.098
agar 琼脂，＊洋菜 09.159
agaric 伞菌 03.152
agaritine 伞菌氨酸 05.080
agarose gel electrophoresis 琼脂糖凝胶电泳 09.419
agar slant 琼脂斜面 09.153
agglutination reaction 凝集反应 09.397
agglutination test 凝集试验 09.400
agglutinin 凝集素 09.404
agglutinogen 凝集原 09.403
aggregative adherence 集聚性黏附 08.151
aggressin 攻击素 08.224
aging 陈酿，＊后熟 08.262
agricultural microbiology 农业微生物学 01.016

agrobacteriocin 土壤杆菌素 05.142
air filter 空气过滤器 08.074
air flow 通气量 08.075
airlift fermenter 气升式发酵罐 08.063
airlock 气锁 08.244
aizumycin ＊爱助霉素 05.393
akinete 静息孢子 03.489
Albert staining 阿氏染色，＊阿尔倍德染色 09.089
algae virus 藻类病毒 04.027
algal layer 藻层 03.568
algocyan 藻蓝素 05.040
alkalinophilic microorganism 嗜碱微生物 07.054
alkaliphile 嗜碱微生物 07.054
alkalitolerant microorganism 耐碱微生物 07.066
allantospore 腊肠形孢子 03.479
allelopathy 异种克生[现象] 07.123
allogenic transformation 异型转化 06.103
allophycocyanin 别藻蓝蛋白 05.042
allosteric protein 别构蛋白，＊变构蛋白 06.094
alternaria toxin 链格孢毒素 05.071
ambrosia fungi 蚌道真菌，＊虫道真菌，＊蜂食甲虫真菌 03.150
ambutyrosin ＊氨丁苷菌素 05.294
amensalism 偏害共生，＊偏害共栖 07.108
amerospore 无隔孢子 03.474
Ames test 埃姆斯试验 09.374
amimycin 竹桃霉素 05.321
7-aminocephalosporanic acid 7-氨基头孢菌酸 05.285
aminoglycoside antibiotics 氨基糖苷类抗生素 05.292
aminomycin ＊氨基霉素 05.361
6-aminopenicillanic acid 6-氨基青霉烷酸 05.284
ammonia production test 产氨试验 09.318
ammonification 氨化作用 07.147
amphithallism ＊同宗异宗配合 03.533
amphitrichate 两端单[鞭]毛菌 03.016
amphitrophy 兼性营养 05.172
amphotericin 两性霉素 05.339
anaerobe 厌氧菌 05.158
anaerobic cultivation 厌氧培养 09.182
anaerobic digestion 厌氧消化 05.205
anaerobic fermentation 厌氧发酵 08.032
anaerobic fermenter 厌氧发酵罐 08.068
anaerobic glove box 厌氧手套箱 09.313
anaerobic incubator 厌氧培养箱 09.309
anaerobic jar 厌氧罐 09.312
anaerobic respiration 厌氧呼吸，＊无氧呼吸 05.206
anaerobiosis 厌氧生活 05.211
anaerogenic microorganism 不产气微生物 05.155
anagensis 类进化 02.021
anamorph 无性型 03.106
anastomosis ［菌丝］融合 03.537
anastomosis group 菌丝融合群 03.538
androgamete 雄配子 03.447
androphore 雄器柄，＊雄枝 03.285
aneuploid 非整倍体 06.006
anisogamous planogamete 异配游动配子 03.450
anisogamy 异配生殖 03.536
anisotropic inhibitor 趋异抑制剂 05.251
annellide 环痕 03.356
annelloconidium 环痕[分生]孢子 03.503
annellophore 环痕梗 03.357
annellospore 环痕[分生]孢子 03.503
annular diaphragm 环状光阑 09.014
annulus 菌环 03.309
anoxygenic photosynthesis 不产氧光合作用 07.145
ansamitocin 安丝菌素，＊柄型菌素，＊美登木素 05.382
ansamycins 安莎类抗生素 05.381
antagonism 拮抗作用 07.121
anthelmycin 抗蠕霉素 05.391
antheridium 雄器 03.280
antherozoid 游动精子 03.451
anthracyclines 蒽环类抗生素 05.332
antibacterial agent 抗菌剂 08.211
antibiosis 抗生现象 05.276
antibiotic 抗生素，＊抗菌素 05.279
antibiotic sensitivity test 抗生素敏感试验 09.250
antifungal agent 抗真菌剂 08.212
antigenic drift 抗原性漂移 04.095
antigenic shift 抗原性转变 04.096
antimetabolite 抗代谢物 05.193
antimicrobial index 抗微生物指数 05.248
antimicrobial spectrum 抗菌谱 05.280
anti-mildew 防霉 08.088
anti-mouldiness 防霉 08.088
antimycin 抗霉素 05.311
antimycotics 抗真菌剂 08.212
antisepsis 防腐 08.089

antiseptic 防腐剂 08.295
antiserum 抗血清 08.162
anti-streptolysin O test 抗链球菌溶血素 O 试验，*抗 O 试验 09.376
antitoxin 抗毒素 08.163
6-APA 6-氨基青霉烷酸 05.284
APC 需氧菌平板计数 08.294
aphanoplasmodium 隐型原质团 03.231
API bacterial identification card API 细菌鉴定卡 09.370
API bacterial identification system API 细菌鉴定系统 09.369
apical chamber 顶室 03.386
apical paraphysis 顶侧丝 03.395
apical pore 顶孔 03.338
aplanospore 静孢子，*不动孢子 03.490
aplasmomycin 除疟霉素 05.392
apochromatic lens 全消色差透镜 09.033
apogamy 无配生殖，*无融合生殖 03.529
apomixis 无配生殖，*无融合生殖 03.529
apomorphy 衍征 02.029
apophysis 囊托 03.343
apothecium 子囊盘 03.368
appendage [菌体]附器 03.037，附[属]丝 03.178
appendiculate margin 附着缘 03.312
appressorium 附着胞 03.204
apramycin 阿泊拉霉素，*安普霉素，*暗霉素第二成分 05.293
aquatic microbiology 水生微生物学 01.025
ara operon 阿[拉伯]糖操纵子，**ara* 操纵子 06.080
arbovirus 虫媒病毒 04.032
arbuscular mycorrhiza 丛枝状菌根 07.092
arbuscule 丛枝吸胞，*丛枝 03.206
archaea 古菌 01.045
archaeal virus 古菌病毒 04.025
archaebacteria *古细菌 01.045
archicarp 子囊果原 03.362
arginine dihydrolase test 精氨酸双水解酶试验 09.366
armilla 菌环 03.309
Arnold steam sterilizer 流通蒸汽灭菌器 09.271
arthric conidium 节[分生]孢子 03.498
arthroconidium 节[分生]孢子 03.498
arthrospore 节[分生]孢子 03.498
ascocarp 子囊果，*囊实体 03.361
ascogenous hypha 产囊丝 03.400
ascogonium 产囊体 03.286
Ascoli test *阿斯科利试验 09.411
ascoma 子囊果，*囊实体 03.361
ascomycetes 子囊菌 03.139
ascophore 产囊枝 03.363
ascospore 子囊孢子 03.517
ascostroma 子囊座 03.371
ascus 子囊 03.378
ascus mother cell 子囊母细胞 03.401
asepsis 无菌 09.203
aseptic technique 无菌操作，*无菌技术 09.220
Ashby nitrogen-free medium 阿什比无氮培养基 09.129
aspertoxin 曲霉毒素 05.108
assay medium 测定培养基 09.152
assembly 装配，*组装 04.079
assimilation 同化作用 05.183
assimilation of ammonium 铵盐同化作用 07.154
assimilatory nitrate reduction 同化性硝酸盐还原作用 07.151
assimilatory sulfate reduction 同化性硫酸盐还原作用 07.156
associative nitrogen fixation 联合固氮作用 07.142
associative nitrogen fixer 联合固氮微生物 07.091
asteroseta 星状刚毛 03.326
astromicin 阿斯米星 05.296
asymbiotic nitrogen fixation 非共生固氮作用 07.141
atomic force microscope 原子力显微镜 09.022
ATP bioluminescence 腺苷三磷酸生物发光 08.148
attachment 吸附 04.074
attachment site 附着位点，*接触位点 04.081
attenuated strain 减毒株 08.205
attenuation 减毒[作用] 08.203
aureomycin 金霉素，*氯四环素 05.330
autapomorphy 独征，*自有衍征 02.028
autochthonous microbe 土著微生物 07.018
autoclave 高压灭菌器 09.266
autoclaving 高压蒸汽灭菌，*加压蒸汽灭菌 09.268
autoecism 单主寄生 07.116
autogamy 自体受精 06.004
autogenic transformation 同型转化 06.102
autolysin 自溶素 05.069
autolysis 自溶[现象] 05.215

autonym 自动名 02.094
autotrophic succession 自养演替 07.025
autotrophy 自养 05.160
auxanogram 生长谱 09.239
auxanography 生长谱测定[法] 09.238
auxiliary cell 辅助细胞，*根外泡囊 03.216
auxotroph 营养缺陷型 06.062
avermectin 除虫菌素，*阿维菌素 05.312
axenic culture 纯性培养物 09.231
axial filament *轴丝 03.042
azotogen 固氮菌剂 08.103
azygospore 拟接合孢子，*单性接合孢子 03.461
azygote 单性合子 03.460

B

BAC 细菌人工染色体 06.123
Bacille Calmette-Guérin vaccine 卡介苗 08.200
bacillus 芽孢杆菌 03.028
bacitracin 杆菌肽 05.352
bacteria 细菌 01.046
bacterial artificial chromosome 细菌人工染色体 06.123
bacterial colony counter 菌落计数器 09.242
bacterial insecticide 细菌杀虫剂 08.107
bacterial leaching *细菌沥滤 08.009
bacterial toxin 细菌毒素 05.121
bacterial vaccine 菌苗 08.191
bactericidal agent 杀菌剂 08.209
bactericidin 杀[细]菌素 05.120
bacteriochlorophyll 菌绿素，*细菌叶绿素 05.045
bacteriocin 细菌素 05.077
bacteriocyte 菌胞，*含菌细胞 07.096
bacteriofluorescein 细菌荧光素 05.140
bacteriology 细菌学 01.029
bacteriolysis 溶菌作用 05.214
bacteriolytic reaction 溶[细]菌反应 09.449
bacteriome 含菌体 07.097
bacteriophage 噬菌体，*细菌病毒 04.126
λ bacteriophage λ噬菌体 04.128
bacteriophage typing 噬菌体分型 04.127
bacteriophagology 噬菌体学 01.035
bacteriopurpurin 菌紫素 05.044
bacteriorhodopsin [细菌]紫膜质 05.047
bacteriostasis 抑菌作用 08.206
bacteriostatic agent 抑菌剂 08.210
bacteriotoxin 细菌毒素 05.121
bacteriotropin 亲菌素 08.223
bacteroid 类菌体 07.094
bacteroide 拟杆菌 03.029
bactoprenol 细菌萜醇 05.025
balanced growth 均衡生长 05.224
ballistic electron emission microscope 弹道电子发射显微镜 09.025
ballistoconidium 掷分生孢子 03.505
ballistospore 掷孢子 03.482
BALOs 蛭弧菌及类似细菌 03.032
barophile 嗜压微生物 07.056
barophilic microorganism 嗜压微生物 07.056
barotolerant microorganism 耐压微生物 07.063
basal group 基群 02.012
basal medium 基础培养基 09.097
base plate [噬菌体]尾板，*基板 04.145
basidiocarp 担子果 03.405
basidiole 幼担子 03.412
basidiolichen 担子菌地衣 03.557
basidiolum 幼担子 03.412
basidioma 担子果 03.405
basidiome 担子果 03.405
basidiomycetes 担子菌 03.151
basidiospore 担孢子 03.519
basidium 担子 03.409
basionym 基名，*基原异名 02.093
batch cultivation 分批培养 09.185
batch fermentation 分批发酵，*[灌]批发酵 08.042
Bayesian inference of phylogeny 贝叶斯法 02.069
BCG vaccine 卡介苗 08.200
bdellovibrio-and-like organisms 蛭弧菌及类似细菌 03.032
bean sprouts extract medium 豆芽汁培养基 09.123
beef broth 牛肉汁，*肉汤 09.161
beef extract 牛肉膏 09.160
BEEM 弹道电子发射显微镜 09.025
belly-button 脐扣 03.301
bicyclomycin 双环霉素 05.393

binary fission 二分分裂 05.219
binary name 双名 02.089
binding hypha 联络菌丝 03.320
binocular microscope 双目显微镜 09.006
bioaerosol 生物气溶胶 08.232
bioagent 生物剂 08.228
bioassay 生物测定 09.249
bioburden 生物负荷 08.019
biochemical oxygen demand 生化需氧量 08.126
bioconcentration 生物富集，*生物浓缩 07.034
bioconversion 生物转化 08.001
biodegradation 生物降解[作用] 08.121
biodeterioration 生物致劣 08.002
biodeteriorative microbiology 霉腐微生物学 01.024
biodisc process 生物转盘法，*旋转生物接触氧化法 08.136
biodiversity 生物多样性 07.124
biofilm 生物[被]膜，*生物幕 08.015
biofilter 生物滤池 08.137
biofouling 生物淤积 08.020
biofuel 生物燃料 08.010
biogas 沼气 08.118
biogas fermentation 沼气发酵 08.119
biogenesis 生源说 01.051
biogeochemical cycle 生物地球化学循环 07.131
biohazard 生物危害 08.230
biohydrometallurgy *生物湿法冶金 08.009
bioinsecticide 生物杀虫剂 08.012
biological agent 生物剂 08.228
biological nitrogen fixation 生物固氮作用 07.139
biological oxidation pond 生物[氧化]塘 08.141
biological risk assessment 生物危害评估 08.255
biological safety 生物安全，*生物安保 08.226
biological safety cabinet 生物安全柜 08.242
biological safety level 生物安全防护等级 08.257
biological species concept 生物种概念 02.051
biological warfare 生物战，*细菌战 08.234
biological warfare agent 生物战剂 08.235
biological weapon 生物武器 08.236
bioluminescence 生物发光 08.147
biomagnification 生物放大 08.018
biomass 生物量 07.161，生物质 07.162
biomineralization 生物矿化[作用] 07.137
bio-pesticide 生物农药 08.097
bioplastics 生物塑料 08.014
biopolymer 生物聚合物 08.013
bioreactor 生物反应器 08.054
biorefinery 生物炼制 08.016
bioremediation 生物修复，*生物整治，*生物恢复 08.120
biosafety 生物安全，*生物安保 08.226
biosafety containment 生物安全防护 08.239
biosafety laboratory 生物安全实验室 08.227
biosecurity 生物安全，*生物安保 08.226
biosurfactant 生物表面活性剂 08.017
biosynthesis 生物合成 05.197
biotechnology 生物技术 08.021
bioterror 生物恐怖 08.233
bioterrorism 生物恐怖 08.233
biothreat 生物威胁 08.229
biotransformation 生物转化 08.001
biotype 生物型 02.057
biovar 生物型 02.057
biowar 生物战，*细菌战 08.234
bioweapon 生物武器 08.236
biphasic cultivation 双相培养 09.190
bipolar budding 两极出芽 03.552
bipolar staining 两极染色 09.076
bird's nest fungi 鸟巢菌 03.158
bismuth sulfite agar 亚硫酸铋琼脂 09.143
bitunicate ascus 双囊壁子囊 03.380
blastic conidium 芽[出]分生孢子，*芽殖分生孢子 03.500
blasticidin 杀稻瘟素 05.374
blasticidin S *杀稻瘟素 S 05.375
blastoconidium 芽[出]分生孢子，*芽殖分生孢子 03.500
bleomycin 博来霉素 05.353
blind passage 盲传 09.173
blood agar 血琼脂 09.117
bloom 水华 07.031
BOD 生化需氧量 08.126
boiling sterilization 煮沸灭菌 09.273
bolete 牛肝菌 03.157
bottom fermentation 下面发酵 08.045
bottom yeast 下面酵母 08.047
botulinum toxin 肉毒毒素 05.094
botulism 肉毒食物中毒 08.289

brain-heart infusion medium 牛脑心浸出液培养基 09.133
bran qu 麸曲 08.264
brewing 酿造 08.261
bright-field microscope 明视野显微镜 09.008
broad-spectrum antibiotics 广谱抗生素 05.281
broth cultivation 肉汤培养 09.176
brown rot 褐腐 08.095
brown rot fungi 褐腐菌 03.129
brucellin 布氏菌素 05.084
BSC 生物安全柜 08.242
BSL 生物安全防护等级 08.257
bubble column fermenter 泡罩塔发酵罐 08.059
budded virion 芽生型病毒粒子 04.041
budding 出芽 04.080, 芽殖 05.217
bud scar 芽痕 03.335
buffer room 缓冲间 08.245
Burk medium 伯克培养基 09.114
burst size 裂解量 04.086
butirosin 丁苷菌素, *丁胺菌素 05.294
butyrosin 丁苷菌素, *丁胺菌素 05.294
BV 芽生型病毒粒子 04.041

C

calmodulin 钙调蛋白 05.051
campylobacteriosis 弯曲杆菌病 08.279
candicidin 杀假丝菌素, *杀念珠菌素, *克念菌素 05.340
candle jar 烛罐 09.308
capilliconidium 毛梗分生孢子 03.504
capillitium 孢丝 03.235
capnophile 嗜二氧化碳微生物 07.046
capnophilic microorganism 嗜二氧化碳微生物 07.046
capreomycin 卷曲霉素, *缠霉素 05.355
capromycin 卷曲霉素, *缠霉素 05.355
capsid 衣壳, *壳体 04.059
capsomer 壳粒 04.060
capsomere 壳粒 04.060
capsule 荚膜 03.048, 颗粒体 04.116
carbohydrate fermentation test 糖发酵试验 09.315
carbolfuchsin 石炭酸品红 09.084
carbon cycle 碳循环 07.132
carbon source 碳源 05.153
carbon source assimilation test 碳源同化试验 09.317
carminomycin 洋红霉素, *卡鲁比星 05.335
carotenoid 类胡萝卜素 05.043
carpogonium 产果器 03.287
carrier 带[病]毒者 08.169, 带菌者 08.170
carriomycin 腐霉素, *载体霉素, *开乐霉素 05.347
casamino acid 酪蛋白氨基酸 09.165
casein hydrolysate medium 水解酪蛋白培养基 09.131
casein hydrolysis test 酪蛋白水解试验 09.354
catabolite control protein 分解代谢物控制蛋白 05.191
catabolite repression protein 分解代谢物阻遏蛋白 05.192
catahymenium 不齐子实层 03.294
catalase test 过氧化氢酶试验, *触酶试验 09.365
category 分类阶元 02.045
catenulin 巴龙霉素 05.303
caudovirus 尾病毒 04.022
CCP 分解代谢物控制蛋白 05.191
cedar oil 香柏油 09.057
celesticetin 天青菌素 05.412
cell line 细胞系 09.227
cell surface display 细胞表面展示 05.260
[cell] surface layer [细胞]表面层, *S 层 05.001
cellulase 纤维素酶 05.060
cellulin granule 纤维素颗粒 03.264
cellulolytic test 纤维素水解试验 09.353
cellulosome 多纤维素酶体 05.061
central spore 中生芽孢 03.079
centrum 中心体, *壳心 03.389
cephalodium 衣体肿结, *衣瘿 03.566
cephalosporin 头孢菌素 05.286
cephalotricha 单端丛[鞭]毛菌 03.017
cephamycin 头霉素 05.288
CFU 菌落形成单位 09.248
character 特征, *性状 02.024
character state 特征状态 02.025
chemical fixation 化学固定 09.067
chemically defined medium *化学限定培养基 09.099
chemically undefined medium *非化学限定培养基 09.098

chemical oxygen demand 化学需氧量 08.127
chemoautotrophy 化能自养 05.163
chemoheterotrophy 化能异养 05.164
chemolithoautotrophy 化能无机自养 05.166
chemolithoheterotrophy 化能无机异养 05.167
chemolithotrophy 化能无机营养 05.165
chemoorganotrophy 化能有机营养 05.168
chemostat 恒化器 08.072
chemotaxis 趋化性 07.006
chemotherapeutic agent 化学治疗剂 08.217
chemotrophy 化能营养 05.162
chemotropism 向化性 07.008
chemotype 化学型 02.054
chemovar 化学型 02.054
chiastobasidium 横锤担子 03.420
chick embryo inoculation 鸡胚接种 09.219
chitin 甲壳质，＊几丁质 05.024
chitosome 壳质体 03.260
chlamydia 衣原体 03.095
chlamydoconidium 厚垣孢子，＊厚壁孢子 03.484
chlamydospore 厚垣孢子，＊厚壁孢子 03.484
chloramphenicol 氯霉素 05.394
chloromycetin 氯霉素 05.394
chlortetracycline 金霉素，＊氯四环素 05.330
chromatophore 载色体，＊色素体 03.057
chromomycin 色霉素 05.395
chuangxinmycin 创新霉素 05.385
chytrid 壶菌 03.164
cirrus 孢子角 03.469
citrate test 柠檬酸盐试验 09.332
citrinin 桔青霉素 05.072
clade 分支，＊进化枝 02.016
cladistics 支序系统学，＊分支系统学 02.003
cladogenesis 分支发生，＊分支进化 02.017
cladogram 支序图，＊分支图 02.015
classification 分类 02.040
clavulanic acid 棒酸，＊克拉维酸 05.289
cleaning 净化 08.254
cleaning area 清洁区 08.248
cleistohymenial development 闭果型发育，＊封闭子实层式发育 03.545
cleistothecium 闭囊壳 03.366
climax community 顶极群落 07.027
climax succession 顶极演替 07.026
clone 克隆，＊无性繁殖系 06.028
clostridium 梭菌 03.026
CLSM 激光扫描共聚焦显微镜 09.020
clypeus 盾状体，＊盾状子座 03.372
coagglutination test 协同凝集试验 09.401
coagulase test 凝固酶试验 09.363
coat 芽孢衣 03.082
coccobacillus 球杆菌 03.005
coccus 球菌 03.001
co-cultivation 共培养，＊协同培养 09.192
COD 化学需氧量 08.127
coelomycetes 腔孢类 03.147
coenocyte 多核细胞 03.253
coenogamete 多核配子 03.452
coenozygote 多核合子 03.458
coenzyme F_{420} 辅酶 F_{420} 05.147
coenzyme F_{430} 辅酶 F_{430} 05.148
coenzyme HS-HTP 辅酶 HS-HTP 05.149
coenzyme M 辅酶 M 05.150
coimmobilization 共固定化作用 08.084
cointegrating plasmid 共整合质粒 06.140
cold shock protein 冷激蛋白 05.259
cold shock response 冷激应答 05.257
Col factor 大肠杆菌素生成因子 06.145
colicin 大肠菌素 05.085
colicine 大肠菌素 05.085
colicinogenic factor 大肠杆菌素生成因子 06.145
coliform 大肠菌群 08.291
coli-index 大肠菌指数 08.123
colistin 黏菌素 05.356
colititer 大肠菌值 08.122
collar ［噬菌体］颈部 04.138
collarette 盘囊领 03.359
colonization 定植 08.282
colony 菌落 03.062
colony counting ＊菌落计数 09.244
colony forming unit 菌落形成单位 09.248
columella 囊轴，＊菌柱 03.342
column fermenter 柱式发酵罐，＊塔式发酵罐 08.058
CoM 辅酶 M 05.150
combination 组合 02.088
combinatorial biosynthesis 组合生物合成 05.199
combined vaccine 联合疫苗 08.198
co-metabolism 共代谢 05.190

commensalism 偏利共生，*偏利共栖 07.109
commercial sterility 商业无菌 08.292
community 群落 07.012
community succession 群落演替 07.021
companion 伴生种 07.029
companion fungus 伴生真菌 07.099
comparison of protein 蛋白质比较 02.072
compatible solute 相容性溶质 05.261
compensative eyepiece 补偿目镜 09.035
competence 感受态 06.151
competent cell 感受态细胞 06.152
complementation 互补[作用]，*遗传回补 06.066
complement fixation test 补体结合试验 09.425
complete medium 完全培养基 09.106
complex symmetry 复合对称 04.066
compost 堆肥 08.142
composting 堆肥化处理 08.143
composting microbe 腐熟菌 08.102
composting microbial inoculant 腐熟菌剂 07.074
compound oosphere 复合卵球 03.455
concave slide 凹玻片 09.055
concentric body 同心体 03.565
conditional lethal mutant 条件致死突变体 06.054
conditional lethal mutation 条件致死突变 06.037
conditional mutant 条件突变体 06.057
confocal scanning laser microscope 激光扫描共聚焦显微镜 09.020
conidiocarp 分生孢子果，*分生孢子体，*载孢体 03.349
conidiogenous cell 产分生孢子细胞 03.360
conidioma 分生孢子果，*分生孢子体，*载孢体 03.349
conidiophore 分生孢子梗 03.345
conidiospore 分生孢子 03.491
conidium 分生孢子 03.491
conjugation 接合[作用] 06.097
connector [噬菌体]颈圈 04.139
consortium 聚生体 07.102
contact inhibition 接触抑制 05.195
contaminant 污染物 09.205
contamination 污染 09.204
contamination area 污染区 08.250
context 菌肉 03.305
contextual hypha 菌肉菌丝 03.306
continuous autoclaving 连续高压蒸汽灭菌 09.269
continuous cultivation 连续培养 09.186
continuous fermentation 连续发酵 08.040
continuous sterilization 连续灭菌 09.275
contrast 反差 09.052
convergent character 趋同特征 02.031
conversion yield 转化得率 08.050
cooked meat medium 庖肉培养基 09.121
coprinin 鬼伞菌素 05.401
cord factor *索状因子 05.028
cordycepin 虫草[菌]素，*蛹虫草菌素 05.397
core 核心，*髓核 04.057
coremium 孢梗束，*菌丝束 03.348
corn steep liquor 玉米浆 09.170
correct name 正确名称 02.095
corrosion 腐蚀 08.092
cortex [芽孢]皮质 03.084，皮层 03.567
cortina 丝膜 03.311
cortinellin 香菇菌素 05.398
corynebacteria 棒状菌 03.008
cosmid 黏粒，*黏端质粒 06.128
cotransduction 共转导 06.109
cotransformation 共转化 06.101
cotton plug 棉塞 09.278
counter immunoelectrophoresis 对流免疫电泳 09.418
counting chamber 计数室 09.243
cover glass 盖玻片 09.053
CPE 致细胞病变[效应] 04.109
CPV 质[型]多角体病毒 04.036
C reactive protein C 反应蛋白 08.159
critical dilution rate 临界稀释率 08.077
critical killing dilution 临界杀菌浓度 08.219
cross contamination 交叉污染 08.283
cross inoculation group 互接种族 08.109
cross reactivation 交叉复活 06.069
cross resistance 交叉抗性，*交叉耐药性 05.277
CRP 分解代谢物阻遏蛋白 05.192
crustose thallus 壳状体 03.561
cryopreservation 超低温保藏，*深低温保藏 09.262
cryptic mutant 隐蔽突变体，*转运系统突变体 06.056
cryptic plasmid 隐蔽性质粒 06.135
cryptic prophage *隐性原噬菌体 04.131
cryptobiosis *隐生现象 05.242

culmination 拔顶 03.226
cultivation 培养 09.171
culture 培养物 09.229
culture medium 培养基 09.095
culture preservation 菌种保藏 09.251
cup fungi 盘菌 03.141
Custers effect 卡斯特斯效应 05.203
cyanide test 氰化钾试验 09.345
cyanobacteria 蓝细菌 03.089
cyanobacteria phage 蓝细菌噬菌体，＊蓝藻病毒 04.023
cyanophage ＊噬蓝藻体 04.023
cyanophycin 藻青素 05.033
cyanophycin granule 藻青素颗粒 05.034
cycloheximide 放线酮 05.390
cyclopiazonic acid 圆弧偶氮酸 05.073
cycloserine 环丝氨酸 05.399
cyclosporin 环孢[菌]素 05.358
cylinder plate method 杯碟法，＊管碟法 09.240
cypovirus 质[型]多角体病毒 04.036
cystidiole 小囊状体 03.328
cystidium 囊状体，＊间胞 03.329
cytochalasin 松胞菌素 05.400
cytolysin 溶细胞素 05.132
cytomycin 胞霉素 05.375
cytopathic effect 致细胞病变[效应] 04.109
cytoplasmic polyhedrosis virus 质[型]多角体病毒 04.036
Czapek medium 恰佩克培养基，＊察氏培养基 09.132

D

daqu 大曲 08.265
dark-field microscope 暗视野显微镜 09.009
dark repair 暗修复 06.070
date of name 名称的日期 02.085
daughter colony ＊子菌落 03.063
daunomycin ＊道诺霉素 05.336
daunorubicin ＊道诺霉素 05.336
DCA 脱氧胆酸盐-柠檬酸盐琼脂 09.139
death phase ＊死亡期 05.237
decimal reduction time 十倍减少时间 09.286
decline phase 衰亡期 05.237
decolorization 脱色 09.063
decontamination 去污染 09.206
deep colony 深层菌落 03.067
deep subsurface microbiology 深部地下微生物学 01.027
defective virus 缺损[型]病毒 04.044
defined medium ＊确定成分培养基 09.099
degrading plasmid 降解性质粒 06.147
de Man, Rogosa and Sharpe medium 德曼-罗戈萨-夏普培养基 09.146
dendrohyphidia 树状子实层端菌丝 03.324
denitrification 反硝化作用 07.149
denticle 小齿状突起，＊小齿 03.516
deoxycholate-citrate agar 脱氧胆酸盐-柠檬酸盐琼脂 09.139
deoxynivalenol 脱氧雪腐镰孢霉烯醇 05.075
depression slide 凹玻片 09.055
dermatitis exfoliativa neonatorum ＊新生儿剥脱性皮炎 05.125
dermatonecrotoxin 皮肤坏死毒素 08.174
dermatophyte 皮肤真菌 03.124
description 描述 02.073
destomycin 越霉素 05.295
desulfuration 脱硫作用 07.158
deterioration 变质 08.093
determinate conidiophore 定长分生孢子梗 03.346
determinative bacteriology 鉴定细菌学 01.030
deuteromycetes 半知菌[类] 03.146
dextrin crystal formation test 糊精结晶生成试验 09.340
diagnosis 特征集要 02.081
dialysis cultivation 透析培养 09.193
dialysis culture unit 透析培养装置 08.070
diauxic growth 二次生长 05.230
diauxic growth curve 二次生长曲线，＊双峰生长曲线 05.231
diauxie 二次生长 05.230
diazonium-blue B stain test 叠氮蓝 B 染色试验 09.337
dichohyphidia 鹿角状菌丝 03.325
DICM 微分干涉相差显微镜，＊[分辨]干涉差显微镜 09.015

dictyoconidium 砖格分生孢子 03.495
dictyospore 砖格孢子 03.481
didmoconidium 双胞分生孢子 03.493
didymospore 单隔孢子，＊双胞孢子 03.476
differential interference contrast microscope 微分干涉相差显微镜，＊[分辨]干涉差显微镜 09.015
differential medium 鉴别培养基 09.151
differential staining 鉴别染色 09.074
diffused adherence 弥散性黏附 08.150
dikaryon 双核体 03.248
dilution rate 稀释率 08.076
dimorphic fungi 双态性真菌 03.101
dimorphism 双形现象，＊二态性 06.002
diphtheria toxin 白喉毒素 05.093
dipicolinic acid 2,6-吡啶二羧酸 05.014
diplobacillus 双杆菌 03.007
diplococcus 双球菌 03.002
dipolar ecosystem 双极生态系统 07.129
direct agglutination 直接凝集反应 09.398
directed biosynthesis 定向生物合成 05.198
direct fluorescent antibody technique 直接荧光抗体技术 09.430
direct fluorescent antibody test 直接荧光抗体技术 09.430
discolichen 盘菌地衣 03.555
discomycetes 盘菌 03.141
disinfectant 消毒剂 08.216
disinfection 消毒 09.281
disjunctor cell 分离细胞 03.515
disk-diffusion method 圆片扩散法 09.292
dispore 双孢担孢子 03.521
dissecting microscope 立体显微镜，＊实体显微镜，＊解剖显微镜 09.004
dissimilation 异化作用 05.184
dissimilatory nitrate reduction 异化性硝酸盐还原作用 07.152
dissimilatory sulfate reduction 异化性硫酸盐还原作用 07.157
dissimilatory sulfur reduction 异化性硫还原作用 07.160
dissociation 分离变异 06.065
dissolved oxygen 溶解氧量 08.129
distamycin 偏端霉素 05.405
distance method 距离法 02.064
diversity index 多样性指数 07.125
DNA replication DNA 复制 06.076
DNA shuffling DNA 混编，＊DNA 洗牌技术 06.155
DNA virus DNA 病毒 04.006
DO 溶解氧量 08.129
dolipore septum 桶孔隔膜 03.198
dominant species 优势种 07.028
dormancy 休眠 05.242
double agar diffusion ＊双向琼脂扩散 09.416
double antibody sandwich method 双抗体夹心法 09.444
double bottle 双层瓶 09.058
double-door autoclave 双扉高压蒸汽灭菌器 09.267
double immunodiffusion 双向免疫扩散 09.416
doubling time 倍增时间，＊代时，＊增代时间 05.238
doxorubicin ＊多柔比星 05.334
DPA 2,6-吡啶二羧酸 05.014
drug-resistance 抗药性 06.026
drug-resistant gene 抗药基因 06.025
drug susceptibility 药物敏感性 08.218
dry heat sterilization 干热灭菌 09.276
dsDNA virus 双链 DNA 病毒 04.007
dsRNA virus 双链 RNA 病毒 04.011
Durham fermentation tube 杜氏发酵管 09.302
dwarf colony 侏儒型菌落 03.070
dysbacteriosis 菌群失调 07.020

E

early protein 早期蛋白 04.082
eburicoic acid 齿孔酸 05.105
echinocandin 棘球白素，＊棘白霉素 05.359
eclipse period 隐蔽期 04.088
ecological balance 生态平衡 07.036
ectal excipulum 外囊盘被 03.375
ectendomycorrhiza 内外生菌根 03.214
ectomycete 外生真菌 03.131
ectomycorrhiza 外生菌根 03.212
ectospore ［孢子］表壁层 03.463

ectosporium ［孢子］表壁层 03.463
ectosymbiont 外共生体 07.103
ectothrix 毛外癣菌 03.126
effective publication 有效发表 02.082
efficiency of plating 成斑效率 04.124
efflux pump 主动外排泵 05.270
EHEC 肠出血性大肠埃希氏菌 08.154
EIEC 肠侵袭性大肠埃希氏菌 08.155
elater 弹［孢］丝 03.234
electric oven 电烤箱 09.307
electron microscope 电子显微镜，＊电镜 09.017
electroporation 电穿孔 06.153
Elek test 埃莱克试验 09.380
elementary body ［衣原体］原体 03.097
ELISA 酶联免疫吸附测定 09.443
EMB agar 伊红-亚甲蓝琼脂，＊EMB 琼脂 09.118
EMS 被膜系统，＊子囊泡囊 03.269
endobasidium 内生担子，＊腹担子 03.413
endoconidium 内分生孢子 03.492
endocytosis 胞吞［作用］，＊内吞噬 05.268
endogenous development 内生发育 03.546
endogenous infection 内源感染 08.172
endogenous retrovirus 内源逆转录病毒 04.016
endogenous virus ＊内源病毒 04.016
Endo medium 远藤培养基 09.111
endomycete 内生真菌 03.132
endomycorrhiza 内生菌根 03.213
endophyte 植物内生菌 03.133
endospore ［孢子］内壁层 03.468，内生孢子 03.471
endospore staining 芽孢染色 09.081
endosporium ［孢子］内壁层 03.468
endosymbiont 内共生体 07.104
endosymbiosis 内共生 07.106
endosymbiotic hypothesis 内共生假说 01.049
endothrix 毛内癣菌 03.127
endotoxin 内毒素 05.123
endotunica 内壁层 03.385
enriched medium 加富培养基 09.104
enrichment 富集 09.222
enrichment bias 富集偏差 09.223
enrichment medium 富集培养基，＊增菌培养基 09.105
enteric pathogen 肠道病原体 08.158
enterobacteria 肠杆菌 03.031
enterobacterial repetitive intergenic consensus sequence 肠杆菌基因间重复共有序列 06.114
enterocin 肠球菌素 05.083
enterohemorrhagic *Escherichia coli* 肠出血性大肠埃希氏菌 08.154
enteroinvasive *Escherichia coli* 肠侵袭性大肠埃希氏菌 08.155
enteropathogenic *Escherichia coli* 肠致病性大肠埃希氏菌 08.153
enterotoxigenic *Escherichia coli* 肠产毒性大肠埃希氏菌 08.156
enterotoxin 肠毒素 05.095
entomogenous fungi 虫生真菌 03.125
entomopathogen 昆虫病原体 08.114
entomopox virus 昆虫痘病毒 04.038
envelope 囊膜，＊包膜 04.061
envelope antigen ［细菌］包被抗原 05.020
enveloped virus 囊膜病毒，＊包膜病毒 04.017
enveloping membrane system 被膜系统，＊子囊泡囊 03.269
environmental microbiology 环境微生物学 01.021
environmental self-cleaning 环境自净 07.035
environmental self-purification 环境自净 07.035
enzyme immunoassay 酶免疫测定 09.442
enzyme labelling immunolocalization 酶标记免疫定位 09.433
enzyme-linked immunosorbent assay 酶联免疫吸附测定 09.443
eosin-methylene blue agar 伊红-亚甲蓝琼脂，＊EMB 琼脂 09.118
eosin-methylene blue staining ＊伊红-亚甲蓝染色 09.091
EPEC 肠致病性大肠埃希氏菌 08.153
epibasidium 上担子 03.414
epibiont 附生微生物 07.087
epidermolytic toxin 表皮溶解毒素，＊表皮剥脱毒素 05.124
epiplasm 造孢剩质 03.270
episodic selection 短促选择 02.020
episome 附加体，＊游离基因 06.125
epispore ［孢子］周壁层 03.466
episporium ［孢子］周壁层 03.466
epithecium 囊层被 03.390
epithet 加词 02.091

epitype 解释模式，＊附加模式 02.113
epothilone 埃博霉素 05.313
EPV 昆虫痘病毒 04.038
ergot 麦角 08.273
ergotism 麦角中毒 08.274
ERIC sequence 肠杆菌基因间重复共有序列 06.114
erythrogenic toxin ＊红斑毒素 05.127
erythromycin 红霉素 05.314
esculin hydrolysis test 七叶苷水解试验 09.367
esterastin 抑酯酶素 05.426
ETEC 肠产毒性大肠埃希氏菌 08.156
ethanol oxidation test 乙醇氧化试验 09.339
eubiosis 生态平衡 07.036
eucarpic reproduction 分体产果式生殖，＊分体造果 03.542
eugymnohymenial development 裸果型发育，＊真裸子实层式发育 03.543
eukaryote 真核生物 01.047
euploid 整倍体 06.005
eutrophication 富营养化 07.030
euvirus 真病毒 04.005
everninomicin 扁枝衣霉素 05.406
evolutionary distance 进化距离 02.022
excipulum 囊盘被 03.374
excision repair 切除修复 06.071
exfoliatin 表皮溶解毒素，＊表皮剥脱毒素 05.124
exfoliative toxin 表皮溶解毒素，＊表皮剥脱毒素 05.124
ex-holotype 衍生主模式 02.115
ex-isotype 衍生等模式 02.116
exocytosis 胞吐[作用] 04.076
exospore [孢子]外壁层 03.465，＊外生孢子 03.470
exosporium [芽孢]外壁 03.081，＊[孢子]外壁层 03.465
exotic disease 外来病 08.237
exotoxin 外毒素 05.122
exotunica 外壁层 03.384
exponential growth 指数生长 05.239
exponential growth rate constant 指数生长速率常数 05.240
exponential phase ＊指数[生长]期 05.235
exsiccata 成套干腊标本集 02.117
extracellular enzyme 胞外酶 05.055
extremohalotolerant microorganism 极端耐盐微生物 07.068
extremophile 嗜极微生物 07.052
extremothermophile 极端嗜热微生物 07.049
ex-type 衍生模式 02.114

F

facilitated diffusion 促进扩散，＊易化扩散 05.271
factional sterilization 间歇灭菌，＊分步灭菌 09.277
facultative anaerobe 兼性厌氧菌 05.159
facultative parasite 兼性寄生物 03.115
facultative psychrophilic microorganism 兼性嗜冷微生物 07.060
facultative saprobe 兼性腐生物 03.113
fairy ring 蘑菇圈，＊仙环 03.154
favic chandelier mycelium 黄癣菌丝 03.189
FCA 弗氏完全佐剂 09.451
fecal-oral transmission 粪-口传播 08.284
fed-batch fermentation 分批补料发酵，＊半连续发酵 08.041
feedback inhibition 反馈抑制 05.194
feedback-resistant mutant 抗反馈突变体 06.055
feed rate 补料速率 08.051
feed tank 补料罐 08.057
fermentability 可发酵性 08.027
fermentation 发酵 08.023
fermentation broth 发酵液 08.049
fermentation capacity 发酵[能]力 08.026
fermentation titer 发酵单位 08.048
fermenter 发酵罐 08.056
fermentor 发酵罐 08.056
fermentum rubrum 红曲 08.268
fertility factor 致育因子，＊F 因子 06.144
fertilization tube 授精管 03.282
Feulgen staining 福尔根染色 09.092
FIA 弗氏不完全佐剂 09.452
field ion microscope 场离子显微镜 09.027
filamentous temperature-sensitive protein 丝状温度敏感蛋白，＊Fts 蛋白 05.029

filamentous type colony　丝状型菌落　03.066
filopodia　线状伪足　03.061
filtration sterilization　过滤除菌　09.279
FIM　场离子显微镜　09.027
final epithet　最终加词　02.092
fission　裂殖　05.216
fissitunicate ascus　裂囊壁子囊　03.381
fixed bed reactor　固定床反应器　08.055
fixed virus　固定毒　04.119
flagellar antigen　鞭毛抗原　08.189
flagellar basal body　*鞭毛基体　03.267
flagellar motor　鞭毛马达　05.022
flagellin　鞭毛蛋白　05.021
flagellum　鞭毛　03.038
flat sour bacteria　平罐酸败菌　08.087
flat sour spoilage　平[罐]酸败　08.086
flocculation precipitation　絮状[沉淀]反应　09.412
flocculation test　絮状[沉淀]试验　09.413
flora　区系　07.015
fluidized bed reactor　流化床反应器　08.064
fluorescence microscope　荧光显微镜　09.016
fluorescent antibody technique　荧光抗体技术　09.429
fluorescent staining　荧光染色　09.093
fluorochrome test　荧光色素试验　09.364
foliose thallus　叶状体　03.562
foodborne disease　食源性疾病　08.278
foodborne pathogen　食源性病原菌　08.277
food-grade bacteria　食品级细菌　08.275
food microbiology　食品微生物学　01.020
foot cell　足细胞，*脚胞　03.208
forespore　前芽孢　03.080
formate-fumarate test　甲酸盐-延胡索酸盐试验　09.368
form-taxon　形式分类单元　02.049
formycin　间型霉素　05.376
fortimicin　福提霉素，*健霉素，*武夷霉素　05.296
fosfomycin　磷霉素　05.424
fossil fungi　化石真菌　03.099
fractional cultivation　分部培养　09.174
fragmentation　断裂　05.218
frameshift mutation　移码突变　06.041
free-living nitrogen fixation　*自生固氮作用　07.141
free-living nitrogen fixer　自生固氮微生物　07.089
freeze-drying preservation　冻干保藏　09.256
freeze etching　冷冻蚀刻　09.030
French cell press　弗氏[细胞]压碎器　09.304
Freund adjuvant　弗氏佐剂　09.450
Freund complete adjuvant　弗氏完全佐剂　09.451
Freund imcomplete adjuvant　弗氏不完全佐剂　09.452
fruit body　子实体　03.291
fruticose thallus　枝状地衣体　03.563
Fts protein　丝状温度敏感蛋白，*Fts 蛋白　05.029
FtsZ protein　丝状温度敏感 Z 蛋白，*FtsZ 蛋白　05.030
fumonisin　伏马菌素　05.113
fungal insecticide　真菌杀虫剂　08.108
fungi　真菌　03.098
fungicide　杀真菌剂　08.214
fungicidin　制霉菌素　05.342
fungistat　抑真菌剂　08.213
funicle　菌丝索，*菌纤索，*菌脐索　03.332
funicular cord　菌丝索，*菌纤索，*菌脐索　03.332
funiculus　菌丝索，*菌纤索，*菌脐索　03.332
fusarinic acid　镰孢菌酸，*萎蔫酸　05.407
fusarium　镰孢菌　03.167
fuseau　梭孢子，*顶生厚垣孢子　03.488
fusobacterium　梭形杆菌　03.027

G

β-galactosidase test　β-半乳糖苷酶试验　09.362
gal operon　半乳糖操纵子　06.079
gametangial copulation　配囊交配　03.528
gametangium　配子囊　03.275
gamete　配子　03.444
gametocyte　配子母细胞　03.453
gametothallus　配子菌体　03.172
gamma particle　γ 粒　03.263
gas production test from carbohydrate　糖产气试验　09.316
gas production test from nitrate　硝酸盐产气试验　09.320
gasteromycetes　腹菌　03.156
gas vacuole　气泡　03.054

Gause medium No. 1　高氏 1 号培养基　09.126
GC value　GC 值，＊GC 百分比　02.037
gelatin hydrolysis test　＊明胶水解试验　09.321
gelatin liqueaction test　明胶液化试验　09.321
geldanamycin　格尔德霉素　05.383
gemma　芽孢，＊芽胞　03.076
gene　基因　06.011
gene cluster　基因簇　06.015
gene duplication　基因重复　06.021
gene family　基因家族　06.014
gene fusion　基因融合　06.022
gene integration　基因整合　06.029
gene mutation　基因突变　06.038
generalized transduction　普遍性转导　06.107
general microbiology　普通微生物学　01.003
generation time　倍增时间，＊代时，＊增代时间　05.238
generative hypha　生殖菌丝　03.321
gene silencing　基因沉默　06.075
genetically modified organism　遗传修饰生物体　08.256
gene transfer　基因转移　06.096
genome　基因组　06.012
genome-linked protein　基因组结合蛋白　04.070
genomic island　基因组岛　08.182
genotype　基因型，＊遗传型　06.016
genotypic analysis　基因型分析，＊遗传分析　02.071
gentamicin　庆大霉素，＊艮他霉素　05.297
geosmin　[放线菌]土臭味素　05.141
germ-free animal　无菌动物　07.082
germ-free plant　无菌植物　07.081
germination　[孢子]萌发　05.246
germ pore　芽孔　03.339
germ slit　芽缝　03.340
germ tube　芽管　03.341
ghost　菌蜕　03.045
giant colony　巨大菌落　03.069
gibberellin　赤霉素　05.402
gill　菌褶　03.314
GIT　生长抑制试验　09.381
glass spreader　涂布器　09.216
gleba　产孢组织，＊产孢体　03.330
gliding　滑行　05.265
gliding bacteria　滑行细菌　03.021
gliotoxin　胶[霉]毒素　05.408
global regulation　全局调控　06.074
gloeoplerous hypha　胶膜菌丝　03.180
gloiospore　黏孢子团　03.506
gluconate oxidation test　葡糖酸盐氧化试验　09.351
glucose-asparagine agar　葡萄糖-天冬酰胺琼脂　09.127
glucose effect　葡萄糖效应　05.201
glycocalyx　糖萼，＊糖被　03.047
GMO　遗传修饰生物体　08.256
gnotobiology　悉生生物学　01.039
gnotobiote　悉生生物　07.079
gnotobiotic animal　悉生动物，＊已知菌动物　07.080
Gorodkowa agar　戈罗德卡娃琼脂　09.149
gougerotin　谷氏菌素，＊云谷霉素　05.409
gradient plate　梯度平板　09.157
gradostat　恒梯度器　08.073
gradualism　渐变论　02.013
gramicidin　短杆菌肽　05.362
Gram-negative bacteria　革兰氏阴性菌　03.019
Gram-positive bacteria　革兰氏阳性菌　03.018
Gram staining　革兰氏染色　09.079
granule　颗粒体　04.116
granulin　颗粒体蛋白　04.118
granulose　细菌淀粉粒　05.046
granulosis virus　颗粒体[症]病毒　04.037
grisein　灰霉素　05.363
griseofulvin　灰黄霉素　05.410
group translocation　基团转位　05.274
growth　生长　05.222
growth curve　生长曲线　05.223
growth factor　生长因子　05.144
growth inhibition test　生长抑制试验　09.381
Guarnieri body　瓜尔涅里小体，＊顾氏小体，＊天花包含体　04.113
GV　颗粒体[症]病毒　04.037
gymnothecium　裸囊壳　03.370

H

HA　血细胞凝集，*血凝　09.388
habitat　生境　07.013
haemolysis test　溶血试验　09.393
halophile　嗜盐微生物　07.055
halophilic microorganism　嗜盐微生物　07.055
halotolerant microorganism　耐盐微生物　07.067
halotolerent test　耐盐性试验　09.347
hamathecium　囊间组织，*囊间丝　03.397
hanging drop method　悬滴法　09.064
hapteron　菌索基，*脐索基　03.333
haptor　附着器，*吸盘　03.336
Hartig net　哈氏网，*胞间菌丝网　03.217
haustorium　吸器　03.207
hazardous waste　有害废物　08.238
HD　血细胞吸附　09.396
head　[噬菌体]头部　04.137
HE agar　赫克通肠道菌琼脂　09.142
heat fixation　热固定　09.066
heat-labile enterotoxin　不耐热肠毒素　08.286
heat shock protein　热激蛋白　05.258
heat shock response　热激应答　05.256
heat-stable enterotoxin　耐热肠毒素　08.287
Hektoen enteric agar　赫克通肠道菌琼脂　09.142
helical symmetry　螺旋对称　04.065
helicospore　卷旋孢子　03.480
helper virus　辅助病毒　04.049
hemadsorption　血细胞吸附　09.396
hemagglutination　血细胞凝集，*血凝　09.388
hemagglutination inhibition　血凝抑制　09.390
hemagglutination test　血凝试验　09.389
hemibiotroph　半活体营养菌　03.123
hemolysin　溶血素　05.134
hemolysis　溶血作用　09.394
hemolytic test　溶血试验　09.393
HEPA filter　高效空气过滤器　08.253
herbicidin　除莠菌素，*杀草菌素　05.377
herbimycin　除莠霉素，*除草霉素　05.384
heterobasidium　*异担子　03.411
heterocyst　异形[囊]胞　03.570
heteroecism　转主寄生　07.117
heterofermentation　异型发酵　08.025
heterogametangium　异形配子囊　03.278
heterogamete　异形配子　03.446
heterogamy　异配生殖　03.536
heterokaryon　异核体　03.251
heterolactic fermentation　异型乳酸发酵　08.030
heterology　异源性　06.020
heteromerous trama　异层式菌髓　03.316
heterothallism　异宗配合　03.532
heterotrophic succession　异养演替　07.024
heterotrophy　异养　05.161
heterotypic synonym　异模式异名　02.102
heterozygosity　杂合性　06.008
heterozygote　杂合子，*异形合子　03.457
hexagonally packed intermediate layer　规则对称表面层　05.002
hexon　六邻体　04.068
Hfr　高频重组　06.032
high efficiency particulate air filter　高效空气过滤器　08.253
high frequency of recombination　高频重组　06.032
high power objective　高倍物镜　09.038
high temperature short time method　高温瞬时消毒　09.283
hilar appendage　脐侧附肢　03.331
hilum　孢脐　03.337
his operon　组氨酸操纵子　06.081
holdfast　固着器　03.209
hollow-ground slide　凹玻片　09.055
holobasidium　无隔担子　03.410
holocarpic reproduction　整体产果式生殖　03.541
holomorph　全型　03.104
holomycin　全霉素　05.386
holotype　主模式　02.106
homobasidium　*同担子　03.410
homofermentation　同型发酵　08.024
homoimmune phage　同源免疫噬菌体　04.134
homoiomerous trama　同层式菌髓　03.317

homokaryon 同核体 03.250
homolactic fermentation 同型乳酸发酵 08.029
homology 同源性 06.019
homonym 同名 02.098
homothallism 同宗配合 03.531
homotypic synonym 同模式异名 02.101
homozygosity 纯合性 06.007
hongqu 红曲 08.268
hormogonium [蓝细菌]连锁体，*藻殖段 03.090
host 宿主 03.109，寄主 03.110
host-range mutant 宿主范围突变体 06.059
hot air sterilization 干热灭菌 09.276
HPI layer 规则对称表面层 05.002
hr mutant 宿主范围突变体 06.059
H_2S production test 硫化氢[产生]试验 09.322
HTST 高温瞬时消毒 09.283
HT-2 toxin HT-2 毒素 05.112
Hugh-Leifson medium 休-利夫森培养基 09.136
Hungate cultivation *亨盖特培养 09.175
hyaluronidase 透明质酸酶 05.059
hydrogen sulfide production test 硫化氢[产生]试验 09.322
hygromycin 潮霉素 05.298
hymenium 子实层 03.293
hymenomycetes 层菌 03.155
hymenophore 子实层体 03.292
hyperthermophile 超嗜热微生物 07.050
hyperthermophilic microorganism 超嗜热微生物 07.050
hypha 菌丝 03.174
hyphal body 虫菌体 03.173
hyphal fragment 菌丝段 03.177
hypha tip isolation 菌丝尖端切割分离法 09.200
hyphomycetes 丝孢菌 03.148
hyphopodium 附着枝 03.205
hypnosporangium 休眠孢子囊 03.436
hypnospore 休眠孢子 03.483
hypobasidium 下担子 03.415
hypogeal fungi 地下真菌 03.136
hypothallus 囊基膜，*基质层 03.227
hypothecium 囊层基 03.392
hysterothecium 缝裂囊壳 03.369

I

IAHA 免疫吸附血凝测定 09.391
icosahedral symmetry 二十面体对称 04.064
icosahedron capsid 二十面[体]衣壳 04.069
ID 感染剂量 08.186
ID_{50} 半数感染量 08.187
identification 鉴定 02.074
idiolite 次生代谢物 05.188
idiophase 次生代谢物合成期 05.189
idiotroph 营养特需型，*特需营养要求型 06.064
ilamycin 岛霉素 05.364
illegitimate name 不合法名称 02.087
immobilized cell 固定化细胞 08.083
immune adherence hemagglutination assay 免疫吸附血凝测定 09.391
immune serum 免疫血清 09.446
immunoaffinity chromatography 免疫亲和层析 09.434
immunobiosensor technique 免疫生物传感器技术 09.435
immunoblot 免疫印迹 09.437
immunodiffusion 免疫扩散 09.414
immunoelectron microscopy 免疫电镜术 09.439
immunoelectrophoresis 免疫电泳 09.417
immunofluorescence technique 免疫荧光技术 09.428
immunohistochemistry 免疫组织化学 09.436
immunolabelling technique 免疫标记技术 09.427
immunolocalization 免疫定位 09.432
imperfect fungi 半知菌[类] 03.146
imperfect state 不完全阶段，*无性阶段 03.103
IMViC test 吲哚、甲基红、伏-波、柠檬酸盐试验，*IMViC 试验 09.328
incineration 烧灼灭菌 09.272
inclusion body 包含体 04.111
incubator 培养箱，*恒温箱 09.306
India-ink capsule staining 墨汁荚膜染色 09.087
indicator 指示菌 07.033
indigenous flora 土著区系 07.017
indirect agglutination 间接凝集反应 09.399
indirect fluorescent antibody technique 间接荧光抗体技术 09.431
indirect fluorescent antibody test 间接荧光抗体技术

09.431
indirect germination 间接萌发 03.551
indirect immunosorbent assay 间接免疫吸附测定 09.445
indole test 吲哚试验 09.329
induced mutation 诱变 06.051
induced variation 诱变 06.051
indusium 菌裙，*菌膜网 03.313
industrial microbiology 工业微生物学 01.017
infectious nucleic acid 感染性核酸 04.055
infective dose 感染剂量 08.186
infectivity 感染性 08.185
Ingoldian fungi 英戈尔德氏真菌 03.149
ingroup 内群 02.010
initial body ［衣原体］始体 03.096
initial growth pH test 初始生长 pH 试验 09.344
inner membrane ［芽孢］内膜 03.085
inner veil 内菌幕，*半包幕 03.308
inoculating hook 接种钩 09.213
inoculating loop 接种环 09.211
inoculating needle 接种针 09.210
inoculating shovel 接种铲 09.212
inoculation 接种 09.209
inoculation chamber 接种室 09.215
inoculation hood 接种箱 09.214
inoculum 接种物，*种子培养物 09.208
inoculum effect 接种量效应 05.247
inoculum size 接种量 08.053
inorganic nitrogen utilization test 无机氮利用试验 09.348
insertional mutation 插入突变 06.044
insertion sequence 插入序列 06.113
in situ cultivation 原位培养 09.194
interference 干扰［作用］ 04.154
interferon 干扰素 04.155
internal transcribed spacer sequence 内转录间隔区序列 06.116
Internationnal Code of Nomenclature of Bacteria 国际细菌命名法规 02.077
interrupted mating 中断杂交 06.154
interspecies hydrogen transfer 种间分子氢转移 05.204
intimin 紧密黏附蛋白，*紧密黏附素 08.288
intracellular enzyme 胞内酶 05.054
invalid publication 不合格发表 02.084
invasive line 侵染线 07.100
invasiveness 侵袭力 08.183
invertebrate virus 无脊椎动物病毒 04.031
invert microscope 倒置显微镜 09.007
involution form 衰老型 05.243
iron cycle 铁循环 07.136
IS element 插入序列 06.113
isidium 裂芽，*珊瑚芽 03.571
isogametangium 同形配子囊 03.277
isogamete 同形配子 03.445
isogamy 同配生殖 03.535
isolation 分离 09.198
isolation by dilution in liquid 液体稀释分离法 09.199
isolation medium 分离培养基 09.150
isoplanogamete 同形游动配子 03.449
isosyntype 等合模式 02.109
isotype 等模式 02.107
istamycin 天神霉素 05.299
ITS 内转录间隔区序列 06.116
ivermectin 双氢除虫菌素，*伊佛霉素 05.315

J

jack-in-the-box dehiscence 套盒式开裂 03.403
jadomycin 杰多霉素，*嘉德霉素 05.337
jet loop fermenter 喷射环流发酵罐 08.066
jiuyao 酒药 08.272
josamycin 交沙霉素 05.316

K

Kahn test 卡恩试验，*康氏试验 09.447
kanamycin 卡那霉素 05.300
karyogamy 核配 06.120
kasugamycin 春日霉素 05.411

KCN test 氰化钾试验 09.345
killer yeast 嗜杀酵母菌 03.145
kinetosome 动体 03.267
Kluyver effect 克鲁维效应 05.202
Koch phenomenon 科赫现象，*郭霍现象 05.249
koji 日本酒曲 08.267
kojic acid 曲酸 05.115
Kolle flask 克氏[扁]瓶 09.314
Kolmer test 科氏试验 09.333
Koster staining 科斯特染色 09.086
Kovács oxidase reagent 科瓦奇氧化酶试剂，*柯氏氧化酶试剂 09.325
Kovács reagent 科瓦奇试剂，*柯氏试剂 09.326

L

laboratory area 实验室分区 08.247
laboratory-associated infection 实验室相关感染 08.231
lac operon 乳糖操纵子 06.078
β-lactam antibiotics β-内酰胺类抗生素 05.283
lactic acid bacteria 乳酸菌 03.024
lactose operon 乳糖操纵子 06.078
lagoon 氧化塘 08.140
lag phase 延滞期 05.233
LAL test 鲎试验 09.406
lambda bacteriophage λ噬菌体 04.128
lamella 菌褶 03.314
laminar flow cabinet 超净台，*洁净工作台 09.217
Lancefield streptococcal grouping test 蓝氏链球菌分群试验 09.334
lapinized virus 兔化毒 04.121
latent infection 潜伏性感染，*潜在性感染 04.099
latent period 潜伏期 04.087
latent virus 潜伏病毒 04.046
late protein 晚期蛋白 04.083
lateral force microscope 横向力显微镜 09.023
later homonym 晚出同名 02.099
lawn 菌苔 03.074
LB medium 卢里亚-贝尔塔尼培养基，*LB 培养基 09.138
LC 致死浓度 09.290
LD_{50} 半数致死量 09.288
leaky mutant 渗漏突变体 06.060
leaky mutation 渗漏突变 06.049
lecithinase test 卵磷脂酶试验 09.359
lectotype 后选模式 02.111
leghemoglobin 豆血红蛋白 05.032
legitimate name 合法名称 02.086
Leifson flagella staining 利夫森鞭毛染色，*赖夫松鞭毛染色 09.080
lens 透镜 09.031
lepromin 麻风菌素 05.078
lepromin test 麻风菌素试验 09.377
lethal concentration 致死浓度 09.290
lethal dose 致死剂量 09.287
50% lethal dose 半数致死量 09.288
lethal mutation 致死突变 06.035
lethal zygosis 致死接合 06.098
leucocidin 杀白细胞素 05.031
leucocyan 藻蓝素 05.040
leucolysin 白细胞溶素 05.097
leucomycin 柱晶白霉素，*北里霉素 05.317
leven production test 果聚糖产生试验 09.350
LFM 横向力显微镜 09.023
L-form bacteria L型细菌 03.022
lichen 地衣 03.554
light microscope 光学显微镜 09.003
limulin 鲎凝集素 09.405
limulus amoebocyte lysate test 鲎试验 09.406
limulus assay 鲎试验 09.406
lincomycin 林可霉素，*洁霉素 05.413
lipase test 脂肪酶试验 09.358
lipopolysaccharide 脂多糖 05.016
lipoteichoic acid 脂磷壁酸 05.010
liquid medium 液体培养基 09.103
liquid nitrogen cryopreservation 液氮保藏 09.263
liquid state fermentation 液态发酵，*液体发酵 08.038
listeriosis 李斯特氏菌病 08.280
lithotrophy *无机营养 05.165
litmus milk test 石蕊牛奶试验 09.323
live bacterial vaccine 活菌苗 08.194
live vaccine 活疫苗 08.193
localized adherence 局灶性黏附 08.152

locule 子囊腔 03.377
loculoascomycetes 腔菌 03.142
Loeffler methylene blue 吕氏亚甲蓝，*吕氏甲烯蓝，*吕氏美蓝 09.083
Loeffler serum medium 吕氏血清培养基，*吕夫勒血清培养基 09.116
log phase 对数期 05.235
lomasome 膜边体，*须边体，*质膜外泡 03.268
loop fermenter 环流发酵罐 08.065
lophotricha 丛[鞭]毛菌 03.015
lovastatin 洛伐他汀 05.414
low power objective 低倍物镜 09.037
low virulent strain 弱毒株 08.204
LSCM 激光扫描共聚焦显微镜 09.020
LT 不耐热肠毒素 08.286
LTA 脂磷壁酸 05.010
Lugol iodine solution 鲁氏碘液 09.082
luminescent bacteria 发光细菌 08.146
luminescent immunoassay 发光免疫测定 09.440
Luria-Bertani medium 卢里亚-贝尔塔尼培养基，*LB 培养基 09.138
lyophilization preservation 冷冻[真空]干燥保藏 09.256
lysin [细胞]溶素 05.130
lysine decarboxylase test 赖氨酸脱羧酶试验 09.360
lysis inhibition [噬菌体]裂解阻抑 04.147
lysogen 溶原菌 04.132
lysogenesis 溶原化，*溶原现象 04.151
lysogenic conversion 溶原性转换 04.153
lysogenic phage *溶原性噬菌体 04.131
lysogenization 溶原化，*溶原现象 04.151
lysogeny 溶原性 04.152
lysostaphin 溶葡萄球菌素 05.117
lysozyme 溶菌酶，*胞壁酸酶 05.067
lysozyme resistant test 溶菌酶抗性试验 09.338
lytic cycle 裂解周期 04.091
lytic virus 裂解性病毒 04.040

M

Macchiavello staining 麦氏染色 09.090
MacConkey medium 麦氏培养基，*麦康凯培养基 09.120
macroconidium 大[型]分生孢子 03.496
macrocyst [黏菌]大囊胞，*大包囊 03.258
macrolide antibiotics 大环内酯类抗生素 05.310
magnetosome 磁小体 05.275
magnetotaxis 趋磁性 07.003
magnification 放大率 09.051
main fermentation 主发酵 08.039
malachite green solution 孔雀[石]绿溶液 09.085
malanate utilization test 丙二酸盐利用试验 09.361
mallein test [马]鼻疽菌素试验 09.372
mal operon 麦芽糖操纵子 06.083
malt extract 麦芽汁 09.162
malt extract medium 麦芽汁培养基 09.112
malt wort 麦芽汁 09.162
Mandler filter 曼德勒滤器 09.295
mantle 菌套 03.218
marine microbiology 海洋微生物学 01.026
Martin medium 马丁培养基 09.130
mash 醪液 08.081
masked mycotoxin 隐蔽型真菌毒素 05.107
mastigoneme 鞭[毛]茸，*茸毛丝 03.041
matching coefficient method 匹配系数法 02.062
maturation period 成熟期 04.089
maximum likelihood 最大似然法 02.068
maximum parsimony 最大简约法 02.067
maximum specific growth rate 最大比生长速率 05.228
mazaedium 粉孢团 03.358
McFarland turbidity tube 麦克法兰比浊管 09.245
MCP 甲基受体趋化蛋白 05.018
MDO 膜源寡糖 05.019
MDP *N*-乙酰胞壁酰二肽 05.017
median infective dose 半数感染量 08.187
medical microbiology 医学微生物学 01.014
medulla 地衣髓层 03.569
medullary excipulum 髓囊盘被，*内囊盘被，*盘下层 03.376
megaplasmid 巨大质粒 06.146
meiosporangium 减数分裂孢子囊 03.434
meiospore 减数分裂孢子 03.472
membrane-derived oligosaccharide 膜源寡糖 05.019
membrane filter 膜滤器 09.299

membrane filter technique 膜过滤技术 09.300
membrane teichoic acid 膜磷壁酸 05.011
merosporangium 柱孢子囊 03.437
merozygote 局部杂合子，＊部分合子 06.009
mesophilic microorganism 嗜中温微生物 07.058
mesosome 间体 03.056
mesospore ［孢子］中壁层 03.467
mesosporium ［孢子］中壁层 03.467
metabasidium 变态担子 03.418
metabiosis 代谢共栖，＊互生 07.111
metabolic engineering 代谢工程 08.022
metabolic inhibition test 代谢抑制试验 09.382
metabolism 新陈代谢，＊代谢 05.185
metachromatic granule 异染［颗］粒 03.059
metagenome 宏基因组，＊元基因组 06.013
metagenomics 宏基因组学，＊元基因组学 01.010
methangenesis 甲烷形成作用 08.144
methanochondrion 甲烷膜粒 03.055
methanochondroitin 甲烷菌软骨素 05.005
methanofuran 甲烷呋喃 05.151
methanogen 产甲烷菌 03.035
methanogenesis 产甲烷［作用］ 05.143
methanotrophy 甲烷营养 05.174
methazotrophy 甲胺氮营养 05.175
methyl-accepting chemotaxis protein 甲基受体趋化蛋白 05.018
methylene blue reduction test 亚甲蓝还原试验，＊美蓝还原试验 09.335
methylotrophy 甲基营养 05.176
methyl red test 甲基红试验 09.330
methymycin 酒霉素 05.318
metula 梗基 03.355
MHA-TP 梅毒螺旋体抗体微量血凝试验 09.392
MIC 最低抑制浓度 09.291
microaerophile 微需氧菌 05.157
microbial biochemistry 微生物生物化学 01.007
microbial control 微生物防治 08.116
microbial ecology 微生物生态学 01.013
microbial ecosystem 微生物生态系统 07.126
microbial fertilizer 微生物肥料，＊菌肥 08.098
microbial forensics 微生物法医学 01.015
microbial fuel cell 微生物燃料电池 08.011
microbial genetics 微生物遗传学 01.008
microbial genomics 微生物基因组学 01.009
microbial inoculant 微生物接种剂，＊菌剂 07.073
microbial insecticide 微生物杀虫剂 08.105
microbial leaching 微生物浸矿 08.009
microbial loop 微生物［食物］环 07.042
microbial mat 微生物垫 07.041
microbial metabolomics 微生物代谢组学 01.012
microbial pesticide 微生物农药 08.104
microbial physiology 微生物生理学 01.006
microbial proteomics 微生物蛋白质组学 01.011
microbial sensor 微生物传感器 08.008
microbial taxonomy 微生物分类学 01.005
microbiology 微生物学 01.002
microbiosensor 微生物传感器 08.008
microbody 微体 03.261
microbody-lipid globule complex 微体-脂质小球状复合体 03.262
microcapsule 微荚膜 03.050
microconidium 小［型］分生孢子 03.497
microcyst ［黏菌］小囊胞，＊微包囊 03.259
microdysbiosis 微生态失调 07.038
microecologics 微生态制剂，＊益生菌剂 07.075
microecology 微生态学 01.022
microecosystem 微生态系统 07.127
microenvironment 微环境 07.040
microeubiosis 微生态平衡 07.037
microflora 微生物区系 07.016
microhemagglutination assay for antibody to *Treponema pallidum* 梅毒螺旋体抗体微量血凝试验 09.392
micromanipulation 显微操作 09.043
micromanipulator 显微操作器 09.044
micronutrient 微量营养物 05.152
microorganism 微生物 01.001
microscope 显微镜 09.001
microscope condenser 显微镜集光器 09.040
microscopic examination 镜检 09.069
microscopy 显微术 09.002
MID 最小感染量 08.188
midecamycin 麦迪霉素，＊美迪加霉素 05.319
milbemycin 米尔贝霉素 05.320
mildew 霉菌病 03.119
millipore membrane filter ＊微孔膜滤器 09.299
minimal infecting dose 最小感染量 08.188
minimal medium 基本培养基 09.096
minimum inhibitory concentration 最低抑制浓度

09.291
minimum lethal dose 最小致死量，＊最低致死量 09.289
missense mutation 错义突变 06.042
MIT 代谢抑制试验 09.382
mithramycin 光神霉素，＊光辉霉素 05.415
mitic system 菌丝体系 03.318
mitomycin 丝裂霉素 05.416
mitosporangium 有丝分裂孢子囊 03.435
mitospore 有丝分裂孢子 03.473
mixed acid fermentation 混合酸发酵 08.031
mixed cultivation 混合培养，＊混菌培养 09.187
mixed fermentation 混菌发酵 08.028
mixotrophy 混合营养 05.177
MLD 最小致死量，＊最低致死量 09.289
MLST 多位点序列分型 09.455
MOI 感染复数 04.102
molasses 糖蜜 09.169
mold 霉菌 03.137
molecular characteristics 分子特征 02.035
molecular chronometer 分子钟 02.023
molecular clock 分子钟 02.023
molecular systematics 分子系统学 02.002
molecular taxonomy 分子分类学 02.039
molecular typing 分子分型 09.456
monensin 莫能霉素 05.348
moniliformin 串珠镰孢霉素 05.076
monocular microscope 单目显微镜 09.005
monokaryon 单核体 03.249
monomorphism 单形现象，＊单态性 06.001
mononegavirus 单负链病毒 04.015
monophyletic group 单系群 02.007
monophyletic taxon 单系分类单元 02.046
monopolar ecosystem 单极生态系统 07.128
monotricha 单鞭毛菌 03.013
mordant 媒染剂 09.062
mordant dyeing 媒染 09.061
morphological characteristics 形态学特征 02.033
morphological species concept 形态种概念 02.052
morphotype 形态型 02.058
morphovar 形态型 02.058
most probable number method 最大概率法，＊最大可能数法，＊最大或然数法 09.246
mould 霉菌 03.137
mould deterioration 霉变 08.090
mounting medium 样品封固剂 09.068
M13 phage M13 噬菌体 04.129
MPNM 最大概率法，＊最大可能数法，＊最大或然数法 09.246
MRS medium 德曼-罗戈萨-夏普培养基 09.146
mucoid colony 黏液型菌落 03.068
mucor 毛霉菌 03.168
multicomponent virus 多分体病毒 04.033
multilocus sequence typing 多位点序列分型 09.455
multiple fission 复分裂 05.221
multiplicity of infection 感染复数 04.102
multipolar budding 多极出芽 03.553
muramic acid 胞壁酸 05.012
mureinoplast 胞壁质体 05.263
muscarine 毒蝇碱 05.100
mushroom 蘑菇 03.153
mutagen 诱变剂 06.052
mutagenesis 诱变 06.051
mutant 突变体 06.053
mutasynthesis 突变合成 05.196
mutation 突变 06.033
mutation breeding 诱变育种 08.005
mutation theory 突变论 02.014
mutator phage 诱变噬菌体，＊Mu 噬菌体 04.135
mutualism 互利共生，＊互惠共生 07.107
mycangium ［甲虫］贮菌器 03.241
mycelial cord 菌索 03.244
mycelianamide 菌丝酰胺 05.417
mycelium 菌丝体 03.186
mycelium pellet 菌丝球 08.007
myceloconidium ＊菌丝分生孢子 03.486
mycetocyte 菌胞，＊含菌细胞 07.096
mycetome 含菌体 07.097
mycobacterial growth inhibitory factor 结核分枝杆菌增殖抑制因子 08.165
mycobiont 地衣共生菌，＊真菌共生体 03.134
mycocide 杀真菌剂 08.214
mycoderm ＊［菌］醭 03.075
MycoIF 结核分枝杆菌增殖抑制因子 08.165
mycolic acid 分枝菌酸 05.104
mycology 真菌学 01.033
mycomycin 菌霉素 05.418
mycophage ＊真菌噬菌体 04.028

mycophenolic acid　霉酚酸，＊麦考酚酸　05.419
mycoplasma　支原体　03.093
mycorrhiza　菌根　03.211
mycorrhizal fungi　菌根真菌　03.135
mycosis　真菌病　03.118
mycostatin　制霉菌素　05.342
mycotoxin　真菌毒素　05.106
mycovirus　真菌病毒　04.028
mydecamycin　麦迪霉素，＊美迪加霉素　05.319
myxamoeba　黏变形体　03.228
myxobacteria　黏细菌　03.025
myxomycete　黏菌　03.166

N

naked virion　裸露病毒粒子　04.019
naked virus　裸露病毒　04.018
nanchangmycin　南昌霉素　05.349
natamycin　纳他霉素　05.341
natural medium　天然培养基　09.098
nebramycin　暗霉素　05.301
necrotrophy　坏死营养　05.178
negative staining　负染[色法]，＊背景染色法　09.073
negative stranded ssRNA virus　负链单链 RNA 病毒　04.013
Negri body　内氏小体，＊内基小体　04.114
Neisser staining　奈瑟染色　09.088
neocarzinostatin　新制癌菌素　05.420
neomycin　新霉素　05.302
neotype　新模式　02.112
netropsin　纺锤菌素　05.365
neuraminidase　神经氨酸酶，＊唾液酸酶　05.065
neurotoxin　神经毒素　05.119
neutralism　无关共栖　07.112
neutralizatial antibody　中和抗体　09.453
neutralization test　中和试验　09.422
neutrophilic microorganism　嗜中性微生物　07.057
niche　生态位　07.014
nidovirus　套式病毒　04.021
nikkomycin　尼可霉素，＊日光霉素　05.379
ningnanmycin　宁南霉素　05.380
nisin　乳酸链球菌素　08.296
nitragin　根瘤菌剂　08.111
nitrate reduction　硝酸盐还原作用　07.150
nitrate reduction test　硝酸盐还原试验　09.319
nitrate respiration　硝酸[盐]呼吸　05.208
nitrification　硝化作用　07.148
nitrite ammonification　亚硝酸氨化作用　07.153
nitrogen cycle　氮循环　07.133
nitrogen fixation　固氮作用　07.138
nitrogen source　氮源　05.154
3-nitropropionic acid　3-硝基丙酸　05.096
nocardicin　诺卡菌素　05.290
nomenclatural synonym　＊命名法异名　02.101
nomenclature　命名　02.075
nomenclature code　命名法规　02.076
nomen conservandum　保留名称　02.096
nomen nudum　裸名，＊空名称　02.097
non-occluded virus　非包含体病毒　04.039
nonpermissive cell　非允许细胞，＊非受纳细胞　04.108
nonsense mutation　无义突变　06.040
nonseptate hypha　无隔菌丝　03.183
nonstructural protein　非结构蛋白　04.072
normal flora　正常菌群　08.173
NOV　非包含体病毒　04.039
novobiocin　新生霉素　05.421
N-protein　[噬菌体] N 蛋白　04.148
NPV　核[型]多角体病毒　04.035
nuclear cap　核帽　03.256
nuclear polyhedrosis virus　核[型]多角体病毒　04.035
nucleocapsid　核[衣]壳　04.058
nucleoid　类核，＊拟核　04.063
nucleopolyhedrovirus　核[型]多角体病毒　04.035
nucleoside antibiotics　核苷类抗生素　05.373
numerical aperture　数值孔径　09.050
numerical taxonomy　数值分类法，＊统计分类法　02.061
nutrient agar　营养琼脂　09.109
nutrient broth　营养肉汤　09.110
nutriocyte　营养胞　03.240
nystatin　制霉菌素　05.342

O

O antigen　菌体抗原，＊O 抗原　08.190
objective　物镜　09.036
objective micrometer　＊物镜测微计　09.041
objective synonym　＊客观异名　02.101
obligate parasite　专性寄生物　03.116
obligatory parasitism　专性寄生　07.118
occluded virus　包含体病毒　04.034
occlusion-derived virion　包埋型病毒粒子　04.043
ochratoxin　赭曲毒素　05.109
ocular　目镜　09.034
ocular chamber　＊眼室　03.386
ocular micrometer　目镜测微计，＊目镜测微尺　09.042
ODV　包埋型病毒粒子　04.043
oidiophore　粉孢子梗　03.347
oidium　粉孢子　03.508
oidization　粉孢配合　03.540
oil immersion objective　油浸物镜，＊油镜　09.039
old tuberculin　旧结核菌素　08.166
oleandomycin　竹桃霉素　05.321
oligodynamic action　微动作用，＊微量动力作用　05.213
oligonucleotide signature sequence　寡核苷酸标识序列　02.036
oligotrophic microorganism　贫营养微生物　07.070
oncovirus　肿瘤病毒　04.045
one-step growth curve　一步生长曲线　04.085
ontogenic system　个体发育体系　03.527
oogonium　藏卵器　03.288
oomycetes　卵菌　03.165
ooplasm　卵质　03.272
ooplast　卵质体　03.273
oosphere　卵球　03.454
oospore　卵孢子　03.507
opaque disc　暗视野遮光板　09.010
open fermentation　敞口发酵　08.043
operator　操纵基因，＊操作子　06.084
operculum　囊盖　03.404
operon　操纵子　06.077
ophiobollin　蛇孢菌素　05.422
opportunistic pathogen　机会致病菌，＊条件致病菌　08.171
optical tweezer　光学镊子　09.045
Optochin test　奥普托欣试验　09.375
organotrophy　＊有机营养　05.168
original material　原始材料　02.079
orphan anamorph　孤儿无性型　03.108
orthologous gene　种间同源基因，＊直系同源基因　06.117
osmophile　嗜高渗微生物　07.047
osmophilic microorganism　嗜高渗微生物　07.047
osmoregulatory switch　渗透压调节开关　05.252
osmotrophy　渗透营养　05.180
ostiole　孔口　03.387
OT　旧结核菌素　08.166
O/129 test　O/129 试验　09.356
outer membrane　[芽孢]外膜　03.083
outgroup　外群　02.011
OV　包含体病毒　04.034
oxamycin　＊氧霉素　05.399
Oxford strain　牛津菌株　09.294
Oxford unit　牛津单位　09.293
oxidase test　氧化酶试验　09.327
oxidation ditch process　氧化沟法　08.135
oxidation-fermentation test medium　氧化发酵试验培养基　09.135
oxidation pond　氧化塘　08.140
oxidative stress　氧胁迫　05.250
oxygen consumption rate　氧消耗速率　08.052
oxygenic photosynthesis　产氧光合作用　07.144
oxygen requirement　需氧量　08.125
oxygen requirement test　需氧性试验　09.349
oxygentaxis　趋氧性　07.007
oxytetracycline　土霉素，＊氧四环素　05.331
oxytropism　向氧性　07.010
oyamycin　间型霉素　05.376

P

PAC 噬菌体人工染色体 06.124
PAI 毒力岛，*致病性岛 08.181
paleomicrobiology 古微生物学 01.036
pantropic virus 泛嗜性病毒 04.024
paragymnophymenial development 半裸果型发育，*拟裸子实层式发育 03.544
paralogous gene 种内同源基因，*旁系同源基因 06.118
paraphyletic group 偏系群，*并系群 02.009
paraphyletic taxon 偏系分类单元，*并系分类单元 02.048
paraphysis 侧丝 03.393
parasexuality 准性生殖 03.530
parasite 寄生物 03.114
parasitism 寄生 07.115
parasporal crystal 伴孢晶体 03.087
paratype 副模式 02.110
parenthesome 桶孔覆垫 03.199
paromomycin 巴龙霉素 05.303
parsimony 简约法，*简约性 02.066
partial veil 内菌幕，*半包幕 03.308
γ-particle γ粒 03.263
part spore 分孢子 03.518
pass-box 传递窗 08.251
Pasteur effect 巴氏效应，*巴斯德效应 05.200
pasteurization 巴氏消毒，*巴斯德消毒 09.282
pathogen 病原体 08.168
pathogenicity 致病性 08.184
pathogenicity island 毒力岛，*致病性岛 08.181
pathotype 致病型 02.056
pathovar 致病型 02.056
patulin 展青霉素 05.291
PCB 藻蓝胆素 05.037
PDA 马铃薯葡萄糖琼脂 09.122
PDV 多角体型病毒粒子 04.042
PEB 藻红胆素 05.036
pectin hydrolysis test 果胶水解试验 09.342
pellicle 菌膜 03.075
penetration 穿入，*侵入 04.075
penicillic acid 青霉酸 05.423
penicillin 青霉素 05.287
penicillinase 青霉素酶 05.066
penicillium 青霉菌 03.169
penicillus 帚状枝，*霉帚 03.354
penton 五邻体 04.067
peplos 囊膜，*包膜 04.061
peptidoglycan 肽聚糖 05.006
peptone [蛋白]胨 09.166
peptone broth 蛋白胨汁 09.125
peptone-yeast extract-glucose medium [蛋白]胨酵母膏葡萄糖培养基 09.124
perfect fungi 完全真菌 03.100
perfect state 完全阶段 03.102
perfringocin 产气荚膜梭菌素 05.099
peribacteroid membrane 类菌体周膜 07.095
peridiole 小包 03.406
peridiolum 小包 03.406
peridium 包被 03.297
periodic subculture preservation 传代保藏，*定期移植 09.252
periphysis 缘丝，*周丝 03.398
periphysoid 类缘丝，*拟缘丝 03.399
periplasm [卵]周质 03.274
periplasmic flagellum 周质鞭毛 03.042
periplasmic space 周质间隙 03.051
perispore [孢子]包被层 03.464
perisporium [孢子]包被层 03.464
perithecium 子囊壳 03.364
peritricha 周[鞭]毛菌 03.014
permease 通透酶 05.053
permissive cell 允许细胞，*受纳细胞 04.107
persistent infection 持续性感染 04.100
personal protective equipment 个人防护装备 08.246
pesticin 鼠疫菌素 05.118
Petri dish 培养皿 09.303
petroleum microbiology 石油微生物学 01.019
Pfeiffer phenomenon 普法伊费尔[溶菌]现象，*费菲[溶菌]现象 09.395

PFU　噬斑形成单位　04.123
PGPR　植物促生根际菌　08.113
phage　噬菌体，＊细菌病毒　04.126
phage artificial chromosome　噬菌体人工染色体　06.124
phage display technique　噬菌体展示技术　04.149
phagemid　噬粒　06.129
phage peptide library　噬菌体肽库　04.150
phagotrophy　吞噬营养　05.179
phagovar　噬菌型　02.059
phalloidin　鬼笔[毒]环肽　05.101
phallotoxin　鬼笔毒素　05.102
phaneroplasmodium　显型原质团　03.232
pharmaceutical gradient plate　＊药物梯度平板　09.157
phase contrast microscope　相差显微镜　09.011
phase [diffraction] plate　相[差]板　09.012
phase ring　相环　09.013
phasmid　噬粒　06.129
PHB　聚 β-羟基丁酸酯　05.048
phenotype　表型　06.017
phenotypic analysis　表型分析　02.070
phenylalanine deaminase test　苯丙氨酸脱氨酶试验　09.357
pheromone　信息素　05.026
phialide　瓶梗　03.353
phialoconidium　瓶梗[分生]孢子　03.502
phialospore　瓶梗[分生]孢子　03.502
phobotaxis　趋避性　07.004
phonetic classification　表征分类　02.041
phosphatase test　磷酸酯酶试验　09.355
phosphonomycin　磷霉素　05.424
phosphorus bacteria inoculant　磷细菌肥料　08.099
phosphorus cycle　磷循环　07.135
photo-assimilation　光同化作用　07.143
photolithoautotrophy　＊光能无机自养　05.170
photolithotrophy　光能无机营养　05.170
photomicrograph　显微照片　09.048
photomorphogenesis　光[致]形态发生　05.278
photoorganoheterotrophy　＊光能有机异养　05.171
photoorganotrophy　光能有机营养　05.171
photoreactivation　光复活[作用]　06.068
photosynthetic bacteria　光合细菌　07.088
phototaxis　趋光性　07.005
phototrophy　光能营养　05.169
phototropism　向光性　07.009
phragmobasidium　有隔担子　03.411
phragmoconidium　多隔分生孢子　03.494
phragmospore　多隔孢子　03.475
phthioic acid　结核菌酸　05.015
phycobilin　藻胆素　05.035
phycobiliprotein　藻胆蛋白　05.038
phycobilisome　藻胆蛋白体　03.092
phycobiont　共生藻，＊需光共生体　03.559
phycocyanin　藻蓝蛋白，＊藻青蛋白　05.039
phycocyanobilin　藻蓝胆素　05.037
phycoerythrin　藻红蛋白　05.041
phycoerythrobilin　藻红胆素　05.036
phycophage　＊噬藻体　04.027
phyllospheric microorganism　叶际微生物　07.086
phylogenetic classification　系统发育分类　02.006
phylogenetic species concept　系统发育种概念　02.053
phylogenetic systematics　＊系统发育系统学　02.003
phylogenetic tree　系统发育树，＊进化系统树　02.005
phylogeny　系统发育，＊系统发生　02.004
physiological and metabolic characteristics　生理学与代谢特征　02.034
phytocidin　植物杀菌素　08.112
phytone　植胨，＊植物蛋白胨　09.168
piezophile　嗜压微生物　07.056
pileipellis　菌盖皮层　03.300
pileocystidium　菌盖囊状体　03.302
pileus　菌盖　03.299
pilin　菌毛蛋白　05.023
pilus　菌毛，＊纤毛，＊伞毛　03.043
pimaricin　＊匹马菌素　05.341
pinocytosis　胞饮[作用]　05.269
planogamete　游动配子　03.448
planozygote　游动合子　03.459
plant growth promoting rhizobacteria　植物促生根际菌　08.113
plant virus　植物病毒　04.029
plaque　噬斑　04.122
plaque assay　噬斑测定　04.125
plaque forming unit　噬斑形成单位　04.123
plasma coagulase test　血浆凝固酶试验　09.441
plasmgamy　质配　06.121
plasmid　质粒　06.127
plasmid compatibility　质粒相容性　06.130
plasmid fingerprint　质粒指纹图　06.149

plasmid incompatibility 质粒不相容性，*质粒不亲和性 06.131
plasmid mobilization 质粒迁移作用 06.133
plasmid pattern 质粒图谱 06.148
plasmid profile 质粒图谱 06.148
plasmid rescue 质粒获救 06.132
plasmodiocarp 联囊体 03.224
plasmodium 原质团 03.229
plate counting 平板计数 09.244
plate medium 平板培养基，*平板 09.154
plate streaking 平板划线 09.178
plating 平板接种 09.177
plectenchyma 密丝组织 03.192
plesiomorphy 祖征 02.026
pneumocandin 纽莫康定 05.360
pneumolysin 肺炎链球菌溶血素 05.136
pock assay 痘疱试验 09.373
podetium 果柄，*衣盘柄 03.574
point mutation 点突变 06.039
polarity mutation 极性突变 06.045
polarity of character 特征极性 02.032
polyauxotroph 多重营养缺陷型 06.063
polyene antibiotics 多烯类抗生素 05.338
polyether antibiotics 聚醚类抗生素 05.346
polyhedrin 多角体蛋白 04.117
polyhedron 多角体 04.115
polyhedron-derived virion 多角体型病毒粒子 04.042
poly-β-hydroxybutyrate 聚β-羟基丁酸酯 05.048
polymorphism 多形现象，*多态性 06.003
polymyxin 多黏菌素 05.368
polyoxin 多氧菌素，*多抗霉素，*多效霉素 05.378
polypeptide antibiotics 多肽类抗生素 05.350
polyphasic taxonomy 多相分类法 02.065
polyphyletic group 多系群 02.008
polyphyletic taxon 多系分类单元，*复系分类单元 02.047
polysilicate plate 聚硅酸盐平板 09.156
polyvalent vaccine 多价疫苗 08.196
population 种群 07.011
poroconidium 孔出分生孢子 03.501
positive pressure suit 正压服 08.260
positive stranded ssRNA virus 正链单链RNA病毒 04.014
potassium bacteria inoculant 钾细菌肥料 08.101
potato dextrose agar 马铃薯葡萄糖琼脂 09.122
PPD 纯化蛋白衍生物 05.050
PPE 个人防护装备 08.246
prebiotics 益生原，*益生元 07.077
precipitation 沉淀反应 09.407
precipitation test 沉淀试验 09.408
precipitin 沉淀素 09.410
precipitinogen 沉淀原 09.409
predacious fungi 捕食真菌 03.117
predation 捕食[作用] 07.119
predictive microbiology 预测微生物学 01.028
preservation by vacuum dry 真空干燥保藏 09.255
preservation in carrier 载体保藏 09.254
preservation in liquid paraffin 液体石蜡保藏 09.258
preservation in suspension 悬液保藏 09.253
preservation on bran 麸皮保藏 09.259
preservation on sand-soil 砂土保藏 09.260
preservation on slope 斜面保藏 09.257
preservative 防腐剂 08.295
prespore cell 前孢子细胞 03.220
press-drop method 压滴法 09.065
pressure cycle fermenter 加压循环发酵罐 08.067
prestalk cell 前柄细胞 03.221
primary appendage 初生附属物 03.334
primary containment 一级防护 08.240
primary culture 原始培养物 09.233，原代培养物 09.234
primary ecology 原生态 07.039
primary fermentation 前发酵 08.033
primary host 原始寄主 03.111
primary hypha 初生菌丝 03.184
primary metabolism 初生代谢，*初级代谢 05.186
primary septum 初生隔膜 03.196
primary stain 初染 09.060
primary succession 原生演替 07.022
primary zoospore 初生游动孢子 03.513
prion 朊病毒，*普里昂，*朊粒 04.004
priority 优先律，*优先权 02.078
probasidium 原担子，*先担子 03.417
probiotics 益生素 07.076
prodigiosin 灵菌红素，*灵杆菌素 05.425
prodigiosus toxin 灵菌毒素 05.092
productive infection ［噬菌体］生产性感染 04.146
progametangium 原配子囊 03.276

progenote 始祖生物 01.040
prokaryote 原核生物 01.048
promiscuous plasmid 泛主质粒 06.134
promoter 启动子 06.086
promotor 启动子 06.086
promycelium 先菌丝，*原菌丝 03.419
propeller loop fermenter 螺旋桨式环形发酵罐 08.060
prophage 原噬菌体，*前噬菌体 04.133
prosenchyma 疏丝组织，*长轴组织 03.193
prosorus 原孢子堆 03.432
prosporangium 原孢子囊 03.433
protective clothing 防护服 08.258
protective respirator 防护呼吸器 08.259
proteobacteria 变形菌 03.023
protista 原生生物 01.041
protistology 原生生物学 01.037
protobasidium 原担子，*先担子 03.417
protologue 原白，*原始资料 02.080
protoperithecium 原子囊壳 03.365
protophyte 原生植物 01.043
protoplasmodium 原始型原质团 03.230
protoplast 原生质体 03.052
protoplast fusion 原生质体融合 06.119
protoplast regeneration 原生质体再生，*细胞壁再生 05.245
prototroph 原养型 06.061
prototrophic bacteria 原养菌 03.020
prototunicate ascus 原囊壁子囊 03.382
protozoan 原生动物 01.042
protozoan virus 原虫病毒 04.026
protozoology 原生动物学 01.038
provirus 原病毒，*前病毒 04.048
PSB 光合细菌 07.088
pseudocapillitium 假孢丝 03.236
pseudoepithecium 假囊层被 03.391
pseudomembrane 假膜，*伪膜 08.160
pseudomycelium 假菌丝体 03.187
pseudoparaphysis 拟侧丝，*假侧丝 03.394
pseudoparenchyma 拟薄壁组织，*假薄壁组织 03.194
pseudopeptidoglycan 假肽聚糖 05.007
pseudoperidium 拟包被 03.298
pseudoperithecium 假[子]囊壳 03.367
pseudoplasmodium 假原质团，*蛞蝓体 03.233
pseudosclerotial plate *假菌核平板图 03.203
pseudoseptum 假隔膜 03.200
pseudothecium 假[子]囊壳 03.367
pseudotype virus 假型病毒 04.052
pseudovirion 假病毒粒子，*假病毒体 04.053
psychrophile 嗜冷微生物 07.051
psychrotolerant microorganism 耐冷微生物 07.062
puffball 马勃 03.160
pulsed-field gel electrophoresis 脉冲电场凝胶电泳 09.420
punctuated equilibrium 点[断]平衡 02.019
pure cultivation 纯培养 09.197
pure culture 纯培养物 09.230
purification 纯化 09.226
purified protein derivative 纯化蛋白衍生物 05.050
purple membrane 紫膜 03.060
putrefaction 腐败 08.091
pycnidiospore 器孢子 03.509
pycnidium 分生孢子器 03.351
pycniospore [锈菌]性孢子 03.443
pycnium [锈菌]性孢子器 03.281
pycnosclerotium 器菌核 03.243
PYG medium [蛋白]胨酵母膏葡萄糖培养基 09.124
pyocyanin 绿脓[菌]素 05.088
pyocyanolysin 绿脓杆菌溶血素 05.090
pyofluorescein 绿脓菌荧光素 05.089
pyorubin 脓红素 05.091
pyrenolichen 核菌地衣 03.556
pyrenomycetes 核菌 03.140
pyrogen 致热原，*热原 08.167
pyrogenic exotoxin 致热外毒素 05.127

Q

qu 曲 08.263
quasispecies 准种 04.093
Quellkörper 膨体 03.388
quellung test 荚膜膨胀试验 09.371

R

race 小种 03.122
radiation evolution 辐射进化 02.018
radioimmunoassay 放射免疫测定 09.438
radioresistant microorganism 抗辐射微生物 07.069
radiosterilization 辐射灭菌 09.280
ramoplanin 雷莫拉宁 05.369
rancidity 酸败 08.085
rank 等级 02.042
rapamycin 雷帕霉素 05.343
rapid plasma reagin test 快速血浆反应素试验 09.385
RDE 受体破坏酶 05.058
reagin 反应素 08.222
recalcitrant compound 顽拗物 08.132
receptacle 子层托，＊孢托 03.402
receptaculum 子层托，＊孢托 03.402
receptive hypha ［锈菌］受精丝 03.284
receptor destroying enzyme 受体破坏酶 05.058
recombinant 重组体，＊重组子 06.031
recombination 重组 06.030
recombination repair 重组修复 06.072
red tide 赤潮，＊红潮 07.032
regulatory gene 调节基因 06.088
regulatory protein 调节蛋白 06.089
reindeer moss 鹿苔 03.558
relaxed plasmid 松弛型质粒 06.137
REP 基因外重复回文序列 06.115
repetitive extragenic palindrome 基因外重复回文序列 06.115
replica plate inoculating 印影接种法 09.218
replication 复制 04.073
replicative cycle 复制周期 04.084
replicative form DNA 复制型 DNA 04.092
reporter gene 报道基因，＊报告基因 06.023
reproductive hypha 生殖菌丝 03.321
resazurin test 刃天青试验 09.336
resistance determining factor 抗性决定因子，＊R 因子，＊耐药性决定因子 06.142
resistance plasmid 抗性质粒，＊R 质粒 06.141
resistance transfer factor 抗性转移因子，＊耐药性转移因子 06.143
resolution 分辨率，＊分辨力 09.049
resolving power 分辨率，＊分辨力 09.049
response regulator 应答调控蛋白 05.255
resting cell 静息细胞 05.244
resting spore 休眠孢子 03.483
restricted transduction 局限性转导 06.108
restriction modification system 限制修饰系统 06.150
reticulate body ＊网状体 03.096
retrogressive conidial development 倒退式分生孢子发育 03.548
retting 浸渍，＊脱胶 08.115
revaccination 复种，＊疫苗再接种 08.201
reverse gyrase 逆旋转酶 05.056
reverse mutation 回复突变 06.048
reverse transcriptase 逆转录酶，＊反转录酶 05.057
reverse transcription virus 逆转录病毒 04.009
revistin 逆转录酶抑素，＊制反转录酶素 05.427
RF DNA 复制型 DNA 04.092
RGCA medium 瘤胃液-葡萄糖-纤维二糖琼脂培养基，＊RGCA 培养基 09.113
rhizine 假根丝 03.575
rhizobium 根瘤菌 03.033
rhizobium inoculant 根瘤菌剂 08.111
rhizomorph 根状体 03.245
rhizomycelium 根状菌丝体 03.188
rhizoplast 根丝体 03.237
rhizopus 根霉菌 03.170
rhizosphere 根际 07.084
rhizospheric microorganism 根际微生物 07.085
rho-factor ρ 因子 06.092
ribostamycin 核糖霉素 05.304
rickettsia 立克次氏体 03.094
rickettsiology 立克次氏体学 01.032
rifamycin 利福霉素 05.322
rimocidin 龟裂杀菌素 05.344
ring chromosome 环状染色体 06.010
ring precipitation 环状沉淀反应 09.411
Ri plasmid 毛根诱导质粒，＊Ri 质粒 06.138

rise phase 裂解期 04.090
ristomycin 瑞斯托菌素 05.396
RNAi RNA 干扰 04.156
RNA interference RNA 干扰 04.156
RNA virus RNA 病毒 04.010
rocket electrophoresis 火箭电泳 09.421
rod bacteria 杆菌 03.006
rohr 管腔 03.265
rolling tube cultivation 滚管培养 09.175
root-inducing plasmid 毛根诱导质粒，＊Ri 质粒 06.138
root nodule 根瘤 08.110
rosamicin 蔷薇霉素，＊罗沙米星，＊罗色拉霉素 05.323
rosaramicin 蔷薇霉素，＊罗沙米星，＊罗色拉霉素 05.323
rough colony 粗糙型菌落 03.065
R plasmid 抗性质粒，＊R 质粒 06.141
RPR test 快速血浆反应素试验 09.385
RTF 抗性转移因子，＊耐药性转移因子 06.143
rubidomycin 柔红霉素，＊红比霉素 05.336
rufocromomycin 链黑菌素，＊链黑霉素 05.431
rumen fluid-glucose-cellobiose agar medium 瘤胃液-葡萄糖-纤维二糖琼脂培养基，＊RGCA 培养基 09.113
rumen microbiology 瘤胃微生物学 01.023
rumposome ［孢］尾体 03.344
rust disease 锈病 03.120
rust fungi 锈菌 03.162

S

Sabouraud dextrose agar 沙氏葡萄糖琼脂 09.115
Saccardoan classification system 萨卡尔多分类系统 02.060
sacchariferous agent 糖化剂 08.080
saccharification 糖化作用 08.079
safety hood 安全罩 08.243
sagamicin 相模霉素，＊小诺米星 05.305
salinomycin 盐霉素 05.387
Salmonella-Shigella agar 沙门-志贺氏琼脂，＊SS 琼脂 09.119
salmonellosis 沙门氏菌病 08.281
sand-soil tube 砂土管 09.261
sanitizer 洁净剂 08.215
saprobe 腐生物 03.112
saprophyte 腐生物 03.112
saprophytism 腐生［现象］ 07.114
saprotrophy 腐食营养 05.173
sarcina 八叠球菌 03.004
sarkomycin 肉瘤霉素，＊抗癌霉素 05.428
satellite colony 卫星菌落 03.071
satellite RNA ＊卫星 RNA 04.051
satellite virus 卫星病毒 04.050
satellitism 卫星现象 07.122
scanning electron microscope 扫描电子显微镜 09.019
scanning near-field optical microscope 扫描近场光学显微镜 09.026
scanning probe microscope 扫描探针显微镜 09.021
scanning tunneling microscope 扫描隧道显微镜 09.024
scarlet fever toxin ＊猩红热毒素 05.127
Schick test 锡克试验 09.379
schizogenesis 裂殖 05.216
sclerified generative hypha 硬化生殖菌丝 03.322
sclerotium 菌核 03.242
scolecospore 线形孢子 03.478
SCP 单细胞蛋白 08.082
screening 筛选 08.006
SD 链球菌 DNA 酶，＊链道酶 05.062
secondary appendage 次生附属物 03.238
secondary colony 次生菌落 03.063
secondary containment 二级防护 08.241
secondary fermentation 后发酵 08.034
secondary homothallism 次级同宗配合 03.533
secondary hypha 次生菌丝 03.185
secondary metabolism 次生代谢，＊次级代谢 05.187
secondary metabolite 次生代谢物 05.188
secondary succession 次生演替 07.023
secondary zoospore 次生游动孢子 03.514
secotioid basidiocarp 灰菇包型担子果 03.408
sectoring 扇形突变，＊角变 06.050
sector mutation 扇形突变，＊角变 06.050
seed fermenter 种子发酵罐 08.069
seeding yeast 酒母 08.271
segmented genome 分节基因组 04.054
Seitz filter 赛氏［细菌］滤器，＊赛氏漏斗 09.296

selective enrichment 选择性富集 09.224
selective inhibition 选择性抑制 09.225
selective marker 选择标记 06.067
selective medium 选择性培养基 09.107
selective toxicity 选择毒性 05.282
selenate respiration 硒酸[盐]呼吸 05.207
SEM 扫描电子显微镜 09.019
semi-contamination area 半污染区，＊过渡区 08.249
semilethal mutation 半致死突变 06.036
semi-solid medium 半固体培养基 09.102
semi-synthetic medium 半合成培养基 09.100
sensitized bacteria 敏化细菌 08.220
sensor kinase 感应激酶 05.254
septal pore cap ＊隔[膜]孔帽 03.199
septal pore organelle 隔孔器 03.202
septate hypha 有隔菌丝 03.182
septum 隔膜 03.195
serological identification 血清学鉴定 09.387
serological specificity 血清学特异性 09.386
serotype 血清型 02.055
serotyping 血清分型 09.457
serovar 血清型 02.055
seta 刚毛 03.210
sewage treatment 污水处理 08.124
sex factor ＊性因子 06.144
sex pilus 性菌毛 03.044
sexual phase ＊有性阶段 03.102
sexual state ＊有性阶段 03.102
SH-activated cytolysin ＊巯基激活的溶细胞素 05.133
shaft 鞭杆 03.039
shake cultivation 振荡培养 09.183，摇合培养 09.184
shaker 摇床 09.311
shallow tray culture 浅盘培养 09.195
shallow tray fermentation 浅盘发酵 08.035
sheath 鞘 03.046
sheathed bacteria 鞘细菌 03.012
Shiga toxin 志贺氏毒素 05.126
Shiga toxin-producing *Escherichia coli* 产志贺氏毒素大肠埃希氏菌 08.157
siastatin 唾液酸酶抑素，＊制唾酸酶素 05.429
siderophore 铁载体 05.267
sigma-factor σ因子 06.093
silage 青贮饲料 08.117
silent gene 沉默基因 06.024
silent mutation 沉默突变 06.047
silica-gel basal medium 硅胶培养基 09.137
silicate bacteria 硅酸盐细菌 08.100
similarity coefficient method 相似系数法 02.063
Simmons citrate agar 西蒙斯柠檬酸盐琼脂 09.144
simple agar diffusion ＊单向琼脂扩散 09.415
simple diffusion 单纯扩散 05.272
simple immunodiffusion 单向免疫扩散 09.415
simple staining 简单染色 09.072
single cell pickup method 单细胞分离法 09.202
single cell protein 单细胞蛋白 08.082
single spore isolation 单孢子分离法 09.201
sintered glass filter 烧结玻璃滤器 09.297
sisomicin 紫苏霉素 05.306
site-directed mutagenesis 定点突变，＊位点专一诱变 06.043
SK 链激酶 05.063
skeletal hypha 骨架菌丝 03.319
slant cultivation 斜面培养 09.180
S-layer [细胞]表面层，＊S层 05.001
SLH motif S层同源模体 05.004
slide 载玻片 09.054
slide agglutination 玻片凝集 09.402
slime layer 黏液层 03.049
slime mold 黏菌 03.166
slime mould 黏菌 03.166
slope medium ＊斜面培养基 09.153
slow virus 慢病毒 04.047
Slp S层蛋白 05.003
smear 涂片 09.059
smooth colony 光滑型菌落 03.064
smut disease 黑粉病 03.121
smut fungi 黑粉菌 03.161
SNOM 扫描近场光学显微镜 09.026
sodium azide resistant test 叠氮化钠抗性试验 09.341
soil adjustment microbe inoculant 土壤调理剂 07.072
soil microbiology 土壤微生物学 01.018
solid medium 固体培养基 09.101
solid state fermentation 固态发酵，＊固体发酵 08.037
somatic cell 体细胞 03.247
somatic incompatibility ＊体细胞不亲和性 03.539
somatogamy 体细胞配合，＊体细胞接合 03.534
soralium 粉芽堆，＊衣胞堆 03.573

soredium　粉芽，*衣胞囊　03.572
sorocarp　孢堆果，*孢团果　03.225
sortase　定位酶　05.068
sorus　孢子堆　03.429
SOS repair　SOS 修复　06.073
SPA　葡萄球菌 A 蛋白　05.049
specialized transduction　*特异性转导　06.108
species　种　02.050
specific growth rate　比生长速率　05.227
specific pathogen free animal　无特定病原动物　07.083
specimen　标本　09.046
spectinomycin　壮观霉素，*奇霉素　05.430
spermatiophore　产精体，*性孢子梗，*精子梗　03.279
spermatium　性孢子，*精子团　03.442
spermogone　*精子器　03.281
spermogonium　*精子器　03.281
SPFA　无特定病原动物　07.083
sphaerocyst　球状胞，*球包囊　03.327
spheroplast　原生质球　03.053
spike　纤突，*刺突　04.062
spindle pole body　纺锤极体　03.257
spinosad　多杀霉素，*多杀菌素　05.324
spiral hypha　螺旋菌丝　03.181
spiral plate counter　螺旋平板计数器　09.241
spiramycin　螺旋霉素　05.325
spirillum　螺旋菌　03.010
Spitzenkörper　顶体　03.190
SPM　扫描探针显微镜　09.021
spoilage　酸败　08.085
spontaneous generation　自然发生说，*无生源说　01.050
spontaneous mutation　自发突变　06.034
sporangiocarp　孢囊果　03.428
sporangiole　小[型]孢子囊　03.439
sporangiolum　小[型]孢子囊　03.439
sporangiophore　孢囊梗，*孢囊柄　03.431
sporangiospore　孢囊孢子　03.510
sporangium　孢[子]囊　03.430
spore　芽孢，*芽胞　03.076，孢子　03.462
spore ball　孢子球　03.407
spore print　孢子印　03.522
spore protoplast　芽孢原生质　03.086
sporicide　杀孢子剂　08.207
sporidium　小孢子　03.520
sporistasis　抑孢作用　05.264
sporocarp　*孢子果　03.291
sporocladium　梳[状]孢梗，*产孢枝　03.441
sporodochium　分生孢子座　03.352
sporophore　孢子梗　03.290
sporoplasm　孢原质　03.271
sporulation　孢子形成　03.549
spreader　涂布器　09.216
spread plate method　涂布培养法　09.179
squamulose thallus　鳞片状地衣体　03.564
SS　悬浮物　08.130
ssDNA virus　单链 DNA 病毒　04.008
ssRNA virus　单链 RNA 病毒　04.012
SSSS　葡萄球菌烫伤样皮肤综合征　05.125
ST　耐热肠毒素　08.287
stab　穿刺　09.221
stab medium　穿刺培养基　09.155
stachel　棘杆　03.266
stage　载物台，*镜台　09.047
stage micrometer　镜台测微计，*镜台测微尺　09.041
stain　染色剂　09.094
staining　染色　09.070
staining reaction　染色反应　09.071
staling　生长抑制　05.226
stalk-bearing cell　有柄细胞　03.222
stalked bacteria　柄细菌　03.011
standard serum　标准血清　08.161
staphylocoagulase　[葡萄球菌]凝固酶　05.052
staphylococcal protein A　葡萄球菌 A 蛋白　05.049
staphylococcal scalded skin syndrome　葡萄球菌烫伤样皮肤综合征　05.125
staphylococcin　葡萄球菌素　05.079
staphylokinase　葡激酶　05.064
staphylolysin　葡萄球菌溶血素　05.131
starch hydrolysis test　淀粉水解试验　09.324
starter　起子，*引子　08.269
static cultivation　静置培养　09.188
stationary phase　稳定期　05.236
staurospore　星形孢子，*星状孢子　03.477
steady state　稳定态　09.237
steam sterilization under normal pressure　常压蒸汽灭菌　09.270
STEC　产志贺氏毒素大肠埃希氏菌　08.157

stephanocyst 冠囊体 03.246
stereoscopic microscope 立体显微镜，＊实体显微镜，＊解剖显微镜 09.004
sterigma 小梗 03.425
sterigmatocystin 柄曲霉素 05.129
sterile 无菌 09.203
sterile hypha 不育菌丝 03.323
sterile test 无菌检验 08.293
sterilization 灭菌 09.264
sterilizer 灭菌器 09.265
stichobasidium 纵锤担子 03.421
stinkhorn 鬼笔菌 03.159
stipe 菌柄 03.303
stipitipellis 菌柄皮层 03.304
stirred tank fermenter 搅拌釜式发酵罐 08.061
STM 扫描隧道显微镜 09.024
stock culture 储用培养物，＊储用菌种 09.235
stolon 匍匐[菌]丝 03.179
strain 菌株 09.207
strain degeneration 菌种退化 08.003
strain improvement 菌种改良 08.004
street virus 街毒 04.120
streptocin 链球菌素 05.357
streptodornase 链球菌 DNA 酶，＊链道酶 05.062
streptokinase 链激酶 05.063
streptolysin 链球菌溶血素 05.137
streptolysin O 链球菌溶血素 O 05.138
streptolysin S 链球菌溶血素 S 05.139
streptomyces 链霉菌 03.034
streptomycin 链霉素 05.307
streptonigrin 链黑菌素，＊链黑霉素 05.431
streptothricin 链丝菌素 05.432
stringent factor 严紧因子，＊应急因子 06.091
stringent plasmid 严紧型质粒 06.136
stringent response 严紧反应 05.182
stroma 子座 03.296
structural gene 结构基因 06.085
structural protein 结构蛋白 04.071
structural staining 结构染色 09.075
stylospore 柄[生]孢子 03.486
subculturing 传代[培养] 09.172
subhymenium 子实下层 03.295
subicle 菌丝层 03.191
subiculum 菌丝层 03.191
subjective synonym ＊主观异名 02.102
submerged cultivation 深层培养 09.189
submerged fermentation 深层发酵 08.036
substrate-accelerated death 底物促死 05.181
subterminal spore 近端芽孢 03.078
subtilin 枯草菌素 05.366
subunit vaccine 亚单位疫苗 08.199
subvirus 亚病毒 04.002
sulfate reduction 硫酸盐还原作用 07.155
sulfur cycle 硫循环 07.134
sulfur granule 硫磺样颗粒 08.221
sulfur oxidation 硫化作用 07.159
sulfur respiration 硫呼吸 05.209
sulphur respiration 硫呼吸 05.209
super-clean bench 超净台，＊洁净工作台 09.217
superinfection 超次感染 04.101
supplemented medium 补加培养基 09.108
surface-layer homology motif S 层同源模体 05.004
surface-layer protein S 层蛋白 05.003
suspend solid 悬浮物 08.130
suspension 菌悬液 09.228
suspensor 配囊柄 03.289
swam cell 游动细胞 03.219
swarmer cell 游动细胞 03.219
swarming 群游[现象] 05.266
symbiont 共生生物 07.098
symbiosis 共生 07.105
symbiote 共生体 07.101
symbiotic nitrogen fixation 共生固氮作用 07.140
symbiotic nitrogen fixer 共生固氮微生物 07.090
symplesiomorphy 共同祖征 02.027
synanamorph 共无性型 03.107
synapomorphy 共同衍征 02.030
synascus 集子囊 03.383
synbiotics 合生原，＊合生元 07.078
synchronous cultivation 同步培养 09.191
synchronous growth 同步生长 05.229
syncytium 合胞体 03.252
synergism 协同共栖 07.113，协同作用 07.120
synonym 异名 02.100
synonymous mutation 同义突变 06.046
synthetic medium 合成培养基 09.099
syntrophism 互养共栖，＊互营 07.110
syntype 合模式 02.108

syringacin 丁香假单胞菌素 05.086
systematic bacteriology 系统细菌学 01.031
systematic microbiology 系统微生物学 01.004
systematics 系统学 02.001

T

tacrolimus 他克莫斯，*藤泽霉素 05.326
tail ［噬菌体］尾部 04.141
tail fiber ［噬菌体］尾丝 04.144
tail shealth ［噬菌体］尾鞘 04.142
tail tube ［噬菌体］尾管 04.143
taxis 趋性 07.001
taxon 分类单元 02.043
taxonomical synonym *分类学异名 02.102
taxonomic rank 分类等级 02.044
taxonomy 分类学 02.038
$TCID_{50}$ 半数组织培养感染量 04.110
TDP 热［致］死点，*热致死温度 09.285
TDT 热［致］死时 09.284
teichoic acid 磷壁酸 05.009
teichomycin 替考拉宁，*垣霉素 05.370
teicoplanin 替考拉宁，*垣霉素 05.370
teleocidin 杀鱼菌素 05.433
teleomorph 有性型 03.105
teleutosorus 冬孢子堆 03.422
teleutospore 冬孢子 03.524
teliobasidium 冬担子 03.416
teliospore 冬孢子 03.524
telium 冬孢子堆 03.422
TEM 透射电子显微镜 09.018
temperate phage 温和噬菌体 04.131
temperature sensitive mutant 温敏突变体 06.058
terminal spore 端生芽孢，*终端芽孢 03.077
terminator 终止子 06.087
ternary combination 三名组合 02.090
terramycin 土霉素，*氧四环素 05.331
tetanolysin 破伤风［菌］溶血素 05.135
tetanospasmin 破伤风［菌］痉挛毒素 05.116
tetracycline 四环素 05.329
tetracycline antibiotics 四环素类抗生素 05.328
tetracyclines 四环素类抗生素 05.328
tetrad ananlysis 四分子分析 06.027
tetrads 四联球菌 03.003
tetrasporangium 四分孢子囊 03.440
tetrathionate broth 连四硫酸盐肉汤 09.140
thallic conidium 体生分生孢子 03.499
thallospore 体生孢子，*无梗孢子 03.487
thallus 原植体 03.560
thermal death point 热［致］死点，*热致死温度 09.285
thermal death time 热［致］死时 09.284
thermoduric microorganism 耐热微生物 07.061
thermophile 嗜热微生物 07.048
thermophilic microorganism 嗜热微生物 07.048
thienamycin 硫霉素 05.434
thiol-activated cytolysin 硫醇类化合物激活的溶细胞素 05.133
thiolutin 硫藤黄素 05.388
thiomycin 硫霉素 05.434
thiostrepton 硫链丝菌素，*硫链丝菌肽 05.372
three domain theory 三域学说 01.044
thuricin 苏云金菌素 05.081
thuringiensin 苏云金素 05.082
thylakoid 类囊体 03.091
thyriothecium 盾状囊壳 03.373
time-survival curve 时间-存活曲线 05.232
tinsel flagellum 茸鞭 03.040
Ti plasmid 肿瘤诱导质粒，*Ti 质粒，*致瘤质粒 06.139
tissue culture 组织培养 09.196
50% tissue culture infective dose 半数组织培养感染量 04.110
titer 滴度 09.247
tobramycin 妥布［拉］霉素 05.308
TOC 总有机碳 08.131
top fermentation 上面发酵 08.044
topotaxis 趋激性 07.002
top yeast 上面酵母 08.046
total organic carbon 总有机碳 08.131
total oxygen demand 总需氧量 08.128
toxic shock syndrome toxin 毒性休克综合征毒素 05.128
toxigenicity 产毒力 08.177
toxigenic microorganism 产毒微生物 08.285

toxin 毒素 08.175
toxin neutralization test 毒素中和试验 09.423
toxoid 类毒素 08.176
TPY agar 胰胨植胨酵母膏琼脂 09.148
TPYG agar 胰胨蛋白胨酵母膏葡萄糖琼脂 09.147
trabeculate pseudoparaphysis 产孢组织拟侧丝，* 网架假侧丝 03.396
trama 菌髓 03.315
transcapsidation 衣壳转化 04.094
transcription unit 转录单元 06.090
transductant 转导子 06.110
transduction 转导 06.106
transfectant 转染子 06.105
transfection 转染 06.104
transfer of culture 传代[培养] 09.172
transformant 转化体，* 转化子 06.100
transformation 转化 06.099
transient microbe 暂居微生物 07.019
transmission electron microscope 透射电子显微镜 09.018
transport medium 传递用培养基 09.158
transposable element 转座因子，* 转座元件 06.111
transposable phage 转座噬菌体 04.136
transposon 转座子 06.112
trehalose-6,6-dimycolate 6,6-双分枝菌酸海藻糖酯 05.028
trichidium 小梗 03.425
trichoderma 木霉 03.171
trichodermin 木霉菌素 05.403
trichogyne 受精丝 03.283
trichome [细菌]毛状体 03.036
trichomycin 抗滴虫霉素，* 曲古霉素 05.345
trichospore 毛孢子 03.511
trichothecenes 单端孢霉烯族化合物 05.074
triphenyl tetrazolium chloride method 氯化三苯基四氮唑法，* TTC 法 09.346
triple-sugar-iron agar 三糖铁琼脂 09.145
triple vaccine 三联疫苗 08.197
tripolar ecosystem 三极生态系统 07.130
trophocyst 营养囊 03.239
trophophase 营养期 05.234
trp operon 色氨酸操纵子 06.082
truffle 块菌 03.143
trypticase-phytone-yeast extract agar 胰胨植胨酵母膏琼脂 09.148
tryptone 胰胨 09.167
tryptone-peptone-yeast extract-glucose agar 胰胨蛋白胨酵母膏葡萄糖琼脂 09.147
TSI agar 三糖铁琼脂 09.145
TSST 毒性休克综合征毒素 05.128
TTCM 氯化三苯基四氮唑法，* TTC 法 09.346
T-2 toxin T-2 毒素 05.111
tuberculin 结核菌素 08.164
tuberculin test 结核菌素试验 09.378
tumor 根肿 07.093
tumor-inducing plasmid 肿瘤诱导质粒，* Ti 质粒，* 致瘤质粒 06.139
turbidostat 恒浊器 08.071
two-component culture 二元培养物 09.232
two-component regulatory system 双组分调节系统 05.253
two-component signal transduction system * 双因子信号转导系统 05.253
tylosin 泰乐菌素 05.327
tyndallization * 丁达尔灭菌 09.277
type 模式 02.103
type culture 模式培养物 09.236
type genus 模式属 02.118
type species 模式种 02.119
type specimen 模式标本 02.104
typification 模式标定 02.105
typing 分型 09.454

U

UHTS 超高温灭菌 09.274
ultrafiltration 超滤 08.096
ultrahigh temperature sterilization 超高温灭菌 09.274
ultramicrotomy 超薄切片术 09.028
ultrathin section 超薄切片 09.029
ultraviolet lamp 紫外线灯，* 杀菌灯 09.301
unbalanced growth 不均衡生长 05.225
uncoating 脱壳 04.078
uncultured microorganism 未培养微生物 07.071
unequal fission 不等分裂 05.220

unglazed porcelain filter 素陶滤器 09.298
unitunicate ascus 单囊壁子囊 03.379
univalent vaccine 单价疫苗 08.195
universal veil 外菌幕，*周包膜 03.307
urease test 脲酶试验 09.352
urediniospore 夏孢子 03.525
uredinium 夏孢子堆 03.423
urediospore 夏孢子 03.525
uredospore 夏孢子 03.525
ustilagic acid 黑粉菌酸 05.103
ustin 焦曲菌素 05.435

V

vaccine 疫苗 08.192
vaccinotherapy 疫苗疗法 08.202
validamycin 井冈霉素，*有效霉素 05.309
valid publication 合格发表 02.083
valinomycin 缬氨霉素 05.361
vancomycin 万古霉素 05.371
VBNC 活的非可培养状态 07.043
VDRL test 性病研究实验室试验，*VDRL 试验 09.384
vector 载体 06.126
vegetative hypha 营养菌丝 03.176
vegetative incompatibility 营养不亲和性 03.539
Venereal Disease Research Laboratory test 性病研究实验室试验，*VDRL 试验 09.384
verrucarine 疣孢菌素 05.404
versicolorin A 杂色曲霉素 A 05.110
vertebrate virus 脊椎动物病毒 04.030
vesicular mycorrhiza 泡囊菌根 03.215
V factor V 因子 05.145
viable but non-culturable 活的非可培养状态 07.043
vibrio 弧菌 03.009
victomycin 优胜霉素，*维克多霉素 05.354
viomycin 紫霉素 05.367
viral insecticide 病毒杀虫剂 08.106
viral load 病毒载量 04.105
viral neutralization test 病毒中和试验 09.424
virion 病毒粒子，*病毒[粒]体 04.056
virogene 病毒基因 04.098
virogenic cell 病毒发生细胞 04.103
virogenic stroma 病毒发生基质 04.104
viroid 类病毒 04.003
virology 病毒学 01.034
viropexis 病毒入胞现象，*胞饮[病毒]现象 04.077
viroplasm 病毒浆 04.112
virucide 杀病毒剂 08.208
virulence 毒力 08.178
virulence factor 毒力因子 08.179
virulence gene 毒力基因 08.180
virulent phage 烈性噬菌体，*毒性噬菌体 04.130
virus 病毒 04.001
virus factory *病毒工厂 04.112
virus induction 病毒诱导 04.097
virus-like particle 病毒样颗粒 04.020
virusoid 拟病毒，*核壳内类病毒，*壳协病毒 04.051
virus particle 病毒粒子，*病毒[粒]体 04.056
virus receptor 病毒受体 04.106
vistamycin *维斯他霉素 05.304
Voges-Proskauer test 伏-波试验，*VP 试验 09.331
volutin 异染质 03.058
volva 菌托，*萼包 03.310
VPg 基因组结合蛋白 04.070
VP test 伏-波试验，*VP 试验 09.331

W

Waldhof fermenter 瓦尔德霍夫发酵罐 08.062
Wasserman test 瓦色曼试验 09.426
water activity 水活度 08.290
Weil-Felix reaction 外斐反应 09.383
Western blot 免疫印迹 09.437
wet-mount slide 水浸片 09.056
whisker [噬菌体]颈须 04.140
white rot 白腐 08.094
white rot fungi 白腐菌 03.130
Widal agglutination test 肥达凝集试验 09.448

Widal test 肥达试验 09.448
wild type 野生型 06.018
wine medicament 酒药 08.272
wood-decay fungi 木腐菌 03.128
Woronin body 沃鲁宁体，＊伏鲁宁体 03.201
Wright staining 瑞氏染色 09.091

X

xanthacin 黄色黏球菌素 05.087
xanthan 黄原胶 05.027
X-body X 体 04.112
X［cell］press X［细胞］压碎器 09.305
xenobiotic 异生素 05.262
xerophilic microorganism 嗜旱微生物 07.059
X factor X 因子 05.146
xiaoqu 小曲 08.266
XLD agar 木糖-赖氨酸-脱氧胆酸盐琼脂 09.141
xylose-lysine-deoxycholate agar 木糖-赖氨酸-脱氧胆酸盐琼脂 09.141

Y

YAC 酵母人工染色体 06.122
yeast 酵母菌 03.144
yeast artificial chromosome 酵母人工染色体 06.122
yeast extract 酵母膏 09.163
yeast extract-malt extract broth 酵母膏麦芽汁培养基 09.134
yeast extract-mannitol medium 酵母膏-甘露醇培养基 09.128
yeast extract powder 酵母提取粉 09.164
yeast-like colony 类酵母型菌落 03.073
yeast two-hybrid system 酵母双杂交系统 06.095
yeast type colony 酵母型菌落 03.072
yield coefficient 产量系数 05.241
YM broth 酵母膏麦芽汁培养基 09.134
yogurt 酸奶 08.276

Z

zearalenone 玉米赤霉烯酮，＊F-2 毒素 05.114
zero leaking 零泄漏 08.252
zeugite 偶核细胞 03.254
Ziehl-Neelsen staining 齐-内染色，＊萋-尼染色 09.077
zone line 带纹，＊带线 03.203
zoogamete 游动配子 03.448
zoogloea 菌胶团 07.045
zoosporangium 游动孢子囊 03.438
zoospore 游动孢子 03.512
zwittermicin 双效菌素 05.436
zygomycetes 接合菌 03.163
zygophore 接合孢子梗，＊接合枝 03.427
zygosporangium 接合孢子囊 03.426
zygospore 接合孢子 03.526
zygosporophore ＊接合孢子柄 03.289
zygote ［接］合子 03.456
zygotonucleus 合子核 03.255

汉 英 索 引

A

阿泊拉霉素 apramycin 05.293
*阿尔倍德染色 Albert staining 09.089
阿卡波糖 acarbose 05.389
*阿克拉比星 aclacinomycin 05.333
阿克拉霉素 aclacinomycin 05.333
阿[拉伯]糖操纵子 *ara* operon 06.080
阿霉素 adriamycin 05.334
阿什比无氮培养基 Ashby nitrogen-free medium 09.129
阿氏染色 Albert staining 09.089
*阿斯科利试验 Ascoli test 09.411
*阿斯米星 astromicin 05.296
*阿维菌素 avermectin 05.312
埃博霉素 epothilone 05.313
埃莱克试验 Elek test 09.380
埃姆斯试验 Ames test 09.374
*爱助霉素 aizumycin 05.393
*安普霉素 apramycin 05.293
安全罩 safety hood 08.243
安莎类抗生素 ansamycins 05.381
安丝菌素 ansamitocin 05.382
*氨丁苷菌素 ambutyrosin 05.294
氨化作用 ammonification 07.147
*氨基霉素 aminomycin 05.361
6-氨基青霉烷酸 6-aminopenicillanic acid, 6-APA 05.284
氨基糖苷类抗生素 aminoglycoside antibiotics 05.292
7-氨基头孢菌酸 7-aminocephalosporanic acid, 7-ACA 05.285
铵盐同化作用 assimilation of ammonium 07.154
暗霉素 nebramycin 05.301
*暗霉素第二成分 apramycin 05.293
暗视野显微镜 dark-field microscope 09.009
暗视野遮光板 opaque disc 09.010
暗修复 dark repair 06.070
凹玻片 concave slide, hollow-ground slide, depression slide 09.055
奥普托欣试验 Optochin test 09.375

B

八叠球菌 sarcina 03.004
巴龙霉素 paromomycin,catenulin 05.303
巴氏消毒 pasteurization 09.282
巴氏效应 Pasteur effect 05.200
*巴斯德消毒 pasteurization 09.282
*巴斯德效应 Pasteur effect 05.200
拔顶 culmination 03.226
白腐 white rot 08.094
白腐菌 white rot fungi 03.130
白喉毒素 diphtheria toxin 05.093
白细胞溶素 leucolysin 05.097
*GC 百分比 GC value 02.037
*半包幕 partial veil, inner veil 03.308
半固体培养基 semi-solid medium 09.102
半合成培养基 semi-synthetic medium 09.100
半活体营养菌 hemibiotroph 03.123
*半连续发酵 fed-batch fermentation 08.041
半裸果型发育 paragymnophymenial development 03.544
半乳糖操纵子 *gal* operon 06.079
β-半乳糖苷酶试验 β-galactosidase test 09.362
半数感染量 median infective dose, ID_{50} 08.187
半数致死量 50% lethal dose, LD_{50} 09.288
半数组织培养感染量 50% tissue culture infective dose, $TCID_{50}$ 04.110
半污染区 semi-contamination area 08.249
半知菌[类] deuteromycetes, imperfect fungi 03.146
半致死突变 semilethal mutation 06.036
伴孢晶体 parasporal crystal 03.087
伴生真菌 companion fungus 07.099

伴生种 companion 07.029
棒酸 clavulanic acid 05.289
棒状菌 corynebacteria 03.008
包被 peridium 03.297
包含体 inclusion body 04.111
包含体病毒 occluded virus, OV 04.034
包埋型病毒粒子 occlusion-derived virion, ODV 04.043
*包膜 envelope, peplos 04.061
*包膜病毒 enveloped virus 04.017
孢堆果 sorocarp 03.225
孢梗束 coremium 03.348
孢囊孢子 sporangiospore 03.510
*孢囊柄 sporangiophore 03.431
孢囊梗 sporangiophore 03.431
孢囊果 sporangiocarp 03.428
孢脐 hilum 03.337
孢丝 capillitium 03.235
*孢团果 sorocarp 03.225
*孢托 receptacle, receptaculum 03.402
[孢]尾体 rumposome 03.344
孢原质 sporoplasm 03.271
孢子 spore 03.462
[孢子]包被层 perispore, perisporium 03.464
[孢子]表壁层 ectospore, ectosporium 03.463
孢子堆 sorus 03.429
孢子梗 sporophore 03.290
*孢子果 sporocarp 03.291
孢子角 cirrus 03.469
[孢子]萌发 germination 05.246
[孢子]内壁层 endospore, endosporium 03.468
孢[子]囊 sporangium 03.430
[孢子]切落 abjunction 03.550
孢子球 spore ball 03.407
[孢子]外壁层 exospore, exosporium 03.465
孢子形成 sporulation 03.549
孢子印 spore print 03.522
[孢子]中壁层 mesospore, mesosporium 03.467
[孢子]周壁层 epispore, episporium 03.466
胞壁酸 muramic acid 05.012
*胞壁酸酶 lysozyme 05.067
胞壁质体 mureinoplast 05.263
*胞间菌丝网 Hartig net 03.217
胞霉素 cytomycin 05.375
胞内酶 intracellular enzyme 05.054
胞吐[作用] exocytosis 04.076
胞吞[作用] endocytosis 05.268
胞外酶 extracellular enzyme 05.055
*胞饮[病毒]现象 viropexis 04.077
胞饮[作用] pinocytosis 05.269
保留名称 nomen conservandum 02.096
报道基因 reporter gene 06.023
*报告基因 reporter gene 06.023
杯碟法 cylinder plate method 09.240
*北里霉素 leucomycin 05.317
贝叶斯法 Bayesian inference of phylogeny 02.069
*背景染色法 negative staining 09.073
倍增时间 doubling time, generation time 05.238
被膜系统 enveloping membrane system, EMS 03.269
苯丙氨酸脱氨酶试验 phenylalanine deaminase test 09.357
比生长速率 specific growth rate 05.227
2,6-吡啶二羧酸 dipicolinic acid, DPA 05.014
闭果型发育 cleistohymenial development 03.545
闭囊壳 cleistothecium 03.366
鞭杆 shaft 03.039
鞭毛 flagellum 03.038
鞭毛蛋白 flagellin 05.021
*鞭毛基体 flagellar basal body 03.267
鞭毛抗原 flagellar antigen 08.189
鞭毛马达 flagellar motor 05.022
鞭[毛]茸 mastigoneme 03.041
扁枝衣霉素 everninomicin 05.406
*变构蛋白 allosteric protein 06.094
变态担子 metabasidium 03.418
变形菌 proteobacteria 03.023
变质 deterioration 08.093
标本 specimen 09.046
标准血清 standard serum 08.161
*表皮剥脱毒素 epidermolytic toxin, exfoliative toxin, exfoliatin 05.124
表皮溶解毒素 epidermolytic toxin, exfoliative toxin, exfoliatin 05.124
表型 phenotype 06.017
表型分析 phenotypic analysis 02.070
表征分类 phonetic classification 02.041
别构蛋白 allosteric protein 06.094
别藻蓝蛋白 allophycocyanin 05.042

丙二酸盐利用试验 malanate utilization test 09.361
柄曲霉素 sterigmatocystin 05.129
柄[生]孢子 stylospore 03.486
柄细菌 stalked bacteria 03.011
＊柄型菌素 ansamitocin 05.382
＊并系分类单元 paraphyletic taxon 02.048
＊并系群 paraphyletic group 02.009
病毒 virus 04.001
DNA 病毒 DNA virus 04.006
RNA 病毒 RNA virus 04.010
病毒发生基质 virogenic stroma 04.104
病毒发生细胞 virogenic cell 04.103
＊病毒工厂 virus factory 04.056
病毒基因 virogene 04.098
病毒浆 viroplasm 04.112
＊病毒[粒]体 virion, virus particle 04.056
病毒粒子 virion, virus particle 04.056
病毒入胞现象 viropexis 04.077
病毒杀虫剂 viral insecticide 08.106
病毒受体 virus receptor 04.106
病毒学 virology 01.034
病毒样颗粒 virus-like particle 04.020
病毒诱导 virus induction 04.097
病毒载量 viral load 04.105
病毒中和试验 viral neutralization test 09.424
病原体 pathogen 08.168
玻片凝集 slide agglutination 09.402
伯克培养基 Burk medium 09.114
博来霉素 bleomycin 05.353
补偿目镜 compensative eyepiece 09.035
补加培养基 supplemented medium 09.108
补料罐 feed tank 08.057
补料速率 feed rate 08.051
补体结合试验 complement fixation test 09.425
捕食真菌 predacious fungi 03.117
捕食[作用] predation 07.119
不产气微生物 anaerogenic microorganism 05.155
不产氧光合作用 anoxygenic photosynthesis 07.145
不等分裂 unequal fission 05.220
＊不动孢子 aplanospore 03.490
不合法名称 illegitimate name 02.087
不合格发表 invalid publication 02.084
不均衡生长 unbalanced growth 05.225
不耐热肠毒素 heat-labile enterotoxin, LT 08.286
不齐子实层 catahymenium 03.294
不完全阶段 imperfect state 03.103
不育菌丝 sterile hypha 03.323
布氏菌素 brucellin 05.084
＊部分合子 merozygote 06.009

C

藏卵器 oogonium 03.288
操纵基因 operator 06.084
操纵子 operon 06.077
＊*ara* 操纵子 *ara* operon 06.080
＊操作子 operator 06.084
侧丝 paraphysis 03.393
测定培养基 assay medium 09.152
＊S 层 [cell] surface layer, S-layer 05.001
S 层蛋白 surface-layer protein, Slp 05.003
层菌 hymenomycetes 03.155
S 层同源模体 surface-layer homology motif, SLH motif 05.004
插入突变 insertional mutation 06.044
插入序列 insertion sequence, IS element 06.113
＊察氏培养基 Czapek medium 09.132
＊缠霉素 capreomycin, capromycin 05.355
产氨试验 ammonia production test 09.318
＊产孢体 gleba 03.330
＊产孢枝 sporocladium 03.441
产孢组织 gleba 03.330
产孢组织拟侧丝 trabeculate pseudoparaphysis 03.396
产毒力 toxigenicity 08.177
产毒微生物 toxigenic microorganism 08.285
产分生孢子细胞 conidiogenous cell 03.360
产果器 carpogonium 03.287
产甲烷菌 methanogen 03.035
产甲烷[作用] methanogenesis 05.143
产精体 spermatiophore 03.279
产量系数 yield coefficient 05.241
产囊丝 ascogenous hypha 03.400
产囊体 ascogonium 03.286
产囊枝 ascophore 03.363

产气荚膜梭菌素　perfringocin　05.099
产氧光合作用　oxygenic photosynthesis　07.144
产志贺氏毒素大肠埃希氏菌　Shiga toxin-producing *Escherichia coli*, STEC　08.157
＊长轴组织　prosenchyma　03.193
肠产毒性大肠埃希氏菌　enterotoxigenic *Escherichia coli*, ETEC　08.156
肠出血性大肠埃希氏菌　enterohemorrhagic *Escherichia coli*, EHEC　08.154
肠道病原体　enteric pathogen　08.158
肠毒素　enterotoxin　05.095
肠杆菌　enterobacteria　03.031
肠杆菌基因间重复共有序列　enterobacterial repetitive intergenic consensus sequence, ERIC sequence　06.114
肠侵袭性大肠埃希氏菌　enteroinvasive *Escherichia coli*, EIEC　08.155
肠球菌素　enterocin　05.083
肠致病性大肠埃希氏菌　enteropathogenic *Escherichia coli*, EPEC　08.153
常压蒸汽灭菌　steam sterilization under normal pressure　09.270
场离子显微镜　field ion microscope, FIM　09.027
敞口发酵　open fermentation　08.043
超薄切片　ultrathin section　09.029
超薄切片术　ultramicrotomy　09.028
超次感染　superinfection　04.101
超低温保藏　cryopreservation　09.262
超高温灭菌　ultrahigh temperature sterilization, UHTS　09.274
超净台　super-clean bench, laminar flow cabinet　09.217
超滤　ultrafiltration　08.096
超嗜热微生物　hyperthermophile, hyperthermophilic microorganism　07.050
潮霉素　hygromycin　05.298
沉淀反应　precipitation　09.407
沉淀试验　precipitation test　09.408
沉淀素　precipitin　09.410
沉淀原　precipitinogen　09.409
沉默基因　silent gene　06.024
沉默突变　silent mutation　06.047
陈酿　aging　08.262
成斑效率　efficiency of plating　04.124
成熟期　maturation period　04.089
成套干腊标本集　exsiccata　02.117
持续性感染　persistent infection　04.100
齿孔酸　eburicoic acid　05.105
赤潮　red tide　07.032
赤霉素　gibberellin　05.402
虫草[菌]素　cordycepin　05.397
＊虫道真菌　ambrosia fungi　03.150
虫菌体　hyphal body　03.173
虫媒病毒　arbovirus　04.032
虫生真菌　entomogenous fungi　03.125
重组　recombination　06.030
重组体　recombinant　06.031
重组修复　recombination repair　06.072
＊重组子　recombinant　06.031
出芽　budding　04.080
＊初级代谢　primary metabolism　05.186
初染　primary stain　09.060
初生代谢　primary metabolism　05.186
初生附属物　primary appendage　03.334
初生隔膜　primary septum　03.196
初生菌丝　primary hypha　03.184
初生游动孢子　primary zoospore　03.513
初始生长 pH 试验　initial growth pH test　09.344
＊除草霉素　herbimycin　05.384
除虫菌素　avermectin　05.312
除疟霉素　aplasmomycin　05.392
除莠菌素　herbicidin　05.377
除莠霉素　herbimycin　05.384
＊储用菌种　stock culture　09.235
储用培养物　stock culture　09.235
＊触酶试验　catalase test　09.365
穿刺　stab　09.221
穿刺培养基　stab medium　09.155
穿入　penetration　04.075
传代保藏　periodic subculture preservation　09.252
传代[培养]　transfer of culture, subculturing　09.172
传递窗　pass-box　08.251
传递用培养基　transport medium　09.158
串珠镰孢霉素　moniliformin　05.076
创新霉素　chuangxinmycin　05.385
春孢子　aeciospore, aecidiospore　03.523
春孢子器　aecium, aecidiosorus　03.424
春日霉素　kasugamycin　05.411
纯合性　homozygosity　06.007

纯化　purification　09.226
纯化蛋白衍生物　purified protein derivative, PPD　05.050
纯培养　pure cultivation　09.197
纯培养物　pure culture　09.230
纯性培养物　axenic culture　09.231
磁小体　magnetosome　05.275
*次级代谢　secondary metabolism　05.187
次级同宗配合　secondary homothallism　03.533
次生代谢　secondary metabolism　05.187
次生代谢物　secondary metabolite, idiolite　05.188
次生代谢物合成期　idiophase　05.189
次生附属物　secondary appendage　03.238
次生菌落　secondary colony　03.063
次生菌丝　secondary hypha　03.185
次生演替　secondary succession　07.023
次生游动孢子　secondary zoospore　03.514
*刺突　spike　04.062
丛[鞭]毛菌　lophotricha　03.015
*丛枝　arbuscule　03.206
丛枝吸胞　arbuscule　03.206
丛枝状菌根　arbuscular mycorrhiza　07.092
粗糙型菌落　rough colony　03.065
促进扩散　facilitated diffusion　05.271
醋化作用　acetification　08.078
错义突变　missense mutation　06.042

D

*大包囊　macrocyst　03.258
大肠杆菌素生成因子　colicinogenic factor, Col factor　06.145
大肠菌群　coliform　08.291
大肠菌素　colicin, colicine　05.085
大肠菌值　colititer　08.122
大肠菌指数　coli-index　08.123
大环内酯类抗生素　macrolide antibiotics　05.310
大曲　daqu　08.265
大[型]分生孢子　macroconidium　03.496
*代时　doubling time, generation time　05.238
*代谢　metabolism　05.185
代谢工程　metabolic engineering　08.022
代谢共栖　metabiosis　07.111
代谢抑制试验　metabolic inhibition test, MIT　09.382
带[病]毒者　carrier　08.169
带菌者　carrier　08.170
带纹　zone line　03.203
*带线　zone line　03.203
单孢子分离法　single spore isolation　09.201
单鞭毛菌　monotricha　03.013
单纯扩散　simple diffusion　05.272
单端孢霉烯族化合物　trichothecenes　05.074
单端丛[鞭]毛菌　cephalotricha　03.017
单负链病毒　mononegavirus　04.015
单隔孢子　didymospore　03.476
单核体　monokaryon　03.249
单极生态系统　monopolar ecosystem　07.128
单价疫苗　univalent vaccine　08.195
单链 DNA 病毒　ssDNA virus　04.008
单链 RNA 病毒　ssRNA virus　04.012
单目显微镜　monocular microscope　09.005
单囊壁子囊　unitunicate ascus　03.379
*单态性　monomorphism　06.001
单系分类单元　monophyletic taxon　02.046
单系群　monophyletic group　02.007
单细胞蛋白　single cell protein, SCP　08.082
单细胞分离法　single cell pickup method　09.202
单向免疫扩散　simple immunodiffusion　09.415
*单向琼脂扩散　simple agar diffusion　09.415
单形现象　monomorphism　06.001
单性合子　azygote　03.460
*单性接合孢子　azygospore　03.461
单主寄生　autoecism　07.116
担孢子　basidiospore　03.519
担子　basidium　03.409
担子果　basidioma, basidiome, basidiocarp　03.405
担子菌　basidiomycetes　03.151
担子菌地衣　basidiolichen　03.557
弹道电子发射显微镜　ballistic electron emission microscope, BEEM　09.025
*Fts 蛋白　filamentous temperature-sensitive protein, Fts protein　05.029
*FtsZ 蛋白　FtsZ protein　05.030
[蛋白]胨　peptone　09.166
[蛋白]胨酵母膏葡萄糖培养基　peptone-yeast extract-

glucose medium, PYG medium 09.124
蛋白胨汁 peptone broth 09.125
蛋白质比较 comparison of protein 02.072
氮循环 nitrogen cycle 07.133
氮源 nitrogen source 05.154
岛霉素 ilamycin 05.364
倒退式分生孢子发育 retrogressive conidial development 03.548
倒置显微镜 invert microscope 09.007
*道诺霉素 daunomycin, daunorubicin 05.336
德曼-罗戈萨-夏普培养基 de Man, Rogosa and Sharpe medium, MRS medium 09.146
等合模式 isosyntype 02.109
等级 rank 02.042
等模式 isotype 02.107
低倍物镜 low power objective 09.037
滴度 titer 09.247
底物促死 substrate-accelerated death 05.181
地下真菌 hypogeal fungi 03.136
地衣 lichen 03.554
地衣共生菌 mycobiont 03.134
地衣髓层 medulla 03.569
点[断]平衡 punctuated equilibrium 02.019
点突变 point mutation 06.039
电穿孔 electroporation 06.153
*电镜 electron microscope 09.017
电烤箱 electric oven 09.307
电子显微镜 electron microscope 09.017
淀粉水解试验 starch hydrolysis test 09.324
叠氮化钠抗性试验 sodium azide resistant test 09.341
叠氮蓝 B 染色试验 diazonium-blue B stain test 09.337
*丁胺菌素 butirosin, butyrosin 05.294
*丁达尔灭菌 tyndallization 09.277
丁苷菌素 butirosin, butyrosin 05.294
丁香假单胞菌素 syringacin 05.086
顶侧丝 apical paraphysis 03.395
顶极群落 climax community 07.027
顶极演替 climax succession 07.026
顶孔 apical pore 03.338
顶生孢子 acrospore 03.485
*顶生厚垣孢子 fuseau 03.488
顶室 apical chamber 03.386
顶体 Spitzenkörper 03.190
定长分生孢子梗 determinate conidiophore 03.346
定点突变 site-directed mutagenesis 06.043
*定期移植 periodic subculture preservation 09.252
定位酶 sortase 05.068
定向生物合成 directed biosynthesis 05.198
定植 colonization 08.282
冬孢子 teliospore, teleutospore 03.524
冬孢子堆 telium, teleutosorus 03.422
冬担子 teliobasidium 03.416
动体 kinetosome 03.267
*冻干保藏 freeze-drying preservation 09.256
豆血红蛋白 leghemoglobin 05.032
豆芽汁培养基 bean sprouts extract medium 09.123
痘疱试验 pock assay 09.373
毒力 virulence 08.178
毒力岛 pathogenicity island, PAI 08.181
毒力基因 virulence gene 08.180
毒力因子 virulence factor 08.179
毒素 toxin 08.175
*F-2 毒素 zearalenone 05.114
HT-2 毒素 HT-2 toxin 05.112
T-2 毒素 T-2 toxin 05.111
毒素中和试验 toxin neutralization test 09.423
*毒性噬菌体 virulent phage 04.130
毒性休克综合征毒素 toxic shock syndrome toxin, TSST 05.128
毒蝇碱 muscarine 05.100
独征 autapomorphy 02.028
杜氏发酵管 Durham fermentation tube 09.302
端生芽孢 terminal spore 03.077
短促选择 episodic selection 02.020
短杆菌肽 gramicidin 05.362
断裂 fragmentation 05.218
堆肥 compost 08.142
堆肥化处理 composting 08.143
对流免疫电泳 counter immunoelectrophoresis 09.418
对数期 log phase 05.235
盾状囊壳 thyriothecium 03.373
盾状体 clypeus 03.372
*盾状子座 clypeus 03.372
多重营养缺陷型 polyauxotroph 06.063
多分体病毒 multicomponent virus 04.033
多隔孢子 phragmospore 03.475
多隔分生孢子 phragmoconidium 03.494
多核合子 coenozygote 03.458

多核配子　coenogamete　03.452
多核细胞　coenocyte　03.253
多极出芽　multipolar budding　03.553
多价疫苗　polyvalent vaccine　08.196
多角体　polyhedron　04.115
多角体蛋白　polyhedrin　04.117
多角体型病毒粒子　polyhedron-derived virion, PDV　04.042
＊多抗霉素　polyoxin　05.378
多黏菌素　polymyxin　05.368
＊多柔比星　doxorubicin　05.334
＊多杀菌素　spinosad　05.324
多杀霉素　spinosad　05.324
＊多态性　polymorphism　06.003
多肽类抗生素　polypeptide antibiotics　05.350
多位点序列分型　multilocus sequence typing, MLST　09.455
多烯类抗生素　polyene antibiotics　05.338
多系分类单元　polyphyletic taxon　02.047
多系群　polyphyletic group　02.008
多纤维素酶体　cellulosome　05.061
多相分类法　polyphasic taxonomy　02.065
＊多效霉素　polyoxin　05.378
多形现象　polymorphism　06.003
多氧菌素　polyoxin　05.378
多样性指数　diversity index　07.125

E

＊萼包　volva　03.310
蒽环类抗生素　anthracyclines　05.332
二次生长　diauxic growth, diauxie　05.230
二次生长曲线　diauxic growth curve　05.231
二分分裂　binary fission　05.219
二级防护　secondary containment　08.241
二十面体对称　icosahedral symmetry　04.064
二十面[体]衣壳　icosahedron capsid　04.069
＊二态性　dimorphism　06.002
二元培养物　two-component culture　09.232

F

发光免疫测定　luminescent immunoassay　09.440
发光细菌　luminescent bacteria　08.146
发酵　fermentation　08.023
发酵单位　fermentation titer　08.048
发酵罐　fermenter, fermentor　08.056
发酵[能]力　fermentation capacity　08.026
发酵液　fermentation broth　08.049
＊TTC 法　triphenyl tetrazolium chloride method, TTCM　09.346
反差　contrast　09.052
反馈抑制　feedback inhibition　05.194
反硝化作用　denitrification　07.149
C 反应蛋白　C reactive protein　08.159
反应素　reagin　08.222
＊反转录酶　reverse transcriptase　05.057
泛嗜性病毒　pantropic virus　04.024
泛主质粒　promiscuous plasmid　06.134
防腐　antisepsis　08.089
防腐剂　antiseptic, preservative　08.295
防护服　protective clothing　08.258
防护呼吸器　protective respirator　08.259
防霉　anti-mildew, anti-mouldiness　08.088
纺锤极体　spindle pole body　03.257
纺锤菌素　netropsin　05.365
放大率　magnification　09.051
放射免疫测定　radioimmunoassay　09.438
放线菌　actinomycetes　03.088
放线菌素 D　actinomycin D　05.351
[放线菌]土臭味素　geosmin　05.141
放线酮　actidione, cycloheximide　05.390
＊放线壮观素　actinospectacin　05.430
非包含体病毒　non-occluded virus, NOV　04.039
非共生固氮作用　asymbiotic nitrogen fixation　07.141
＊非化学限定培养基　chemically undefined medium　09.098
非结构蛋白　nonstructural protein　04.072
＊非受纳细胞　nonpermissive cell　04.108
非允许细胞　nonpermissive cell　04.108
非整倍体　aneuploid　06.006
＊肥达凝集试验　Widal agglutination test　09.448

肥达试验　Widal test　09.448
肺炎链球菌溶血素　pneumolysin　05.136
＊费菲[溶菌]现象　Pfeiffer phenomenon　09.395
分孢子　part spore　03.518
＊[分辨]干涉差显微镜　differential interference contrast microscope, DICM　09.015
＊分辨力　resolution, resolving power　09.049
分辨率　resolution, resolving power　09.049
＊分步灭菌　factional sterilization　09.277
分部培养　fractional cultivation　09.174
分节基因组　segmented genome　04.054
分解代谢物控制蛋白　catabolite control protein, CCP　05.191
分解代谢物阻遏蛋白　catabolite repression protein, CRP　05.192
分类　classification　02.040
分类单元　taxon　02.043
分类等级　taxonomic rank　02.044
分类阶元　category　02.045
分类学　taxonomy　02.038
＊分类学异名　taxonomical synonym　02.102
分离　isolation　09.198
分离变异　dissociation　06.065
分离培养基　isolation medium　09.150
分离细胞　disjunctor cell　03.515
分批补料发酵　fed-batch fermentation　08.041
分批发酵　batch fermentation　08.042
分批培养　batch cultivation　09.185
分生孢子　conidium, conidiospore　03.491
分生孢子梗　conidiophore　03.345
分生孢子果　conidioma, conidiocarp　03.349
分生孢子盘　acervulus　03.350
分生孢子器　pycnidium　03.351
＊分生孢子体　conidioma, conidiocarp　03.349
分生孢子座　sporodochium　03.352
分体产果式生殖　eucarpic reproduction　03.542
＊分体造果　eucarpic reproduction　03.542
分型　typing　09.454
分支　clade　02.016
分支发生　cladogenesis　02.017
＊分支进化　cladogenesis　02.017
＊分支图　cladogram　02.015
＊分支系统学　cladistics　02.003
分枝菌酸　mycolic acid　05.104
分子分类学　molecular taxonomy　02.039
分子分型　molecular typing　09.456
分子特征　molecular characteristics　02.035
分子系统学　molecular systematics　02.002
分子钟　molecular chronometer, molecular clock　02.023
粉孢配合　oidization　03.540
粉孢团　mazaedium　03.358
粉孢子　oidium　03.508
粉孢子梗　oidiophore　03.347
粉芽　soredium　03.572
粉芽堆　soralium　03.573
粪-口传播　fecal-oral transmission　08.284
＊封闭子实层式发育　cleistohymenial development　03.545
＊蜂食甲虫真菌　ambrosia fungi　03.150
缝裂囊壳　hysterothecium　03.369
麸皮保藏　preservation on bran　09.259
麸曲　bran qu　08.264
弗氏不完全佐剂　Freund imcomplete adjuvant, FIA　09.452
弗氏完全佐剂　Freund complete adjuvant, FCA　09.451
弗氏[细胞]压碎器　French cell press　09.304
弗氏佐剂　Freund adjuvant　09.450
伏-波试验　Voges-Proskauer test, VP test　09.331
＊伏鲁宁体　Woronin body　03.201
伏马菌素　fumonisin　05.113
福尔根染色　Feulgen staining　09.092
福提霉素　fortimicin　05.296
辐射进化　radiation evolution　02.018
辐射灭菌　radiosterilization　09.280
辅酶 F_{420}　coenzyme F_{420}　05.147
辅酶 F_{430}　coenzyme F_{430}　05.148
辅酶 HS-HTP　coenzyme HS-HTP　05.149
辅酶 M　coenzyme M, CoM　05.150
辅助病毒　helper virus　04.049
辅助细胞　auxiliary cell　03.216
腐败　putrefaction　08.091
腐霉素　carriomycin　05.347
腐生物　saprophyte, saprobe　03.112
腐生[现象]　saprophytism　07.114
腐蚀　corrosion　08.092
腐食营养　saprotrophy　05.173
腐熟菌　composting microbe　08.102
腐熟菌剂　composting microbial inoculant　07.074

负链单链 RNA 病毒　negative stranded ssRNA virus　04.013
负染[色法]　negative staining　09.073
＊附加模式　epitype　02.113
附加体　episome　06.125
附生微生物　epibiont　07.087
附[属]丝　appendage　03.178
附着胞　appressorium　03.204
附着器　haptor　03.336
附着位点　attachment site, adsorption site　04.081
附着缘　appendiculate margin　03.312
附着枝　hyphopodium　03.205
复分裂　multiple fission　05.221
复合对称　complex symmetry　04.066
复合卵球　compound oosphere　03.455
复囊体　aethalium　03.223
＊复系分类单元　polyphyletic taxon　02.047
复制　replication　04.073
DNA 复制　DNA replication　06.076
复制型 DNA　replicative form DNA, RF DNA　04.092
复制周期　replicative cycle　04.084
复种　revaccination　08.201
副模式　paratype　02.110
富集　enrichment　09.222
富集培养基　enrichment medium　09.105
富集偏差　enrichment bias　09.223
富营养化　eutrophication　07.030
＊腹担子　endobasidium　03.413
腹菌　gasteromycetes　03.156

G

钙调蛋白　calmodulin　05.051
盖玻片　cover glass　09.053
RNA 干扰　RNA interference, RNAi　04.156
干扰素　interferon　04.155
干扰[作用]　interference　04.154
干热灭菌　hot air sterilization, dry heat sterilization　09.276
杆菌　rod bacteria　03.006
杆菌肽　bacitracin　05.352
感染复数　multiplicity of infection, MOI　04.102
感染剂量　infective dose, ID　08.186
感染性　infectivity　08.185
感染性核酸　infectious nucleic acid　04.055
感受态　competence　06.151
感受态细胞　competent cell　06.152
感应激酶　sensor kinase　05.254
刚毛　seta　03.210
高倍物镜　high power objective　09.038
高频重组　high frequency of recombination, Hfr　06.032
高氏 1 号培养基　Gause medium No. 1　09.126
高温瞬时消毒　high temperature short time method, HTST　09.283
高效空气过滤器　high efficiency particulate air filter, HEPA filter　08.253
高压灭菌器　autoclave　09.266
高压蒸汽灭菌　autoclaving　09.268
戈罗德卡娃琼脂　Gorodkowa agar　09.149
革兰氏染色　Gram staining　09.079
革兰氏阳性菌　Gram-positive bacteria　03.018
革兰氏阴性菌　Gram-negative bacteria　03.019
格尔德霉素　geldanamycin　05.383
隔孔器　septal pore organelle　03.202
隔膜　septum　03.195
＊隔[膜]孔帽　septal pore cap　03.199
个人防护装备　personal protective equipment, PPE　08.246
个体发育体系　ontogenic system　03.527
根际　rhizosphere　07.084
根际微生物　rhizospheric microorganism　07.085
根瘤　root nodule　08.110
根瘤菌　rhizobium　03.033
根瘤菌剂　rhizobium inoculant, nitragin　08.111
根霉菌　rhizopus　03.170
根丝体　rhizoplast　03.237
＊根外泡囊　auxiliary cell　03.216
根肿　tumor　07.093
根状菌丝体　rhizomycelium　03.188
根状体　rhizomorph　03.245
＊艮他霉素　gentamicin　05.297
梗基　metula　03.355
工业微生物学　industrial microbiology　01.017
攻击素　aggressin　08.224

共代谢 co-metabolism 05.190
共固定化作用 coimmobilization 08.084
共培养 co-cultivation 09.192
共生 symbiosis 07.105
共生固氮微生物 symbiotic nitrogen fixer 07.090
共生固氮作用 symbiotic nitrogen fixation 07.140
共生生物 symbiont 07.098
共生体 symbiote 07.101
共生藻 phycobiont 03.559
共同衍征 synapomorphy 02.030
共同祖征 symplesiomorphy 02.027
共无性型 synanamorph 03.107
共整合质粒 cointegrating plasmid 06.140
共转导 cotransduction 06.109
共转化 cotransformation 06.101
孤儿无性型 orphan anamorph 03.108
古菌 archaea 01.045
古菌病毒 archaeal virus 04.025
古微生物学 paleomicrobiology 01.036
＊古细菌 archaebacteria 01.045
谷氏菌素 gougerotin 05.409
骨架菌丝 skeletal hypha 03.319
固氮菌剂 azotogen 08.103
固氮作用 nitrogen fixation 07.138
固定床反应器 fixed bed reactor 08.055
固定毒 fixed virus 04.119
固定化细胞 immobilized cell 08.083
固态发酵 solid state fermentation 08.037
＊固体发酵 solid state fermentation 08.037
固体培养基 solid medium 09.101
固着器 holdfast 03.209
＊顾氏小体 Guarnieri body 04.113
瓜尔涅里小体 Guarnieri body 04.113
寡核苷酸标识序列 oligonucleotide signature sequence 02.036
冠囊体 stephanocyst 03.246
＊管碟法 cylinder plate method 09.240
管腔 rohr 03.265
＊[灌]批发酵 batch fermentation 08.042
光复活[作用] photoreactivation 06.068
光合细菌 photosynthetic bacteria, PSB 07.088
光滑型菌落 smooth colony 03.064
＊光辉霉素 mithramycin 05.415
光能无机营养 photolithotrophy 05.170
＊光能无机自养 photolithoautotrophy 05.170
光能营养 phototrophy 05.169
＊光能有机异养 photoorganoheterotrophy 05.171
光能有机营养 photoorganotrophy 05.171
光神霉素 mithramycin 05.415
光同化作用 photo-assimilation 07.143
光学镊子 optical tweezer 09.045
光学显微镜 light microscope 09.003
光[致]形态发生 photomorphogenesis 05.278
广谱抗生素 broad-spectrum antibiotics 05.281
龟裂杀菌素 rimocidin 05.344
规则对称表面层 hexagonally packed intermediate layer, HPI layer 05.002
硅胶培养基 silica-gel basal medium 09.137
硅酸盐细菌 silicate bacteria 08.100
鬼笔[毒]环肽 phalloidin 05.101
鬼笔毒素 phallotoxin 05.102
鬼笔菌 stinkhorn 03.159
鬼伞菌素 coprinin 05.401
滚管培养 rolling tube cultivation 09.175
＊郭霍现象 Koch phenomenon 05.249
国际细菌命名法规 International Code of Nomenclature of Bacteria 02.077
果柄 podetium 03.574
果胶水解试验 pectin hydrolysis test 09.342
果聚糖产生试验 leven production test 09.350
＊过渡区 semi-contamination area 08.249
过滤除菌 filtration sterilization 09.279
过氧化氢酶试验 catalase test 09.365

H

哈氏网 Hartig net 03.217
海洋微生物学 marine microbiology 01.026
含菌体 mycetome, bacteriome 07.097
＊含菌细胞 mycetocyte, bacteriocyte 07.096
好氧不产氧光合作用 aerobic anoxygenic photosynthesis 07.146
合胞体 syncytium 03.252
合成培养基 synthetic medium 09.099

合法名称　legitimate name　02.086
合格发表　valid publication　02.083
合模式　syntype　02.108
＊合生元　synbiotics　07.078
合生原　synbiotics　07.078
合子核　zygotonucleus　03.255
核苷类抗生素　nucleoside antibiotics　05.373
核菌　pyrenomycetes　03.140
核菌地衣　pyrenolichen　03.556
＊核壳内类病毒　virusoid　04.051
核帽　nuclear cap　03.256
核配　karyogamy　06.120
核糖霉素　ribostamycin　05.304
核心　core　04.057
核[型]多角体病毒　nuclear polyhedrosis virus, nucleopolyhedrovirus, NPV　04.035
核[衣]壳　nucleocapsid　04.058
褐腐　brown rot　08.095
褐腐菌　brown rot fungi　03.129
赫克通肠道菌琼脂　Hektoen enteric agar, HE agar　09.142
黑粉病　smut disease　03.121
黑粉菌　smut fungi　03.161
黑粉菌酸　ustilagic acid　05.103
＊亨盖特培养　Hungate cultivation　09.175
恒化器　chemostat　08.072
恒梯度器　gradostat　08.073
＊恒温箱　incubator　09.306
恒浊器　turbidostat　08.071
横锤担子　chiastobasidium　03.420
横向力显微镜　lateral force microscope, LFM　09.023
＊红斑毒素　erythrogenic toxin　05.127
＊红比霉素　rubidomycin　05.336
＊红潮　red tide　07.032
红霉素　erythromycin　05.314
红曲　hongqu, fermentum rubrum　08.268
宏基因组　metagenome　06.013
宏基因组学　metagenomics　01.010
后发酵　secondary fermentation　08.034
＊后熟　aging　08.262
后选模式　lectotype　02.111
＊厚壁孢子　chlamydospore, chlamydoconidium　03.484
厚垣孢子　chlamydospore, chlamydoconidium　03.484
鲎凝集素　limulin　09.405
鲎试验　limulus amoebocyte lysate test, LAL test, limulus assay　09.406
弧菌　vibrio　03.009
壶菌　chytrid　03.164
糊精结晶生成试验　dextrin crystal formation test　09.340
互补[作用]　complementation　06.066
＊互惠共生　mutualism　07.107
互接种族　cross inoculation group　08.109
互利共生　mutualism　07.107
＊互生　metabiosis　07.111
互养共栖　syntrophism　07.110
＊互营　syntrophism　07.110
滑行　gliding　05.265
滑行细菌　gliding bacteria　03.021
化能无机异养　chemolithoheterotrophy　05.167
化能无机营养　chemolithotrophy　05.165
化能无机自养　chemolithoautotrophy　05.166
化能异养　chemoheterotrophy　05.164
化能营养　chemotrophy　05.162
化能有机营养　chemoorganotrophy　05.168
化能自养　chemoautotrophy　05.163
化石真菌　fossil fungi　03.099
化学固定　chemical fixation　09.067
＊化学限定培养基　chemically defined medium　09.099
化学型　chemovar, chemotype　02.054
化学需氧量　chemical oxygen demand, COD　08.127
化学治疗剂　chemotherapeutic agent　08.217
坏死营养　necrotrophy　05.178
环孢[菌]素　cyclosporin　05.358
环痕　annellide　03.356
环痕[分生]孢子　annelloconidium, annellospore　03.503
环痕梗　annellophore　03.357
环境微生物学　environmental microbiology　01.021
环境自净　environmental self-purification, environmental self-cleaning　07.035
环流发酵罐　loop fermenter　08.065
环丝氨酸　cycloserine　05.399
环状沉淀反应　ring precipitation　09.411
环状光阑　annular diaphragm　09.014
环状染色体　ring chromosome　06.010
缓冲间　buffer room　08.245
黄曲霉毒素　aflatoxin, AFT　05.098

黄色黏球菌素　xanthacin　05.087
黄癣菌丝　favic chandelier mycelium　03.189
黄原胶　xanthan　05.027
灰菇包型担子果　secotioid basidiocarp　03.408
灰黄霉素　griseofulvin　05.410
灰霉素　grisein　05.363
回复突变　reverse mutation　06.048
DNA 混编　DNA shuffling　06.155
混合培养　mixed cultivation　09.187
混合酸发酵　mixed acid fermentation　08.031
混合营养　mixotrophy　05.177
混菌发酵　mixed fermentation　08.028
*混菌培养　mixed cultivation　09.187
活的非可培养状态　viable but non-culturable, VBNC　07.043
活菌苗　live bacterial vaccine　08.194
活性干酵母　active dry yeast　08.270
活性污泥　activated sludge　08.133
活性污泥法　activated sludge process　08.134
活疫苗　live vaccine　08.193
火箭电泳　rocket electrophoresis　09.421

J

机会致病菌　opportunistic pathogen　08.171
鸡胚接种　chick embryo inoculation　09.219
*基板　base plate　04.145
基本培养基　minimal medium　09.096
基础培养基　basal medium　09.097
基名　basionym　02.093
基群　basal group　02.012
基团转位　group translocation　05.274
基因　gene　06.011
基因沉默　gene silencing　06.075
基因重复　gene duplication　06.021
基因簇　gene cluster　06.015
基因家族　gene family　06.014
基因融合　gene fusion　06.022
基因突变　gene mutation　06.038
基因外重复回文序列　repetitive extragenic palindrome, REP　06.115
基因型　genotype　06.016
基因型分析　genotypic analysis　02.071
基因整合　gene integration　06.029
基因转移　gene transfer　06.096
基因组　genome　06.012
基因组岛　genomic island　08.182
基因组结合蛋白　genome-linked protein, VPg　04.070
*基原异名　basionym　02.093
*基质层　hypothallus　03.227
激光扫描共聚焦显微镜　confocal scanning laser microscope, CLSM, LSCM　09.020
极端耐盐微生物　extremohalotolerant microorganism　07.068
极端嗜热微生物　extremothermophile　07.049
极性突变　polarity mutation　06.045
*棘白霉素　echinocandin　05.359
棘杆　stachel　03.266
棘球白素　echinocandin　05.359
集聚性黏附　aggregative adherence　08.151
集子囊　synascus　03.383
*几丁质　chitin　05.024
脊椎动物病毒　vertebrate virus　04.030
计数室　counting chamber　09.243
寄生　parasitism　07.115
寄生物　parasite　03.114
寄主　host　03.110
加词　epithet　02.091
加富培养基　enriched medium　09.104
加压循环发酵罐　pressure cycle fermenter　08.067
*加压蒸汽灭菌　autoclaving　09.268
*嘉德霉素　jadomycin　05.337
荚膜　capsule　03.048
荚膜膨胀试验　quellung test　09.371
甲胺氮营养　methazotrophy　05.175
[甲虫]贮菌器　mycangium　03.241
甲基红试验　methyl red test　09.330
甲基受体趋化蛋白　methyl-accepting chemotaxis protein, MCP　05.018
甲基营养　methylotrophy　05.176
甲壳质　chitin　05.024
甲酸盐-延胡索酸盐试验　formate-fumarate test　09.368
甲烷呋喃　methanofuran　05.151
甲烷菌软骨素　methanochondroitin　05.005

甲烷膜粒　methanochondrion　03.055
甲烷形成作用　methangenesis　08.144
甲烷营养　methanotrophy　05.174
钾细菌肥料　potassium bacteria inoculant　08.101
假孢丝　pseudocapillitium　03.236
假病毒粒子　pseudovirion　04.053
＊假病毒体　pseudovirion　04.053
＊假薄壁组织　pseudoparenchyma　03.194
＊假侧丝　pseudoparaphysis　03.394
假隔膜　pseudoseptum　03.200
假根丝　rhizine　03.575
＊假菌核平板图　pseudosclerotial plate　03.203
假菌丝体　pseudomycelium　03.187
假膜　pseudomembrane　08.160
假囊层被　pseudoepithecium　03.391
假肽聚糖　pseudopeptidoglycan　05.007
假型病毒　pseudotype virus　04.052
假原质团　pseudoplasmodium　03.233
假[子]囊壳　pseudothecium, pseudoperithecium　03.367
＊间胞　cystidium　03.329
间型霉素　formycin, oyamycin　05.376
兼性腐生物　facultative saprobe　03.113
兼性寄生物　facultative parasite　03.115
兼性嗜冷微生物　facultative psychrophilic microorganism　07.060
兼性厌氧菌　facultative anaerobe　05.159
兼性营养　amphitrophy　05.172
减毒株　attenuated strain　08.205
减毒[作用]　attenuation　08.203
减数分裂孢子　meiospore　03.472
减数分裂孢子囊　meiosporangium　03.434
简单染色　simple staining　09.072
简约法　parsimony　02.066
＊简约性　parsimony　02.066
间接萌发　indirect germination　03.551
间接免疫吸附测定　indirect immunosorbent assay　09.445
间接凝集反应　indirect agglutination　09.399
间接荧光抗体技术　indirect fluorescent antibody technique, indirect fluorescent antibody test　09.431
间体　mesosome　03.056
间歇灭菌　factional sterilization　09.277
＊健霉素　fortimicin　05.296
渐变论　gradualism　02.013
鉴别培养基　differential medium　09.151
鉴别染色　differential staining　09.074
鉴定　identification　02.074
鉴定细菌学　determinative bacteriology　01.030
降解性质粒　degrading plasmid　06.147
交叉复活　cross reactivation　06.069
交叉抗性　cross resistance　05.277
＊交叉耐药性　cross resistance　05.277
交叉污染　cross contamination　08.283
交沙霉素　josamycin　05.316
胶[霉]毒素　gliotoxin　05.408
胶膜菌丝　gloeoplerous hypha　03.180
焦曲菌素　ustin　05.435
＊角变　sectoring, sector mutation　06.050
＊脚胞　foot cell　03.208
搅拌釜式发酵罐　stirred tank fermenter　08.061
酵母膏　yeast extract　09.163
酵母膏-甘露醇培养基　yeast extract-mannitol medium　09.128
酵母膏麦芽汁培养基　yeast extract-malt extract broth, YM broth　09.134
酵母菌　yeast　03.144
酵母人工染色体　yeast artificial chromosome, YAC　06.122
酵母双杂交系统　yeast two-hybrid system　06.095
酵母提取粉　yeast extract powder　09.164
酵母型菌落　yeast type colony　03.072
＊接触位点　attachment site, adsorption site　04.081
接触抑制　contact inhibition　05.195
接合孢子　zygospore　03.526
＊接合孢子柄　zygosporophore　03.289
接合孢子梗　zygophore　03.427
接合孢子囊　zygosporangium　03.426
接合菌　zygomycetes　03.163
＊接合枝　zygophore　03.427
[接]合子　zygote　03.456
接合[作用]　conjugation　06.097
接种　inoculation　09.209
接种铲　inoculating shovel　09.212
接种钩　inoculating hook　09.213
接种环　inoculating loop　09.211
接种量　inoculum size　08.053
接种量效应　inoculum effect　05.247

接种室　inoculation chamber　09.215
接种物　inoculum　09.208
接种箱　inoculation hood　09.214
接种针　inoculating needle　09.210
街毒　street virus　04.120
节[分生]孢子　arthrospore, arthroconidium, arthric conidium　03.498
杰多霉素　jadomycin　05.337
拮抗作用　antagonism　07.121
＊洁净工作台　super-clean bench, laminar flow cabinet　09.217
洁净剂　sanitizer　08.215
＊洁霉素　lincomycin　05.413
结构蛋白　structural protein　04.071
结构基因　structural gene　06.085
结构染色　structural staining　09.075
结核分枝杆菌增殖抑制因子　mycobacterial growth inhibitory factor, MycoIF　08.165
结核菌素　tuberculin　08.164
结核菌素试验　tuberculin test　09.378
结核菌酸　phthioic acid　05.015
＊解剖显微镜　dissecting microscope, stereoscopic microscope　09.004
解释模式　epitype　02.113
金霉素　chlortetracycline, aureomycin　05.330
紧密黏附蛋白　intimin　08.288
＊紧密黏附素　intimin　08.288
近端芽孢　subterminal spore　03.078
进化距离　evolutionary distance　02.022
＊进化系统树　phylogenetic tree　02.005
＊进化枝　clade　02.016
浸渍　retting　08.115
精氨酸双水解酶试验　arginine dihydrolase test　09.366
＊精子梗　spermatiophore　03.279
＊精子器　spermogone, spermogonium　03.281
＊精子团　spermatium　03.442
井冈霉素　validamycin　05.309
净化　cleaning　08.254
静孢子　aplanospore　03.490
静息孢子　akinete　03.489
静息细胞　resting cell　05.244
静置培养　static cultivation　09.188
镜检　microscopic examination　09.069
＊镜台　stage　09.047
＊镜台测微尺　stage micrometer　09.041
镜台测微计　stage micrometer　09.041
酒霉素　methymycin　05.318
酒母　seeding yeast　08.271
酒药　jiuyao, wine medicament　08.272
旧结核菌素　old tuberculin, OT　08.166
局部杂合子　merozygote　06.009
局限性转导　restricted transduction　06.108
局灶性黏附　localized adherence　08.152
桔青霉素　citrinin　05.072
巨大菌落　giant colony　03.069
巨大质粒　megaplasmid　06.146
距离法　distance method　02.064
聚硅酸盐平板　polysilicate plate　09.156
聚醚类抗生素　polyether antibiotics　05.346
聚 β-羟基丁酸酯　poly-β-hydroxybutyrate, PHB　05.048
聚生体　consortium　07.102
卷曲霉素　capreomycin, capromycin　05.355
卷旋孢子　helicospore　03.480
均衡生长　balanced growth　05.224
菌胞　mycetocyte, bacteriocyte　07.096
菌柄　stipe　03.303
菌柄皮层　stipitipellis　03.304
＊[菌]醭　mycoderm　03.075
＊菌肥　microbial fertilizer　08.098
菌盖　pileus　03.299
菌盖囊状体　pileocystidium　03.302
菌盖皮层　pileipellis　03.300
菌根　mycorrhiza　03.211
菌根真菌　mycorrhizal fungi　03.135
菌核　sclerotium　03.242
菌环　annulus, armilla　03.309
＊菌剂　microbial inoculant　07.073
菌胶团　zoogloea　07.045
菌绿素　bacteriochlorophyll　05.045
菌落　colony　03.062
＊菌落计数　colony counting　09.244
菌落计数器　bacterial colony counter　09.242
菌落形成单位　colony forming unit, CFU　09.248
菌毛　pilus　03.043
菌毛蛋白　pilin　05.023
菌霉素　mycomycin　05.418
菌苗　bacterial vaccine　08.191
菌膜　pellicle　03.075

＊菌膜网　indusium　03.313
＊菌脐索　funiculus, funicle, funicular cord　03.332
菌裙　indusium　03.313
菌群失调　dysbacteriosis　07.020
菌肉　context　03.305
菌肉菌丝　contextual hypha　03.306
菌丝　hypha　03.174
菌丝层　subiculum, subicle　03.191
菌丝段　hyphal fragment　03.177
＊菌丝分生孢子　myceloconidium　03.486
菌丝尖端切割分离法　hypha tip isolation　09.200
菌丝球　mycelium pellet　08.007
[菌丝]融合　anastomosis　03.537
菌丝融合群　anastomosis group　03.538
＊菌丝束　coremium　03.348
菌丝索　funiculus, funicle, funicular cord　03.332
菌丝体　mycelium　03.186
菌丝体系　mitic system　03.318
菌丝酰胺　mycelianamide　05.417
菌髓　trama　03.315
菌索　mycelial cord　03.244
菌索基　hapteron　03.333
菌苔　lawn　03.074
菌套　mantle　03.218
[菌体]附器　appendage　03.037
菌体抗原　O antigen　08.190
菌蜕　ghost　03.045
菌托　volva　03.310
＊菌纤索　funiculus, funicle, funicular cord　03.332
菌悬液　suspension　09.228
菌褶　lamella, gill　03.314
菌种保藏　culture preservation　09.251
菌种改良　strain improvement　08.004
菌种退化　strain degeneration　08.003
菌株　strain　09.207
＊菌柱　columella　03.342
菌紫素　bacteriopurpurin　05.044

K

卡恩试验　Kahn test　09.447
卡介苗　Bacille Calmette-Guérin vaccine, BCG vaccine　08.200
＊卡鲁比星　carminomycin　05.335
卡那霉素　kanamycin　05.300
卡斯特斯效应　Custes effect　05.203
＊开乐霉素　carriomycin　05.347
＊康氏试验　Kahn test　09.447
＊抗O试验　anti-streptolysin O test　09.376
＊抗癌霉素　sarkomycin　05.428
抗代谢物　antimetabolite　05.193
抗滴虫霉素　trichomycin　05.345
抗毒素　antitoxin　08.163
抗反馈突变体　feedback-resistant mutant　06.055
抗辐射微生物　radioresistant microorganism　07.069
抗菌剂　antibacterial agent　08.211
抗菌谱　antimicrobial spectrum　05.280
＊抗菌素　antibiotic　05.279
抗链球菌溶血素O试验　anti-streptolysin O test　09.376
抗霉素　antimycin　05.311
抗蠕霉素　anthelmycin　05.391
抗生素　antibiotic　05.279
抗生素敏感试验　antibiotic sensitivity test　09.250
抗生现象　antibiosis　05.276
抗酸杆菌　acid-fast bacillus　03.030
抗酸细菌染色　acid-fast staining　09.078
抗微生物指数　antimicrobial index　05.248
抗性决定因子　resistance determining factor　06.142
抗性质粒　resistance plasmid, R plasmid　06.141
抗性转移因子　resistance transfer factor, RTF　06.143
抗血清　antiserum　08.162
抗药基因　drug-resistant gene　06.025
抗药性　drug-resistance　06.026
＊O抗原　O antigen　08.190
抗原性漂移　antigenic drift　04.095
抗原性转变　antigenic shift　04.096
抗真菌剂　antimycotics, antifungal agent　08.212
＊柯氏试剂　Kovács reagent　09.326
＊柯氏氧化酶试剂　Kovács oxidase reagent　09.325
科赫现象　Koch phenomenon　05.249
科氏试验　Kolmer test　09.333
科斯特染色　Koster staining　09.086
科瓦奇试剂　Kovács reagent　09.326
科瓦奇氧化酶试剂　Kovács oxidase reagent　09.325

颗粒体　granule, capsule　04.116
颗粒体蛋白　granulin　04.118
颗粒体[症]病毒　granulosis virus, GV　04.037
可发酵性　fermentability　08.027
＊克拉维酸　clavulanic acid　05.289
克隆　clone　06.028
克鲁维效应　Kluyver effect　05.202
＊克念菌素　candicidin　05.340
克氏[扁]瓶　Kolle flask　09.314
＊客观异名　objective synonym　02.101
＊空名称　nomen nudum　02.097
空气过滤器　air filter　08.074
孔出分生孢子　poroconidium　03.501
孔口　ostiole　03.387
孔雀[石]绿溶液　malachite green solution　09.085
枯草菌素　subtilin　05.366
块菌　truffle　03.143
快速血浆反应素试验　rapid plasma reagin test, RPR test　09.385
昆虫病原体　entomopathogen　08.114
昆虫痘病毒　entomopox virus, EPV　04.038
＊蛞蝓体　pseudoplasmodium　03.233

L

腊肠形孢子　allantospore　03.479
赖氨酸脱羧酶试验　lysine decarboxylase test　09.360
赖夫松鞭毛染色　Leifson flagella staining　09.080
蓝氏链球菌分群试验　Lancefield streptococcal grouping test　09.334
蓝细菌　cyanobacteria　03.089
[蓝细菌]连锁体　hormogonium　03.090
蓝细菌噬菌体　cyanobacteria phage　04.023
＊蓝藻病毒　cyanobacteria phage　04.023
醪液　mash　08.081
酪蛋白氨基酸　casamino acid　09.165
酪蛋白水解试验　casein hydrolysis test　09.354
雷莫拉宁　ramoplanin　05.369
雷帕霉素　rapamycin　05.343
类病毒　viroid　04.003
类毒素　toxoid　08.176
类核　nucleoid　04.063
类胡萝卜素　carotenoid　05.043
类酵母型菌落　yeast-like colony　03.073
类进化　anagensis　02.021
类菌体　bacteroid　07.094
类菌体周膜　peribacteroid membrane　07.095
类囊体　thylakoid　03.091
类缘丝　periphysoid　03.399
冷冻蚀刻　freeze etching　09.030
冷冻[真空]干燥保藏　lyophilization preservation　09.256
冷激蛋白　cold shock protein　05.259
冷激应答　cold shock response　05.257
李斯特氏菌病　listeriosis　08.280
立克次氏体　rickettsia　03.094
立克次氏体学　rickettsiology　01.032
立体显微镜　dissecting microscope, stereoscopic microscope　09.004
利夫森鞭毛染色　Leifson flagella staining　09.080
利福霉素　rifamycin　05.322
γ粒　gamma particle, γ-particle　03.263
连四硫酸盐肉汤　tetrathionate broth　09.140
连续发酵　continuous fermentation　08.040
连续高压蒸汽灭菌　continuous autoclaving　09.269
连续灭菌　continuous sterilization　09.275
连续培养　continuous cultivation　09.186
联合固氮微生物　associative nitrogen fixer　07.091
联合固氮作用　associative nitrogen fixation　07.142
联合疫苗　combined vaccine　08.198
联络菌丝　binding hypha　03.320
联囊体　plasmodiocarp　03.224
镰孢菌　fusarium　03.167
镰孢菌酸　fusarinic acid　05.407
＊链道酶　streptodornase, SD　05.062
链格孢毒素　alternaria toxin　05.071
链黑菌素　streptonigrin, rufocromomycin　05.431
＊链黑霉素　streptonigrin, rufocromomycin　05.431
链激酶　streptokinase, SK　05.063
链霉菌　streptomyces　03.034
链霉素　streptomycin　05.307
链球菌DNA酶　streptodornase, SD　05.062
链球菌溶血素　streptolysin　05.137
链球菌溶血素O　streptolysin O　05.138
链球菌溶血素S　streptolysin S　05.139

链球菌素　streptocin　05.357
链丝菌素　streptothricin　05.432
两端单[鞭]毛菌　amphitrichate　03.016
两极出芽　bipolar budding　03.552
两极染色　bipolar staining　09.076
两性霉素　amphotericin　05.339
烈性噬菌体　virulent phage　04.130
裂解量　burst size　04.086
裂解期　rise phase　04.090
裂解性病毒　lytic virus　04.040
裂解周期　lytic cycle　04.091
裂囊壁子囊　fissitunicate ascus　03.381
裂芽　isidium　03.571
裂殖　fission, schizogenesis　05.216
林可霉素　lincomycin　05.413
临界杀菌浓度　critical killing dilution　08.219
临界稀释率　critical dilution rate　08.077
磷壁酸　teichoic acid　05.009
磷霉素　phosphonomycin, fosfomycin　05.424
磷酸酯酶试验　phosphatase test　09.355
磷细菌肥料　phosphorus bacteria inoculant　08.099
磷循环　phosphorus cycle　07.135
鳞片状地衣体　squamulose thallus　03.564
*灵杆菌素　prodigiosin　05.425
灵菌毒素　prodigiosus toxin　05.092
灵菌红素　prodigiosin　05.425
零泄漏　zero leaking　08.252
流化床反应器　fluidized bed reactor　08.064
流通蒸汽灭菌器　Arnold steam sterilizer　09.271
硫醇类化合物激活的溶细胞素　thiol-activated cytolysin　05.133
硫呼吸　sulphur respiration, sulfur respiration　05.209
硫化氢[产生]试验　hydrogen sulfide production test, H_2S production test　09.322
硫化作用　sulfur oxidation　07.159
硫磺样颗粒　sulfur granule　08.221
硫链丝菌素　thiostrepton　05.372
*硫链丝菌肽　thiostrepton　05.372
硫霉素　thienamycin, thiomycin　05.434
硫酸盐还原作用　sulfate reduction　07.155
硫藤黄素　thiolutin　05.388
硫循环　sulfur cycle　07.134
瘤胃微生物学　rumen microbiology　01.023
瘤胃液-葡萄糖-纤维二糖琼脂培养基　rumen fluid-glucose-cellobiose agar medium, RGCA medium　09.113
六邻体　hexon　04.068
卢里亚-贝尔塔尼培养基　Luria-Bertani medium, LB medium　09.138
鲁氏碘液　Lugol iodine solution　09.082
鹿角状菌丝　dichohyphidia　03.325
鹿苔　reindeer moss　03.558
*吕夫勒血清培养基　Loeffler serum medium　09.116
*吕氏甲烯蓝　Loeffler methylene blue　09.083
*吕氏美蓝　Loeffler methylene blue　09.083
吕氏血清培养基　Loeffler serum medium　09.116
吕氏亚甲蓝　Loeffler methylene blue　09.083
绿脓杆菌溶血素　pyocyanolysin　05.090
绿脓[菌]素　pyocyanin　05.088
绿脓菌荧光素　pyofluorescein　05.089
氯化三苯基四氮唑法　triphenyl tetrazolium chloride method, TTCM　09.346
氯霉素　chloramphenicol, chloromycetin　05.394
*氯四环素　chlortetracycline, aureomycin　05.330
卵孢子　oospore　03.507
卵菌　oomycetes　03.165
卵磷脂酶试验　lecithinase test　09.359
卵球　oosphere　03.454
卵质　ooplasm　03.272
卵质体　ooplast　03.273
[卵]周质　periplasm　03.274
*罗色拉霉素　rosamicin, rosaramicin　05.323
*罗沙米星　rosamicin, rosaramicin　05.323
螺旋对称　helical symmetry　04.065
螺旋桨式环形发酵罐　propeller loop fermenter　08.060
螺旋菌　spirillum　03.010
螺旋菌丝　spiral hypha　03.181
螺旋霉素　spiramycin　05.325
螺旋平板计数器　spiral plate counter　09.241
裸果型发育　eugymnohymenial development　03.543
裸露病毒　naked virus　04.018
裸露病毒粒子　naked virion　04.019
裸名　nomen nudum　02.097
裸囊壳　gymnothecium　03.370
洛伐他汀　lovastatin　05.414

M

麻风菌素　lepromin　05.078
麻风菌素试验　lepromin test　09.377
[马]鼻疽菌素试验　mallein test　09.372
马勃　puffball　03.160
马丁培养基　Martin medium　09.130
马铃薯葡萄糖琼脂　potato dextrose agar, PDA　09.122
麦迪霉素　midecamycin, mydecamycin　05.319
麦角　ergot　08.273
麦角中毒　ergotism　08.274
＊麦康凯培养基　MacConkey medium　09.120
＊麦考酚酸　mycophenolic acid　05.419
麦克法兰比浊管　McFarland turbidity tube　09.245
麦氏培养基　MacConkey medium　09.120
麦氏染色　Macchiavello staining　09.090
麦芽糖操纵子　*mal* operon　06.083
麦芽汁　malt extract, malt wort　09.162
麦芽汁培养基　malt extract medium　09.112
脉冲电场凝胶电泳　pulsed-field gel electrophoresis　09.420
曼德勒滤器　Mandler filter　09.295
慢病毒　slow virus　04.047
盲传　blind passage　09.173
毛孢子　trichospore　03.511
毛根诱导质粒　root-inducing plasmid, Ri plasmid　06.138
毛梗分生孢子　capilliconidium　03.504
毛霉菌　mucor　03.168
毛内癣菌　endothrix　03.127
毛外癣菌　ectothrix　03.126
梅毒螺旋体抗体微量血凝试验　microhemagglutination assay for antibody to *Treponema pallidum*, MHA-TP　09.392
媒染　mordant dyeing　09.061
媒染剂　mordant　09.062
酶标记免疫定位　enzyme labelling immunolocalization　09.433
酶联免疫吸附测定　enzyme-linked immunosorbent assay, ELISA　09.443
酶免疫测定　enzyme immunoassay　09.442
霉变　mould deterioration　08.090
霉酚酸　mycophenolic acid　05.419
霉腐微生物学　biodeteriorative microbiology　01.024
霉菌　mold, mould　03.137
霉菌病　mildew　03.119
＊霉帚　penicillus　03.354
＊美登木素　ansamitocin　05.382
＊美迪加霉素　midecamycin, mydecamycin　05.319
＊美蓝还原试验　methylene blue reduction test　09.335
弥散性黏附　diffused adherence　08.150
米尔贝霉素　milbemycin　05.320
密丝组织　plectenchyma　03.192
棉塞　cotton plug　09.278
免疫标记技术　immunolabelling technique　09.427
免疫电镜术　immunoelectron microscopy　09.439
免疫电泳　immunoelectrophoresis　09.417
免疫定位　immunolocalization　09.432
免疫扩散　immunodiffusion　09.414
免疫亲和层析　immunoaffinity chromatography　09.434
免疫生物传感器技术　immunobiosensor technique　09.435
免疫吸附血凝测定　immune adherence hemagglutination assay, IAHA　09.391
免疫血清　immune serum　09.446
免疫印迹　immunoblot, Western blot　09.437
免疫荧光技术　immunofluorescence technique　09.428
免疫组织化学　immunohistochemistry　09.436
描述　description　02.073
灭菌　sterilization　09.264
灭菌器　sterilizer　09.265
敏化细菌　sensitized bacteria　08.220
名称的日期　date of name　02.085
＊明胶水解试验　gelatin hydrolysis test　09.321
明胶液化试验　gelatin liquefaction test　09.321
明视野显微镜　bright-field microscope　09.008
命名　nomenclature　02.075
命名法规　nomenclature code　02.076
＊命名法异名　nomenclatural synonym　02.101

模式　type　02.103
模式标本　type specimen　02.104
模式标定　typification　02.105
模式培养物　type culture　09.236
模式属　type genus　02.118
模式种　type species　02.119
膜边体　lomasome　03.268
膜过滤技术　membrane filter technique　09.300
膜磷壁酸　membrane teichoic acid　05.011
膜滤器　membrane filter　09.299
膜源寡糖　membrane-derived oligosaccharide, MDO　05.019
蘑菇　mushroom　03.153
蘑菇圈　fairy ring　03.154
莫能霉素　monensin　05.348
墨汁荚膜染色　India-ink capsule staining　09.087
木腐菌　wood-decay fungi　03.128
木霉　trichoderma　03.171
木霉菌素　trichodermin　05.403
木糖-赖氨酸-脱氧胆酸盐琼脂　xylose-lysine-deoxycholate agar, XLD agar　09.141
目镜　ocular　09.034
*目镜测微尺　ocular micrometer　09.042
目镜测微计　ocular micrometer　09.042

N

纳他霉素　natamycin　05.341
奈瑟染色　Neisser staining　09.088
耐碱微生物　alkalitolerant microorganism　07.066
耐冷微生物　psychrotolerant microorganism　07.062
耐热肠毒素　heat-stable enterotoxin, ST　08.287
耐热微生物　thermoduric microorganism　07.061
耐酸微生物　aciduric microorganism, acid-tolerant microorganism　07.065
耐压微生物　barotolerant microorganism　07.063
耐盐微生物　halotolerant microorganism　07.067
耐盐性试验　halotolerent test　09.347
耐氧微生物　aerotolerant microorganism　07.064
*耐药性决定因子　resistance determining factor　06.142
*耐药性转移因子　resistance transfer factor, RTF　06.143
南昌霉素　nanchangmycin　05.349
囊层被　epithecium　03.390
囊层基　hypothecium　03.392
囊盖　operculum　03.404
囊基膜　hypothallus　03.227
*囊间丝　hamathecium　03.397
囊间组织　hamathecium　03.397
囊膜　envelope, peplos　04.061
囊膜病毒　enveloped virus　04.017
囊盘被　excipulum　03.374
*囊实体　ascocarp, ascoma　03.361
囊托　apophysis　03.343
囊轴　columella　03.342
囊状体　cystidium　03.329
内壁层　endotunica　03.385
内毒素　endotoxin　05.123
内分生孢子　endoconidium　03.492
内共生　endosymbiosis　07.106
内共生假说　endosymbiotic hypothesis　01.049
内共生体　endosymbiont　07.104
*内基小体　Negri body　04.114
内菌幕　partial veil, inner veil　03.308
*内囊盘被　medullary excipulum　03.376
内群　ingroup　02.010
内生孢子　endospore　03.471
内生担子　endobasidium　03.413
内生发育　endogenous development　03.546
内生菌根　endomycorrhiza　03.213
内生真菌　endomycete　03.132
内氏小体　Negri body　04.114
*内吞噬　endocytosis　05.268
内外生菌根　ectendomycorrhiza　03.214
β-内酰胺类抗生素　β-lactam antibiotics　05.283
*内源病毒　endogenous virus　04.016
内源感染　endogenous infection　08.172
内源逆转录病毒　endogenous retrovirus　04.016
内转录间隔区序列　internal transcribed spacer sequence, ITS　06.116
尼可霉素　nikkomycin　05.379
拟包被　pseudoperidium　03.298
拟病毒　virusoid　04.051
拟薄壁组织　pseudoparenchyma　03.194

拟侧丝 pseudoparaphysis 03.394
拟杆菌 bacteroide 03.029
＊拟核 nucleoid 04.063
拟接合孢子 azygospore 03.461
＊拟裸子实层式发育 paragymnophymenial development 03.544
＊拟缘丝 periphysoid 03.399
逆旋转酶 reverse gyrase 05.056
逆转录病毒 reverse transcription virus 04.009
逆转录酶 reverse transcriptase 05.057
逆转录酶抑素 revistin 05.427
黏孢子团 gloiospore 03.506
黏变形体 myxamoeba 03.228
＊黏端质粒 cosmid 06.128
黏附 adherence 08.149
黏附蛋白 adhesin 05.070
＊黏附素 adhesin 05.070
黏菌 myxomycete, slime mold, slime mould 03.166
[黏菌]大囊胞 macrocyst 03.258
黏菌素 colistin 05.356
＊黏菌体 aethalium 03.223
[黏菌]小囊胞 microcyst 03.259
黏粒 cosmid 06.128
黏细菌 myxobacteria 03.025
黏液层 slime layer 03.049
黏液型菌落 mucoid colony 03.068
＊黏着盘 adhesive disc 03.209
酿造 brewing 08.261
鸟巢菌 bird's nest fungi 03.158
脲酶试验 urease test 09.352
宁南霉素 ningnanmycin 05.380
柠檬酸盐试验 citrate test 09.332
凝固酶试验 coagulase test 09.363
凝集反应 agglutination reaction 09.397
凝集试验 agglutination test 09.400
凝集素 agglutinin 09.404
凝集原 agglutinogen 09.403
牛肝菌 bolete 03.157
牛津单位 Oxford unit 09.293
牛津菌株 Oxford strain 09.294
牛脑心浸出液培养基 brain-heart infusion medium 09.133
牛肉膏 beef extract 09.160
牛肉汁 beef broth 09.161
纽莫康定 pneumocandin 05.360
农业微生物学 agricultural microbiology 01.016
脓红素 pyorubin 05.091
诺卡菌素 nocardicin 05.290

O

偶发隔膜 adventitious septum 03.197
偶核细胞 zeugite 03.254

P

盘菌 discomycetes, cup fungi 03.141
盘菌地衣 discolichen 03.555
盘囊领 collarette 03.359
＊盘下层 medullary excipulum 03.376
＊旁系同源基因 paralogous gene 06.118
庖肉培养基 cooked meat medium 09.121
泡囊菌根 vesicular mycorrhiza 03.215
泡罩塔发酵罐 bubble column fermenter 08.059
培养 cultivation 09.171
培养基 culture medium 09.095
＊LB 培养基 Luria-Bertani medium, LB medium 09.138
＊RGCA 培养基 rumen fluid-glucose-cellobiose agar medium, RGCA medium 09.113
培养皿 Petri dish 09.303
培养物 culture 09.229
培养箱 incubator 09.306
配囊柄 suspensor 03.289
配囊交配 gametangial copulation 03.528
配子 gamete 03.444
配子菌体 gametothallus 03.172
配子母细胞 gametocyte 03.453
配子囊 gametangium 03.275
喷射环流发酵罐 jet loop fermenter 08.066
膨体 Quellkörper 03.388
皮层 cortex 03.567

皮肤坏死毒素 dermatonecrotoxin 08.174
皮肤真菌 dermatophyte 03.124
＊匹马菌素 pimaricin 05.341
匹配系数法 matching coefficient method 02.062
偏端霉素 distamycin 05.405
＊偏害共栖 amensalism 07.108
偏害共生 amensalism 07.108
＊偏利共栖 commensalism 07.109
偏利共生 commensalism 07.109
偏系分类单元 paraphyletic taxon 02.048
偏系群 paraphyletic group 02.009
贫营养微生物 oligotrophic microorganism 07.070
＊平板 plate medium 09.154
平板划线 plate streaking 09.178
平板计数 plate counting 09.244
平板接种 plating 09.177
平板培养基 plate medium 09.154
平[罐]酸败 flat sour spoilage 08.086
平罐酸败菌 flat sour bacteria 08.087
瓶梗 phialide 03.353
瓶梗[分生]孢子 phialoconidium, phialospore 03.502
破伤风[菌]痉挛毒素 tetanospasmin 05.116
破伤风[菌]溶血素 tetanolysin 05.135
匍匐[菌]丝 stolon 03.179
葡激酶 staphylokinase 05.064
葡糖酸盐氧化试验 gluconate oxidation test 09.351
葡萄球菌A蛋白 staphylococcal protein A, SPA 05.049
[葡萄球菌]凝固酶 staphylocoagulase 05.052
葡萄球菌溶血素 staphylolysin 05.131
葡萄球菌素 staphylococcin 05.079
葡萄球菌烫伤样皮肤综合征 staphylococcal scalded skin syndrome, SSSS 05.125
葡萄糖-天冬酰胺琼脂 glucose-asparagine agar 09.127
葡萄糖效应 glucose effect 05.201
普遍性转导 generalized transduction 06.107
普法伊费尔[溶菌]现象 Pfeiffer phenomenon 09.395
＊普里昂 prion 04.004
普通微生物学 general microbiology 01.003
曝气池 aeration basin 08.139
曝气法 aeration process 08.138

Q

七叶苷水解试验 aesculin hydrolysis test, esculin hydrolysis test 09.367
＊萋-尼染色 Ziehl-Neelsen staining 09.077
齐-内染色 Ziehl-Neelsen staining 09.077
＊奇霉素 spectinomycin 05.430
脐侧附肢 hilar appendage 03.331
脐扣 belly-button 03.301
＊脐索基 hapteron 03.333
启动子 promotor, promoter 06.086
起子 starter 08.269
气泡 gas vacuole 03.054
气溶胶 aerosol 07.044
气升式发酵罐 airlift fermenter 08.063
气生菌丝 aerial hypha 03.175
气锁 airlock 08.244
器孢子 pycnidiospore 03.509
器菌核 pycnosclerotium 03.243
恰佩克培养基 Czapek medium 09.132
前孢子细胞 prespore cell 03.220
前柄细胞 prestalk cell 03.221
＊前病毒 provirus 04.048
前发酵 primary fermentation 08.033
＊前噬菌体 prophage 04.133
前芽孢 forespore 03.080
潜伏病毒 latent virus 04.046
潜伏期 latent period 04.087
潜伏性感染 latent infection 04.099
＊潜在性感染 latent infection 04.099
浅盘发酵 shallow tray fermentation 08.035
浅盘培养 shallow tray culture 09.195
腔孢类 coelomycetes 03.147
腔菌 loculoascomycetes 03.142
蔷薇霉素 rosamicin, rosaramicin 05.323
壳粒 capsomer, capsomere 04.060
＊壳体 capsid 04.059
＊壳协病毒 virusoid 04.051
＊壳心 centrum 03.389
壳质体 chitosome 03.260
壳状体 crustose thallus 03.561
鞘 sheath 03.046

鞘细菌 sheathed bacteria 03.012
切除修复 excision repair 06.071
亲菌素 bacteriotropin 08.223
侵染线 invasive line 07.100
*侵入 penetration 04.075
侵袭力 invasiveness 08.183
青霉菌 penicillium 03.169
青霉素 penicillin 05.287
青霉素酶 penicillinase 05.066
青霉酸 penicillic acid 05.423
青贮饲料 silage 08.117
清洁区 cleaning area 08.248
氰化钾试验 cyanide test, KCN test 09.345
庆大霉素 gentamicin 05.297
琼脂 agar 09.159
*EMB 琼脂 eosin-methylene blue agar, EMB agar 09.118
*SS 琼脂 Salmonella-Shigella agar 09.119
琼脂糖凝胶电泳 agarose gel electrophoresis 09.419
琼脂斜面 agar slant 09.153
*球包囊 sphaerocyst 03.327
球杆菌 coccobacillus 03.005
球菌 coccus 03.001
球状胞 sphaerocyst 03.327
*巯基激活的溶细胞素 SH-activated cytolysin 05.133
区系 flora 07.015
曲 qu 08.263
*曲古霉素 trichomycin 05.345
曲霉毒素 aspertoxin 05.108
曲酸 kojic acid 05.115
趋避性 phobotaxis 07.004
趋磁性 magnetotaxis 07.003
趋光性 phototaxis 07.005
趋化性 chemotaxis 07.006
趋激性 topotaxis 07.002
趋同特征 convergent character 02.031
趋性 taxis 07.001
趋氧性 oxygentaxis 07.007
趋异抑制剂 anisotropic inhibitor 05.251
去污染 decontamination 09.206
全局调控 global regulation 06.074
全霉素 holomycin 05.386
全消色差透镜 apochromatic lens 09.033
全型 holomorph 03.104
缺损[型]病毒 defective virus 04.044
*确定成分培养基 defined medium 09.099
群落 community 07.012
群落演替 community succession 07.021
群游[现象] swarming 05.266

R

染色 staining 09.070
染色反应 staining reaction 09.071
染色剂 stain 09.094
热固定 heat fixation 09.066
热激蛋白 heat shock protein 05.258
热激应答 heat shock response 05.256
*热原 pyrogen 08.167
热[致]死点 thermal death point, TDP 09.285
热[致]死时 thermal death time, TDT 09.284
*热致死温度 thermal death point, TDP 09.285
刃天青试验 resazurin test 09.336
日本酒曲 koji 08.267
*日光霉素 nikkomycin 05.379
茸鞭 tinsel flagellum 03.040
*茸毛丝 mastigoneme 03.041
溶解氧量 dissolved oxygen, DO 08.129
溶菌酶 lysozyme 05.067
溶菌酶抗性试验 lysozyme resistant test 09.338
溶菌作用 bacteriolysis 05.214
溶葡萄球菌素 lysostaphin 05.117
溶细胞素 cytolysin 05.132
溶[细]菌反应 bacteriolytic reaction 09.449
溶血试验 hemolytic test, haemolysis test 09.393
溶血素 hemolysin 05.134
溶血作用 hemolysis 09.394
溶原化 lysogenesis, lysogenization 04.151
溶原菌 lysogen 04.132
*溶原现象 lysogenesis, lysogenization 04.151
溶原性 lysogeny 04.152
*溶原性噬菌体 lysogenic phage 04.131
溶原性转换 lysogenic conversion 04.153
柔红霉素 rubidomycin 05.336

肉毒毒素　botulinum toxin　05.094
肉毒食物中毒　botulism　08.289
肉瘤霉素　sarkomycin　05.428
＊肉汤　beef broth　09.161
肉汤培养　broth cultivation　09.176
乳酸菌　lactic acid bacteria　03.024
乳酸链球菌素　nisin　08.296
乳糖操纵子　*lac* operon, lactose operon　06.078
朊病毒　prion　04.004
＊朊粒　prion　04.004
瑞氏染色　Wright staining　09.091
瑞斯托菌素　ristomycin　05.396
弱毒株　low virulent strain　08.204

S

萨卡尔多分类系统　Saccardoan classification system　02.060
＊赛氏漏斗　Seitz filter　09.296
赛氏[细菌]滤器　Seitz filter　09.296
三极生态系统　tripolar ecosystem　07.130
三联疫苗　triple vaccine　08.197
三名组合　ternary combination　02.090
三糖铁琼脂　triple-sugar-iron agar, TSI agar　09.145
三域学说　three domain theory　01.044
伞菌　agaric　03.152
伞菌氨酸　agaritine　05.080
＊伞毛　pilus　03.043
扫描电子显微镜　scanning electron microscope, SEM　09.019
扫描近场光学显微镜　scanning near-field optical microscope, SNOM　09.026
扫描隧道显微镜　scanning tunneling microscope, STM　09.024
扫描探针显微镜　scanning probe microscope, SPM　09.021
色氨酸操纵子　*trp* operon　06.082
色霉素　chromomycin　05.395
＊色素体　chromatophore　03.057
杀白细胞素　leucocidin　05.031
杀孢子剂　sporicide　08.207
杀病毒剂　virucide　08.208
＊杀草菌素　herbicidin　05.377
杀稻瘟素　blasticidin　05.374
＊杀稻瘟素 S　blasticidin S　05.375
杀假丝菌素　candicidin　05.340
＊杀菌灯　ultraviolet lamp　09.301
杀菌剂　bactericidal agent　08.209
＊杀念珠菌素　candicidin　05.340
杀[细]菌素　bactericidin　05.120
杀鱼菌素　teleocidin　05.433
杀真菌剂　fungicide, mycocide　08.214
沙门氏菌病　salmonellosis　08.281
沙门-志贺氏琼脂　Salmonella-Shigella agar　09.119
沙氏葡萄糖琼脂　Sabouraud dextrose agar　09.115
砂土保藏　preservation on sand-soil　09.260
砂土管　sand-soil tube　09.261
筛选　screening　08.006
＊珊瑚芽　isidium　03.571
扇形突变　sectoring, sector mutation　06.050
商业无菌　commercial sterility　08.292
上担子　epibasidium　03.414
上面发酵　top fermentation　08.044
上面酵母　top yeast　08.046
烧结玻璃滤器　sintered glass filter　09.297
烧灼灭菌　incineration　09.272
蛇孢菌素　ophiobollin　05.422
深部地下微生物学　deep subsurface microbiology　01.027
深层发酵　submerged fermentation　08.036
深层菌落　deep colony　03.067
深层培养　submerged cultivation　09.189
＊深低温保藏　cryopreservation　09.262
神经氨酸酶　neuraminidase　05.065
神经毒素　neurotoxin　05.119
渗漏突变　leaky mutation　06.049
渗漏突变体　leaky mutant　06.060
渗透压调节开关　osmoregulatory switch　05.252
渗透营养　osmotrophy　05.180
生化需氧量　biochemical oxygen demand, BOD　08.126
生境　habitat　07.013
生理学与代谢特征　physiological and metabolic characteristics　02.034
生态平衡　eubiosis, ecological balance　07.036

生态位　niche　07.014
＊生物安保　biosafety, biological safety, biosecurity　08.226
生物安全　biosafety, biological safety, biosecurity　08.226
生物安全防护　biosafety containment　08.239
生物安全防护等级　biological safety level, BSL　08.257
生物安全柜　biological safety cabinet, BSC　08.242
生物安全实验室　biosafety laboratory　08.227
生物[被]膜　biofilm　08.015
生物表面活性剂　biosurfactant　08.017
生物测定　bioassay　09.249
生物地球化学循环　biogeochemical cycle　07.131
生物多样性　biodiversity　07.124
生物发光　bioluminescence　08.147
生物反应器　bioreactor　08.054
生物放大　biomagnification　08.018
生物负荷　bioburden　08.019
生物富集　bioconcentration　07.034
生物固氮作用　biological nitrogen fixation　07.139
生物合成　biosynthesis　05.197
＊生物恢复　bioremediation　08.120
生物技术　biotechnology　08.021
生物剂　bioagent, biological agent　08.228
生物降解[作用]　biodegradation　08.121
生物聚合物　biopolymer　08.013
生物恐怖　bioterrorism, bioterror　08.233
生物矿化[作用]　biomineralization　07.137
生物炼制　biorefinery　08.016
生物量　biomass　07.161
生物滤池　biofilter　08.137
＊生物幕　biofilm　08.015
生物农药　bio-pesticide　08.097
＊生物浓缩　bioconcentration　07.034
生物气溶胶　bioaerosol　08.232
生物燃料　biofuel　08.010
生物杀虫剂　bioinsecticide　08.012
＊生物湿法冶金　biohydrometallurgy　08.009
生物塑料　bioplastics　08.014
生物危害　biohazard　08.230
生物危害评估　biological risk assessment　08.255
生物威胁　biothreat　08.229
生物武器　biological weapon, bioweapon　08.236
生物型　biovar, biotype　02.057
生物修复　bioremediation　08.120
生物[氧化]塘　biological oxidation pond　08.141
生物淤积　biofouling　08.020
生物战　biological warfare, biowar　08.234
生物战剂　biological warfare agent　08.235
＊生物整治　bioremediation　08.120
生物质　biomass　07.162
生物致劣　biodeterioration　08.002
生物种概念　biological species concept　02.051
生物转化　bioconversion, biotransformation　08.001
生物转盘法　biodisc process　08.136
生源说　biogenesis　01.051
生长　growth　05.222
生长谱　auxanogram　09.239
生长谱测定[法]　auxanography　09.238
生长曲线　growth curve　05.223
生长抑制　staling　05.226
生长抑制试验　growth inhibition test, GIT　09.381
生长因子　growth factor　05.144
生殖菌丝　generative hypha, reproductive hypha　03.321
十倍减少时间　decimal reduction time　09.286
石蕊牛奶试验　litmus milk test　09.323
石炭酸品红　carbolfuchsin　09.084
石油微生物学　petroleum microbiology　01.019
时间-存活曲线　time-survival curve　05.232
＊实体显微镜　dissecting microscope, stereoscopic microscope　09.004
实验室分区　laboratory area　08.247
实验室相关感染　laboratory-associated infection　08.231
食品级细菌　food-grade bacteria　08.275
食品微生物学　food microbiology　01.020
食源性病原菌　foodborne pathogen　08.277
食源性疾病　foodborne disease　08.278
始祖生物　progenote　01.040
＊IMViC 试验　IMViC test　09.328
O/129 试验　O/129 test　09.356
＊VDRL 试验　Venereal Disease Research Laboratory test, VDRL test　09.384
＊VP 试验　Voges-Proskauer test, VP test　09.331
嗜二氧化碳微生物　capnophile, capnophilic microorganism　07.046
嗜高渗微生物　osmophile, osmophilic microorganism　07.047
嗜旱微生物　xerophilic microorganism　07.059

嗜极微生物　extremophile　07.052
嗜碱微生物　alkalinophilic microorganism, alkaliphile　07.054
嗜冷微生物　psychrophile　07.051
嗜热微生物　thermophile, thermophilic microorganism　07.048
嗜杀酵母菌　killer yeast　03.145
嗜酸微生物　acidophile, acidophilic microorganism　07.053
嗜压微生物　barophile, piezophile, barophilic microorganism　07.056
嗜盐微生物　halophilic microorganism, halophile　07.055
嗜中温微生物　mesophilic microorganism　07.058
嗜中性微生物　neutrophilic microorganism　07.057
噬斑　plaque　04.122
噬斑测定　plaque assay　04.125
噬斑形成单位　plaque forming unit, PFU　04.123
噬菌体　bacteriophage, phage　04.126
M13 噬菌体　M13 phage　04.129
* Mu 噬菌体　mutator phage　04.135
λ 噬菌体　lambda bacteriophage, λ bacteriophage　04.128
[噬菌体] N 蛋白　N-protein　04.148
噬菌体分型　bacteriophage typing　04.127
[噬菌体]颈部　collar　04.138
[噬菌体]颈圈　connector　04.139
[噬菌体]颈须　whisker　04.140
[噬菌体]裂解阻抑　lysis inhibition　04.147
噬菌体人工染色体　phage artificial chromosome, PAC　06.124
[噬菌体]生产性感染　productive infection　04.146
噬菌体肽库　phage peptide library　04.150
[噬菌体]头部　head　04.137
[噬菌体]尾板　base plate　04.145
[噬菌体]尾部　tail　04.141
[噬菌体]尾管　tail tube　04.143
[噬菌体]尾鞘　tail shealth　04.142
[噬菌体]尾丝　tail fiber　04.144
噬菌体学　bacteriophagology　01.035
噬菌体展示技术　phage display technique　04.149
噬菌型　phagovar　02.059
* 噬蓝藻体　cyanophage　04.023
噬粒　phasmid, phagemid　06.129
* 噬藻体　phycophage　04.027
受精丝　trichogyne　03.283
* 受纳细胞　permissive cell　04.107
受体破坏酶　receptor destroying enzyme, RDE　05.058
授精管　fertilization tube　03.282
梳[状]孢梗　sporocladium　03.441
疏丝组织　prosenchyma　03.193
鼠疫菌素　pesticin　05.118
树状子实层端菌丝　dendrohyphidia　03.324
数值分类法　numerical taxonomy　02.061
数值孔径　numerical aperture　09.050
衰老型　involution form　05.243
衰亡期　decline phase　05.237
双孢担孢子　dispore　03.521
* 双胞孢子　didymospore　03.476
双胞分生孢子　didmoconidium　03.493
双层瓶　double bottle　09.058
双扉高压蒸汽灭菌器　double-door autoclave　09.267
6, 6-双分枝菌酸海藻糖酯　trehalose-6,6-dimycolate　05.028
* 双峰生长曲线　diauxic growth curve　05.231
双杆菌　diplobacillus　03.007
双核体　dikaryon　03.248
双环霉素　bicyclomycin　05.393
双极生态系统　dipolar ecosystem　07.129
双抗体夹心法　double antibody sandwich method　09.444
双链 DNA 病毒　dsDNA virus　04.007
双链 RNA 病毒　dsRNA virus　04.011
双名　binary name　02.089
双目显微镜　binocular microscope　09.006
双囊壁子囊　bitunicate ascus　03.380
双氢除虫菌素　ivermectin　05.315
双球菌　diplococcus　03.002
双态性真菌　dimorphic fungi　03.101
双相培养　biphasic cultivation　09.190
双向免疫扩散　double immunodiffusion　09.416
* 双向琼脂扩散　double agar diffusion　09.416
双效菌素　zwittermicin　05.436
双形现象　dimorphism　06.002
* 双因子信号转导系统　two-component signal transduction system　05.253
双组分调节系统　two-component regulatory system　05.253

水华 bloom 07.031
水活度 water activity 08.290
水解酪蛋白培养基 casein hydrolysate medium 09.131
水浸片 wet-mount slide 09.056
水生微生物学 aquatic microbiology 01.025
丝孢菌 hyphomycetes 03.148
丝裂霉素 mitomycin 05.416
丝膜 cortina 03.311
丝状温度敏感蛋白 filamentous temperative-sensitive protein, Fts protein 05.029
丝状温度敏感 Z 蛋白 FtsZ protein 05.030
丝状型菌落 filamentous type colony 03.066
*死亡期 death phase 05.237
四分孢子囊 tetrasporangium 03.440
四分子分析 tetrad ananlysis 06.027
四环素 tetracycline 05.329
四环素类抗生素 tetracyclines, tetracycline antibiotics 05.328
四联球菌 tetrads 03.003
松胞菌素 cytochalasin 05.400
松弛型质粒 relaxed plasmid 06.137
苏云金菌素 thuricin 05.081
苏云金素 thuringiensin 05.082
素陶滤器 unglazed porcelain filter 09.298
宿主 host 03.109
宿主范围突变体 host-range mutant, hr mutant 06.059
酸败 spoilage, rancidity 08.085
*酸化作用 acetogenesis 08.145
酸奶 yogurt 08.276
*髓核 core 04.057
髓囊盘被 medullary excipulum 03.376
梭孢子 fuseau 03.488
梭菌 clostridium 03.026
梭形杆菌 fusobacterium 03.027
*索状因子 cord factor 05.028

T

他克莫斯 tacrolimus 05.326
*塔式发酵罐 column fermenter 08.058
肽聚糖 peptidoglycan 05.006
泰乐菌素 tylosin 05.327
弹[孢]丝 elater 03.234
碳循环 carbon cycle 07.132
碳源 carbon source 05.153
碳源同化试验 carbon source assimilation test 09.317
*糖被 glycocalyx 03.047
糖产气试验 gas production test from carbohydrate 09.316
糖萼 glycocalyx 03.047
糖发酵试验 carbohydrate fermentation test 09.315
糖化剂 sacchariferous agent 08.080
糖化作用 saccharification 08.079
糖蜜 molasses 09.169
套盒式开裂 jack-in-the-box dehiscence 03.403
套式病毒 nidovirus 04.021
*特需营养要求型 idiotroph 06.064
*特异性转导 specialized transduction 06.108
特征 character 02.024
特征极性 polarity of character 02.032
特征集要 diagnosis 02.081
特征状态 character state 02.025
*藤泽霉素 tacrolimus 05.326
梯度平板 gradient plate 09.157
*X 体 X-body 04.112
体生孢子 thallospore 03.487
体生分生孢子 thallic conidium 03.499
体细胞 somatic cell 03.247
*体细胞不亲和性 somatic incompatibility 03.539
*体细胞接合 somatogamy 03.534
体细胞配合 somatogamy 03.534
替考拉宁 teicoplanin, teichomycin 05.370
*天花包含体 Guarnieri body 04.113
天青菌素 celesticetin 05.412
天然培养基 natural medium 09.098
天神霉素 istamycin 05.299
条件突变体 conditional mutant 06.057
*条件致病菌 opportunistic pathogen 08.171
条件致死突变 conditional lethal mutation 06.037
条件致死突变体 conditional lethal mutant 06.054
调节蛋白 regulatory protein 06.089
调节基因 regulatory gene 06.088
铁循环 iron cycle 07.136
铁载体 siderophore 05.267

通风曲槽　aeration qu-trough　09.310
通气量　air flow　08.075
通透酶　permease　05.053
同步培养　synchronous cultivation　09.191
同步生长　synchronous growth　05.229
同层式菌髓　homoiomerous trama　03.317
*同担子　homobasidium　03.410
同核体　homokaryon　03.250
同化性硫酸盐还原作用　assimilatory sulfate reduction　07.156
同化性硝酸盐还原作用　assimilatory nitrate reduction　07.151
同化作用　assimilation　05.183
同名　homonym　02.098
同模式异名　homotypic synonym　02.101
同配生殖　isogamy　03.535
同心体　concentric body　03.565
同形配子　isogamete　03.445
同形配子囊　isogametangium　03.277
同形游动配子　isoplanogamete　03.449
同型发酵　homofermentation　08.024
同型乳酸发酵　homolactic fermentation　08.029
同型转化　autogenic transformation　06.102
同义突变　synonymous mutation　06.046
同源免疫噬菌体　homoimmune phage　04.134
同源性　homology　06.019
同宗配合　homothallism　03.531
*同宗异宗配合　amphithallism　03.533
*统计分类法　numerical taxonomy　02.061
桶孔覆垫　parenthesome　03.199
桶孔隔膜　dolipore septum　03.198
头孢菌素　cephalosporin　05.286
头霉素　cephamycin　05.288
透镜　lens　09.031
透明质酸酶　hyaluronidase　05.059
透射电子显微镜　transmission electron microscope, TEM　09.018
透析培养　dialysis cultivation　09.193
透析培养装置　dialysis culture unit　08.070
突变　mutation　06.033
突变合成　mutasynthesis　05.196
突变论　mutation theory　02.014
突变体　mutant　06.053
涂布培养法　spread plate method　09.179
涂布器　spreader, glass spreader　09.216
涂片　smear　09.059
土霉素　oxytetracycline, terramycin　05.331
土壤杆菌素　agrobacteriocin　05.142
土壤调理剂　soil adjustment microbe inoculant　07.072
土壤微生物学　soil microbiology　01.018
土著区系　indigenous flora　07.017
土著微生物　autochthonous microbe　07.018
兔化毒　lapinized virus　04.121
吞噬营养　phagotrophy　05.179
*脱胶　retting　08.115
脱硫作用　desulfuration　07.158
脱壳　uncoating　04.078
脱色　decolorization　09.063
脱氧胆酸盐-柠檬酸盐琼脂　deoxycholate-citrate agar, DCA　09.139
脱氧雪腐镰孢霉烯醇　deoxynivalenol　05.075
妥布[拉]霉素　tobramycin　05.308
*唾液酸酶　neuraminidase　05.065
唾液酸酶抑素　siastatin　05.429

W

瓦尔德霍夫发酵罐　Waldhof fermenter　08.062
瓦色曼试验　Wasserman test　09.426
外壁层　exotunica　03.384
外毒素　exotoxin　05.122
外斐反应　Weil-Felix reaction　09.383
外共生体　ectosymbiont　07.103
外菌幕　universal veil　03.307
外来病　exotic disease　08.237
外囊盘被　ectal excipulum　03.375
外群　outgroup　02.011
外生孢子　exospore　03.470
外生菌根　ectomycorrhiza　03.212
外生真菌　ectomycete　03.131
弯曲杆菌病　campylobacteriosis　08.279
完全阶段　perfect state　03.102
完全培养基　complete medium　09.106
完全真菌　perfect fungi　03.100
顽拗物　recalcitrant compound　08.132

晚出同名 later homonym 02.099
晚期蛋白 late protein 04.083
万古霉素 vancomycin 05.371
＊网架假侧丝 trabeculate pseudoparaphysis 03.396
＊网状体 reticulate body 03.096
＊微包囊 microcyst 03.259
微动作用 oligodynamic action 05.213
微分干涉相差显微镜 differential interference contrast microscope, DICM 09.015
微环境 microenvironment 07.040
微荚膜 microcapsule 03.050
＊微孔膜滤器 millipore membrane filter 09.299
＊微量动力作用 oligodynamic action 05.213
微量营养物 micronutrient 05.152
微生态平衡 microeubiosis 07.037
微生态失调 microdysbiosis 07.038
微生态系统 microecosystem 07.127
微生态学 microecology 01.022
微生态制剂 microecologics 07.075
微生物 microorganism 01.001
微生物传感器 microbial sensor, microbiosensor 08.008
微生物代谢组学 microbial metabolomics 01.012
微生物蛋白质组学 microbial proteomics 01.011
微生物垫 microbial mat 07.041
微生物法医学 microbial forensics 01.015
微生物防治 microbial control 08.116
微生物肥料 microbial fertilizer 08.098
微生物分类学 microbial taxonomy 01.005
微生物基因组学 microbial genomics 01.009
微生物接种剂 microbial inoculant 07.073
微生物浸矿 microbial leaching 08.009
微生物农药 microbial pesticide 08.104
微生物区系 microflora 07.016
微生物燃料电池 microbial fuel cell 08.011
微生物杀虫剂 microbial insecticide 08.105
微生物生理学 microbial physiology 01.006
微生物生态系统 microbial ecosystem 07.126
微生物生态学 microbial ecology 01.013
微生物生物化学 microbial biochemistry 01.007
微生物[食物]环 microbial loop 07.042
微生物学 microbiology 01.002
微生物遗传学 microbial genetics 01.008
微体 microbody 03.261
微体-脂质小球状复合体 microbody-lipid globule complex 03.262
微需氧菌 microaerophile 05.157
＊维克多霉素 victomycin 05.354
＊维斯他霉素 vistamycin 05.304
＊伪膜 pseudomembrane 08.160
尾病毒 caudovirus 04.022
＊萎蔫酸 fusarinic acid 05.407
＊卫星 RNA satellite RNA 04.051
卫星病毒 satellite virus 04.050
卫星菌落 satellite colony 03.071
卫星现象 satellitism 07.122
未培养微生物 uncultured microorganism 07.071
＊位点专一诱变 site-directed mutagenesis 06.043
温和噬菌体 temperate phage 04.131
温敏突变体 temperature sensitive mutant 06.058
稳定期 stationary phase 05.236
稳定态 steady state 09.237
沃鲁宁体 Woronin body 03.201
污染 contamination 09.204
污染区 contamination area 08.250
污染物 contaminant 09.205
污水处理 sewage treatment 08.124
无隔孢子 amerospore 03.474
无隔担子 holobasidium 03.410
无隔菌丝 nonseptate hypha 03.183
＊无梗孢子 thallospore 03.487
无关共栖 neutralism 07.112
无机氮利用试验 inorganic nitrogen utilization test 09.348
＊无机营养 lithotrophy 05.165
无脊椎动物病毒 invertebrate virus 04.031
无菌 asepsis, sterile 09.203
无菌操作 aseptic technique 09.220
无菌动物 germ-free animal 07.082
＊无菌技术 aseptic technique 09.220
无菌检验 sterile test 08.293
无菌植物 germ-free plant 07.081
无配生殖 apogamy, apomixis 03.529
＊无融合生殖 apogamy, apomixis 03.529
＊无生源说 spontaneous generation, abiogenesis 01.050
无特定病原动物 specific pathogen free animal, SPFA 07.083
＊无性繁殖系 clone 06.028

＊无性阶段　imperfect state　03.103
无性型　anamorph　03.106
＊无氧呼吸　anaerobic respiration　05.206
无义突变　nonsense mutation　06.040
五邻体　penton　04.067
＊武夷霉素　fortimicin　05.296
物镜　objective　09.036
＊物镜测微计　objective micrometer　09.041

X

西蒙斯柠檬酸盐琼脂　Simmons citrate agar　09.144
吸附　adsorption, attachment　04.074
＊吸盘　haptor　03.336
吸器　haustorium　03.207
悉生动物　gnotobiotic animal　07.080
悉生生物　gnotobiote　07.079
悉生生物学　gnotobiology　01.039
硒酸[盐]呼吸　selenate respiration　05.207
稀释率　dilution rate　08.076
锡克试验　Schick test　09.379
＊DNA 洗牌技术　DNA shuffling　06.155
＊系统发生　phylogeny　02.004
系统发育　phylogeny　02.004
系统发育分类　phylogenetic classification　02.006
系统发育树　phylogenetic tree　02.005
＊系统发育系统学　phylogenetic systematics　02.003
系统发育种概念　phylogenetic species concept　02.053
系统微生物学　systematic microbiology　01.004
系统细菌学　systematic bacteriology　01.031
系统学　systematics　02.001
＊细胞壁再生　protoplast regeneration　05.245
[细胞]表面层　[cell] surface layer, S-layer　05.001
细胞表面展示　cell surface display　05.260
[细胞]溶素　lysin　05.130
细胞系　cell line　09.227
X[细胞]压碎器　X [cell] press　09.305
细菌　bacteria　01.046
[细菌]包被抗原　envelope antigen　05.020
＊细菌病毒　bacteriophage, phage　04.126
细菌淀粉粒　granulose　05.046
细菌毒素　bacterial toxin, bacteriotoxin　05.121
API 细菌鉴定卡　API bacterial identification card　09.370
API 细菌鉴定系统　API bacterial identification system　09.369
＊细菌沥滤　bacterial leaching　08.009
[细菌]毛状体　trichome　03.036
细菌人工染色体　bacterial artificial chromosome, BAC　06.123
细菌杀虫剂　bacterial insecticide　08.107
细菌素　bacteriocin　05.077
细菌萜醇　bactoprenol　05.025
细菌学　bacteriology　01.029
＊细菌叶绿素　bacteriochlorophyll　05.045
细菌荧光素　bacteriofluorescein　05.140
＊细菌战　bioloigical warfare, biowar　08.234
[细菌]紫膜质　bacteriorhodopsin　05.047
下担子　hypobasidium　03.415
下面发酵　bottom fermentation　08.045
下面酵母　bottom yeast　08.047
夏孢子　urediniospore, uredospore, urediospore　03.525
夏孢子堆　uredinium　03.423
＊仙环　fairy ring　03.154
＊先担子　probasidium, protobasidium　03.417
先菌丝　promycelium　03.419
＊纤毛　pilus　03.043
纤突　spike　04.062
纤维素颗粒　cellulin granule　03.264
纤维素酶　cellulase　05.060
纤维素水解试验　cellulolytic test　09.353
显微操作　micromanipulation　09.043
显微操作器　micromanipulator　09.044
显微镜　microscope　09.001
显微镜集光器　microscope condenser　09.040
显微术　microscopy　09.002
显微照片　photomicrograph　09.048
显型原质团　phaneroplasmodium　03.232
线形孢子　scolecospore　03.478
线状伪足　filopodia　03.061
限制修饰系统　restriction modification system　06.150
腺苷三磷酸生物发光　ATP bioluminescence　08.148
相容性溶质　compatible solute　05.261
相似系数法　similarity coefficient method　02.063
香柏油　cedar oil　09.057

香菇菌素　cortinellin　05.398
向顶发育　acropetal development　03.547
向光性　phototropism　07.009
向化性　chemotropism　07.008
向氧性　oxytropism　07.010
相[差]板　phase [diffraction] plate　09.012
相差显微镜　phase contrast microscope　09.011
相环　phase ring　09.013
相模霉素　sagamicin　05.305
消毒　disinfection　09.281
消毒剂　disinfectant　08.216
消色差透镜　achromatic lens　09.032
硝化作用　nitrification　07.148
3-硝基丙酸　3-nitropropionic acid　05.096
硝酸盐产气试验　gas production test from nitrate　09.320
硝酸[盐]呼吸　nitrate respiration　05.208
硝酸盐还原试验　nitrate reduction test　09.319
硝酸盐还原作用　nitrate reduction　07.150
小包　peridiole, peridiolum　03.406
小孢子　sporidium　03.520
*小齿　denticle　03.516
小齿状突起　denticle　03.516
小梗　sterigma, trichidium　03.425
小囊状体　cystidiole　03.328
*小诺米星　sagamicin　05.305
小曲　xiaoqu　08.266
小[型]孢子囊　sporangiole, sporangiolum　03.439
小[型]分生孢子　microconidium　03.497
小种　race　03.122
协同共栖　synergism　07.113
协同凝集试验　coagglutination test　09.401
*协同培养　co-cultivation　09.192
协同作用　synergism　07.120
斜面保藏　preservation on slope　09.257
斜面培养　slant cultivation　09.180
*斜面培养基　slope medium　09.153
缬氨霉素　valinomycin　05.361
新陈代谢　metabolism　05.185
新霉素　neomycin　05.302
新模式　neotype　02.112
*新生儿剥脱性皮炎　dermatitis exfoliativa neonatorum　05.125
新生霉素　novobiocin　05.421
新制癌菌素　neocarzinostatin　05.420
信息素　pheromone　05.026
星形孢子　staurospore　03.477
*星状孢子　staurospore　03.477
星状刚毛　asteroseta　03.326
*猩红热毒素　scarlet fever toxin　05.127
形式分类单元　form-taxon　02.049
形态型　morphovar, morphotype　02.058
形态学特征　morphological characteristics　02.033
形态种概念　morphological species concept　02.052
L 型细菌　L-form bacteria　03.022
性孢子　spermatium　03.442
*性孢子梗　spermatiophore　03.279
性病研究实验室试验　Venereal Disease Research Laboratory test, VDRL test　09.384
性菌毛　sex pilus　03.044
*性因子　sex factor　06.144
*性状　character　02.024
雄配子　androgamete　03.447
雄器　antheridium　03.280
雄器柄　androphore　03.285
*雄枝　androphore　03.285
休-利夫森培养基　Hugh-Leifson medium　09.136
休眠　dormancy　05.242
休眠孢子　hypnospore, resting spore　03.483
休眠孢子囊　hypnosporangium　03.436
SOS 修复　SOS repair　06.073
*锈孢子　aeciospore, aecidiospore　03.523
*锈[孢]子器　aecium, aecidiosorus　03.424
锈病　rust disease　03.120
锈菌　rust fungi　03.162
[锈菌]受精丝　receptive hypha　03.284
[锈菌]性孢子　pycniospore　03.443
[锈菌]性孢子器　pycnium　03.281
*须边体　lomasome　03.268
*需光共生体　phycobiont　03.559
需氧呼吸　aerobic respiration　05.210
需氧菌　aerobe　05.156
需氧菌平板计数　aerobic plate count, APC　08.294
需氧量　oxygen requirement　08.125
需氧培养　aerobic cultivation　09.181
需氧生活　aerobiosis　05.212
需氧水生真菌　aeroaquatic fungi　03.138
需氧性试验　oxygen requirement test　09.349

絮状[沉淀]反应　flocculation precipitation　09.412
絮状[沉淀]试验　flocculation test　09.413
悬滴法　hanging drop method　09.064
悬浮物　suspend solid, SS　08.130
悬液保藏　preservation in suspension　09.253
*旋转生物接触氧化法　biodisc process　08.136
选择标记　selective marker　06.067
选择毒性　selective toxicity　05.282
选择性富集　selective enrichment　09.224
选择性培养基　selective medium　09.107
选择性抑制　selective inhibition　09.225
血浆凝固酶试验　plasma coagulase test　09.441
*血凝　hemagglutination, HA　09.388
血凝试验　hemagglutination test　09.389
血凝抑制　hemagglutination inhibition　09.390
血清分型　serotyping　09.457
血清型　serovar, serotype　02.055
血清学鉴定　serological identification　09.387
血清学特异性　serological specificity　09.386
血琼脂　blood agar　09.117
血细胞凝集　hemagglutination, HA　09.388
血细胞吸附　hemadsorption, HD　09.396

Y

压滴法　press-drop method　09.065
芽孢　spore, gemma　03.076
芽孢杆菌　bacillus　03.028
[芽孢]内膜　inner membrane　03.085
[芽孢]皮质　cortex　03.084
芽孢染色　endospore staining　09.081
[芽孢]外壁　exosporium　03.081
[芽孢]外膜　outer membrane　03.083
芽孢衣　coat　03.082
芽孢原生质　spore protoplast　03.086
*芽胞　spore, gemma　03.076
芽[出]分生孢子　blastoconidium, blastic conidium　03.500
芽缝　germ slit　03.340
芽管　germ tube　03.341
芽痕　bud scar　03.335
芽孔　germ pore　03.339
芽生型病毒粒子　budded virion, BV　04.041
芽殖　budding　05.217
*芽殖分生孢子　blastoconidium, blastic conidium　03.500
亚病毒　subvirus　04.002
亚单位疫苗　subunit vaccine　08.199
*亚德里亚霉素　adriamycin　05.334
亚甲蓝还原试验　methylene blue reduction test　09.335
亚硫酸铋琼脂　bismuth sulfite agar　09.143
亚硝酸氨化作用　nitrite ammonification　07.153
延滞期　lag phase　05.233
严紧反应　stringent response　05.182
严紧型质粒　stringent plasmid　06.136
严紧因子　stringent factor　06.091
盐霉素　salinomycin　05.387
衍生等模式　ex-isotype　02.116
衍生模式　ex-type　02.114
衍生主模式　ex-holotype　02.115
衍征　apomorphy　02.029
*眼室　ocular chamber　03.386
厌氧发酵　anaerobic fermentation　08.032
厌氧发酵罐　anaerobic fermenter　08.068
厌氧罐　anaerobic jar　09.312
厌氧呼吸　anaerobic respiration　05.206
厌氧菌　anaerobe　05.158
厌氧培养　anaerobic cultivation　09.182
厌氧培养箱　anaerobic incubator　09.309
厌氧生活　anaerobiosis　05.211
厌氧手套箱　anaerobic glove box　09.313
厌氧消化　anaerobic digestion　05.205
*洋菜　agar　09.159
洋红霉素　carminomycin　05.335
氧化发酵试验培养基　oxidation-fermentation test medium　09.135
氧化沟法　oxidation ditch process　08.135
氧化酶试验　oxidase test　09.327
氧化塘　oxidation pond, lagoon　08.140
*氧霉素　oxamycin　05.399
*氧四环素　oxytetracycline, terramycin　05.331
氧消耗速率　oxygen consumption rate　08.052
氧胁迫　oxidative stress　05.250
样品封固剂　mounting medium　09.068
摇床　shaker　09.311

摇合培养　shake cultivation　09.184
药物敏感性　drug susceptibility　08.218
＊药物梯度平板　pharmaceutical gradient plate　09.157
野生型　wild type　06.018
叶际微生物　phyllospheric microorganism　07.086
叶状体　foliose thallus　03.562
液氮保藏　liquid nitrogen cryopreservation　09.263
液态发酵　liquid state fermentation　08.038
＊液体发酵　liquid state fermentation　08.038
液体培养基　liquid medium　09.103
液体石蜡保藏　preservation in liquid paraffin　09.258
液体稀释分离法　isolation by dilution in liquid　09.199
一步生长曲线　one-step growth curve　04.085
一级防护　primary containment　08.240
＊伊佛霉素　ivermectin　05.315
伊红-亚甲蓝琼脂　eosin-methylene blue agar, EMB agar　09.118
＊伊红-亚甲蓝染色　eosin-methylene blue staining　09.091
＊衣胞堆　soralium　03.573
＊衣胞囊　soredium　03.572
衣壳　capsid　04.059
衣壳转化　transcapsidation　04.094
＊衣盘柄　podetium　03.574
衣体肿结　cephalodium　03.566
＊衣瘿　cephalodium　03.566
衣原体　chlamydia　03.095
[衣原体]始体　initial body　03.096
[衣原体]原体　elementary body　03.097
医学微生物学　medical microbiology　01.014
胰胨　tryptone　09.167
胰胨蛋白胨酵母膏葡萄糖琼脂　tryptone-peptone-yeast extract-glucose agar, TPYG agar　09.147
胰胨植胨酵母膏琼脂　trypticase-phytone-yeast extract agar, TPY agar　09.148
移码突变　frameshift mutation　06.041
＊遗传分析　genotypic analysis　02.071
＊遗传回补　complementation　06.066
＊遗传型　genotype　06.016
遗传修饰生物体　genetically modified organism, GMO　08.256
乙醇氧化试验　ethanol oxidation test　09.339
乙酸形成作用　acetogenesis　08.145
乙酸氧化试验　acetate oxidation test　09.343
N-乙酰氨基塔罗糖醛酸　*N*-acetyltalosominuronic acid　05.008
N-乙酰胞壁酸　*N*-acetylmuramic acid　05.013
N-乙酰胞壁酰二肽　*N*-acetylmuramyl dipeptide, MDP　05.017
＊已知菌动物　gnotobiotic animal　07.080
异层式菌髓　heteromerous trama　03.316
＊异担子　heterobasidium　03.411
异核体　heterokaryon　03.251
异化性硫还原作用　dissimilatory sulfur reduction　07.160
异化性硫酸盐还原作用　dissimilatory sulfate reduction　07.157
异化性硝酸盐还原作用　dissimilatory nitrate reduction　07.152
异化作用　dissimilation　05.184
异名　synonym　02.100
异模式异名　heterotypic synonym　02.102
异配生殖　heterogamy, anisogamy　03.536
异配游动配子　anisogamous planogamete　03.450
异染[颗]粒　metachromatic granule　03.059
异染质　volutin　03.058
异生素　xenobiotic　05.262
＊异形合子　heterozygote　03.457
异形[囊]胞　heterocyst　03.570
异形配子　heterogamete　03.446
异形配子囊　heterogametangium　03.278
异型发酵　heterofermentation　08.025
异型乳酸发酵　heterolactic fermentation　08.030
异型转化　allogenic transformation　06.103
异养　heterotrophy　05.161
异养演替　heterotrophic succession　07.024
异源性　heterology　06.020
异种克生[现象]　allelopathy　07.123
异宗配合　heterothallism　03.532
抑孢作用　sporistasis　05.264
抑菌剂　bacteriostatic agent　08.210
抑菌作用　bacteriostasis　08.206
抑真菌剂　fungistat　08.213
抑殖素　ablastin　08.225
抑酯酶素　esterastin　05.426
＊易化扩散　facilitated diffusion　05.271
疫苗　vaccine　08.192
疫苗疗法　vaccinotherapy　08.202

＊疫苗再接种　revaccination　08.201
＊益生菌剂　microecologics　07.075
益生素　probiotics　07.076
＊益生元　prebiotics　07.077
益生原　prebiotics　07.077
＊F 因子　fertility factor　06.144
＊R 因子　resistance determining factor　06.142
V 因子　V factor　05.145
X 因子　X factor　05.146
ρ 因子　rho-factor　06.092
σ 因子　sigma-factor　06.093
＊引子　starter　08.269
吲哚、甲基红、伏-波、柠檬酸盐试验　IMViC test　09.328
吲哚试验　indole test　09.329
隐蔽期　eclipse period　04.088
隐蔽突变体　cryptic mutant　06.056
隐蔽型真菌毒素　masked mycotoxin　05.107
隐蔽性质粒　cryptic plasmid　06.135
＊隐生现象　cryptobiosis　05.242
隐型原质团　aphanoplasmodium　03.231
＊隐性原噬菌体　cryptic prophage　04.131
印影接种法　replica plate inoculating　09.218
英戈尔德氏真菌　Ingoldian fungi　03.149
荧光抗体技术　fluorescent antibody technique　09.429
荧光染色　fluorescent staining　09.093
荧光色素试验　fluorochrome test　09.364
荧光显微镜　fluorescence microscope　09.016
营养胞　nutriocyte　03.240
营养不亲和性　vegetative incompatibility　03.539
营养菌丝　vegetative hypha　03.176
营养囊　trophocyst　03.239
营养期　trophophase　05.234
营养琼脂　nutrient agar　09.109
营养缺陷型　auxotroph　06.062
营养肉汤　nutrient broth　09.110
营养特需型　idiotroph　06.064
应答调控蛋白　response regulator　05.255
＊应急因子　stringent factor　06.091
硬化生殖菌丝　sclerified generative hypha　03.322
＊蛹虫草菌素　cordycepin　05.397
优胜霉素　victomycin　05.354
优势种　dominant species　07.028
优先律　priority　02.078
＊优先权　priority　02.078
油浸物镜　oil immersion objective　09.039
＊油镜　oil immersion objective　09.039
疣孢菌素　verrucarine　05.404
游动孢子　zoospore　03.512
游动孢子囊　zoosporangium　03.438
游动合子　planozygote　03.459
游动精子　antherozoid　03.451
游动配子　planogamete, zoogamete　03.448
游动细胞　swam cell, swarmer cell　03.219
＊游离基因　episome　06.125
有柄细胞　stalk-bearing cell　03.222
有隔担子　phragmobasidium　03.411
有隔菌丝　septate hypha　03.182
有害废物　hazardous waste　08.238
＊有机营养　organotrophy　05.168
有丝分裂孢子　mitospore　03.473
有丝分裂孢子囊　mitosporangium　03.435
有效发表　effective publication　02.082
＊有效霉素　validamycin　05.309
＊有性阶段　sexual state, sexual phase　03.102
有性型　teleomorph　03.105
＊有氧呼吸　aerobic respiration　05.210
幼担子　basidiole, basidiolum　03.412
诱变　mutagenesis, induced variation, induced mutation　06.051
诱变剂　mutagen　06.052
诱变噬菌体　mutator phage　04.135
诱变育种　mutation breeding　08.005
玉米赤霉烯酮　zearalenone　05.114
玉米浆　corn steep liquor　09.170
预测微生物学　predictive microbiology　01.028
＊元基因组　metagenome　06.013
＊元基因组学　metagenomics　01.010
＊垣霉素　teicoplanin, teichomycin　05.370
原白　protologue　02.080
原孢子堆　prosorus　03.432
原孢子囊　prosporangium　03.433
原病毒　provirus　04.048
原虫病毒　protozoan virus　04.026
原代培养物　primary culture　09.234
原担子　probasidium, protobasidium　03.417
原核生物　prokaryote　01.048
＊原菌丝　promycelium　03.419

原囊壁子囊　prototunicate ascus　03.382
原配子囊　progametangium　03.276
原生动物　protozoan　01.042
原生动物学　protozoology　01.038
原生生物　protista　01.041
原生生物学　protistology　01.037
原生态　primary ecology　07.039
原生演替　primary succession　07.022
原生植物　protophyte　01.043
原生质球　spheroplast　03.053
原生质体　protoplast　03.052
原生质体融合　protoplast fusion　06.119
原生质体再生　protoplast regeneration　05.245
原始材料　original material　02.079
原始寄主　primary host　03.111
原始培养物　primary culture　09.233
原始型原质团　protoplasmodium　03.230
＊原始资料　protologue　02.080
原噬菌体　prophage　04.133
原位培养　*in situ* cultivation　09.194
原养菌　prototrophic bacteria　03.020
原养型　prototroph　06.061
原植体　thallus　03.560
原质团　plasmodium　03.229
原子力显微镜　atomic force microscope, AFM　09.022
原子囊壳　protoperithecium　03.365
圆弧偶氮酸　cyclopiazonic acid　05.073
圆片扩散法　disk-diffusion method　09.292
缘丝　periphysis　03.398
远藤培养基　Endo medium　09.111
越霉素　destomycin　05.295
＊云谷霉素　gougerotin　05.409
允许细胞　permissive cell　04.107

Z

杂合性　heterozygosity　06.008
杂合子　heterozygote　03.457
杂色曲霉素 A　versicolorin A　05.110
＊载孢体　conidioma, conidiocarp　03.349
载玻片　slide　09.054
载色体　chromatophore　03.057
载体　vector　06.126
载体保藏　preservation in carrier　09.254
＊载体霉素　carriomycin　05.347
载物台　stage　09.047
暂居微生物　transient microbe　07.019
早期蛋白　early protein　04.082
藻层　algal layer　03.568
藻胆蛋白　phycobiliprotein　05.038
藻胆蛋白体　phycobilisome　03.092
藻胆素　phycobilin　05.035
藻红胆素　phycoerythrobilin, PEB　05.036
藻红蛋白　phycoerythrin　05.041
藻蓝胆素　phycocyanobilin, PCB　05.037
藻蓝蛋白　phycocyanin　05.039
藻蓝素　algocyan, leucocyan　05.040
藻类病毒　algae virus　04.027
＊藻青蛋白　phycocyanin　05.039
藻青素　cyanophycin　05.033
藻青素颗粒　cyanophycin granule　05.034
＊藻殖段　hormogonium　03.090
造孢剩质　epiplasm　03.270
＊增代时间　doubling time, generation time　05.238
＊增菌培养基　enrichment medium　09.105
展青霉素　patulin　05.291
沼气　biogas　08.118
沼气发酵　biogas fermentation　08.119
赭曲毒素　ochratoxin　05.109
真病毒　euvirus　04.005
真核生物　eukaryote　01.047
真菌　fungi　03.098
真菌病　mycosis　03.118
真菌病毒　mycovirus　04.028
真菌毒素　mycotoxin　05.106
＊真菌共生体　mycobiont　03.134
真菌杀虫剂　fungal insecticide　08.108
＊真菌噬菌体　mycophage　04.028
真菌学　mycology　01.033
真空干燥保藏　preservation by vacuum dry　09.255
＊真裸子实层式发育　eugymnohymenial development　03.543
振荡培养　shake cultivation　09.183
整倍体　euploid　06.005

整体产果式生殖　holocarpic reproduction　03.541
正常菌群　normal flora　08.173
正链单链 RNA 病毒　positive stranded ssRNA virus　04.014
正确名称　correct name　02.095
正压服　positive pressure suit　08.260
支序图　cladogram　02.015
支序系统学　cladistics　02.003
支原体　mycoplasma　03.093
枝状地衣体　fruticose thallus　03.563
脂多糖　lipopolysaccharide　05.016
脂肪酶试验　lipase test　09.358
脂磷壁酸　lipoteichoic acid , LTA　05.010
直接凝集反应　direct agglutination　09.398
直接荧光抗体技术　direct fluorescent antibody technique, direct fluorescent antibody test　09.430
* 直系同源基因　orthologous gene　06.117
GC 值　GC value　02.037
植胨　phytone　09.168
植物病毒　plant virus　04.029
植物促生根际菌　plant growth promoting rhizobacteria, PGPR　08.113
* 植物蛋白胨　phytone　09.168
植物内生菌　endophyte　03.133
植物杀菌素　phytocidin　08.112
指示菌　indicator　07.033
指数生长　exponential growth　05.239
* 指数[生长]期　exponential phase　05.235
指数生长速率常数　exponential growth rate constant　05.240
志贺氏毒素　Shiga toxin　05.126
* 制反转录酶素　revistin　05.427
制霉菌素　nystatin, mycostatin, fungicidin　05.342
* 制唾酸酶素　siastatin　05.429
质粒　plasmid　06.127
* R 质粒　resistance plasmid, R plasmid　06.141
* Ri 质粒　root-inducing plasmid, Ri plasmid　06.138
* Ti 质粒　tumor-inducing plasmid, Ti plasmid　06.139
* 质粒不亲和性　plasmid incompatibility　06.131
质粒不相容性　plasmid incompatibility　06.131
质粒获救　plasmid rescue　06.132
质粒迁移作用　plasmid mobilization　06.133
质粒图谱　plasmid profile, plasmid pattern　06.148
质粒相容性　plasmid compatibility　06.130
质粒指纹图　plasmid fingerprint　06.149
* 质膜外泡　lomasome　03.268
质配　plasmgamy　06.121
质[型]多角体病毒　cytoplasmic polyhedrosis virus, cypovirus, CPV　04.036
致病型　pathovar, pathotype　02.056
致病性　pathogenicity　08.184
* 致病性岛　pathogenicity island, PAI　08.181
* 致瘤质粒　tumor-inducing plasmid, Ti plasmid　06.139
致热外毒素　pyrogenic exotoxin　05.127
致热原　pyrogen　08.167
致死剂量　lethal dose　09.287
致死接合　lethal zygosis　06.098
致死浓度　lethal concentration, LC　09.290
致死突变　lethal mutation　06.035
致细胞病变[效应]　cytopathic effect, CPE　04.109
致育因子　fertility factor　06.144
掷孢子　ballistospore　03.482
掷分生孢子　ballistoconidium　03.505
蛭弧菌及类似细菌　bdellovibrio-and-like organisms, BALOs　03.032
中断杂交　interrupted mating　06.154
中和抗体　neutralizatial antibody　09.453
中和试验　neutralization test　09.422
中生芽孢　central spore　03.079
中心体　centrum　03.389
* 终端芽孢　terminal spore　03.077
终止子　terminator　06.087
肿瘤病毒　oncovirus　04.045
肿瘤诱导质粒　tumor-inducing plasmid, Ti plasmid　06.139
种　species　02.050
种间分子氢转移　interspecies hydrogen transfer　05.204
种间同源基因　orthologous gene　06.117
种内同源基因　paralogous gene　06.118
种群　population　07.011
种子发酵罐　seed fermenter　08.069
* 种子培养物　inoculum　09.208
* 周包膜　universal veil　03.307
周[鞭]毛菌　peritricha　03.014
* 周丝　periphysis　03.398
周质鞭毛　periplasmic flagellum　03.042
周质间隙　periplasmic space　03.051

＊轴丝　axial filament　03.042
帚状枝　penicillus　03.354
侏儒型菌落　dwarf colony　03.070
竹桃霉素　oleandomycin, amimycin　05.321
烛罐　candle jar　09.308
主动外排泵　efflux pump　05.270
主动转运　active transport　05.273
主发酵　main fermentation　08.039
＊主观异名　subjective synonym　02.102
主模式　holotype　02.106
煮沸灭菌　boiling sterilization　09.273
柱孢子囊　merosporangium　03.437
柱晶白霉素　leucomycin　05.317
柱式发酵罐　column fermenter　08.058
蛀道真菌　ambrosia fungi　03.150
专性寄生　obligatory parasitism　07.118
专性寄生物　obligate parasite　03.116
砖格孢子　dictyospore　03.481
砖格分生孢子　dictyoconidium　03.495
转导　transduction　06.106
转导子　transductant　06.110
转化　transformation　06.099
转化得率　conversion yield　08.050
转化体　transformant　06.100
＊转化子　transformant　06.100
转录单元　transcription unit　06.090
转染　transfection　06.104
转染子　transfectant　06.105
＊转运系统突变体　cryptic mutant　06.056
转主寄生　heteroecism　07.117
转座噬菌体　transposable phage　04.136
转座因子　transposable element　06.111
＊转座元件　transposable element　06.111
转座子　transposon　06.112
装配　assembly　04.079
壮观霉素　spectinomycin　05.430
准性生殖　parasexuality　03.530
准种　quasispecies　04.093
子层托　receptacle, receptaculum　03.402
＊子菌落　daughter colony　03.063
子囊　ascus　03.378
子囊孢子　ascospore　03.517
子囊果　ascocarp, ascoma　03.361
子囊果原　archicarp　03.362
子囊菌　ascomycetes　03.139
子囊母细胞　ascus mother cell　03.401
子囊盘　apothecium　03.368
＊子囊泡囊　enveloping membrane system, EMS　03.269
子囊腔　locule　03.377
子囊壳　perithecium　03.364
子囊座　ascostroma　03.371
子实层　hymenium　03.293
子实层体　hymenophore　03.292
子实体　fruit body　03.291
子实下层　subhymenium　03.295
子座　stroma　03.296
紫霉素　viomycin　05.367
紫膜　purple membrane　03.060
紫苏霉素　sisomicin　05.306
紫外线灯　ultraviolet lamp　09.301
自动名　autonym　02.094
自发突变　spontaneous mutation　06.034
自然发生说　spontaneous generation, abiogenesis　01.050
自溶素　autolysin　05.069
自溶[现象]　autolysis　05.215
自生固氮微生物　free-living nitrogen fixer　07.089
＊自生固氮作用　free-living nitrogen fixation　07.141
自体受精　autogamy　06.004
自养　autotrophy　05.160
自养演替　autotrophic succession　07.025
＊自有衍征　autapomorphy　02.028
总需氧量　total oxygen demand　08.128
总有机碳　total organic carbon, TOC　08.131
纵锤担子　stichobasidium　03.421
足细胞　foot cell　03.208
组氨酸操纵子　*his* operon　06.081
组合　combination　02.088
组合生物合成　combinatorial biosynthesis　05.199
组织培养　tissue culture　09.196
＊组装　assembly　04.079
祖征　plesiomorphy　02.026
最大比生长速率　maximum specific growth rate　05.228
最大概率法　most probable number method, MPNM　09.246
＊最大或然数法　most probable number method, MPNM　09.246
最大简约法　maximum parsimony　02.067

*最大可能数法　most probable number method，MPNM　09.246
最大似然法　maximum likelihood　02.068
最低抑制浓度　minimum inhibitory concentration，MIC　09.291
*最低致死量　minimum lethal dose，MLD　09.289
最小感染量　minimal infecting dose，MID　08.188
最小致死量　minimum lethal dose，MLD　09.289
最终加词　final epithet　02.092